Horst Klingenberg

Automobil-Meßtechnik

Band B: Optik

Mit 177 Abbildungen

Springer-Verlag

Berlin Heidelberg New York
London Paris Tokyo
Hong Kong Barcelona Budapest

Prof. Dr. rer. nat. Horst Klingenberg
Otto-von-Guericke-Universität Magdeburg
Institut für Maschinenmeßtechnik
und Kolbenmaschinen
Universitätsplatz 2
39106 Magdeburg

ISBN-13:978-3-642-85710-2 e-ISBN-:978-3-642-85709-6
DOI: 10.1007/978-3-642-85709-6

CIP-Eintrag beantragt

Satz: Reproduktionsfertige Vorlage des Autors
SPIN: 10011150 60/3020 - 5 4 3 2 1 0 - Gedruckt auf säurefreiem Papier

Vorwort

Umweltschutz, Energie-Einsparung und Sicherheit im Straßenverkehr stellen an die Eigenschaften eines Automobils ständig wachsende Anforderungen. Bei der Lösung der daraus resultierenden Aufgaben für die Automobilforschung und -entwicklung treten meßtechnische Probleme auf, die oft mit herkömmlichen Verfahren oder mit handelsüblichen Meßgeräten nicht gelöst werden können. Dadurch ist die "Meßtechnik in der Kraftfahrzeugentwicklung" zu einem eigenständigen Fachgebiet geworden, auf dem u. a. vorhandene Meßverfahren an die vorliegenden Aufgaben angepaßt und in vielen Fällen auch meßtechnische Verfahren und Geräte neu entwickelt werden. Dazu werden Prinzipien aus allen Gebieten der Physik herangezogen sowie moderne Elektronik und Rechnertechnologie eingesetzt.

Die Anwendung neuer Meßverfahren führt oft zu weitergehenden Erkenntnissen, die gezielte Verbesserungen am Fahrzeug erst ermöglichen.

Eine Lösung der zahlreichen, häufig komplexen Probleme innerhalb der Automobil-Meßtechnik setzt vertiefte Kenntnisse der Physik, der experimentellen Methoden sowie der Verfahren der Meßwerterfassung und -verarbeitung voraus und erfordert neue Ansätze der Modellbildung, der Experimentiertechnik, effizienter numerischer Methoden und leistungsfähiger Rechnersimulationen.

Die Automobil-Meßtechnik läßt sich in fünf Hauptgebiete einteilen: Akustik, Optik, Abgasmeßtechnik, Fahrzeugsicherheit und Fahrzeugerprobung.

In dem vorliegenden Buch sind die Grundlagen der optischen Meßmethoden und Meßverfahren einschließlich spezieller Meßanordnungen dargestellt. Insbesondere wird auf die Lasermeßmethoden eingegangen. Vorausgestellt ist ein sehr kurz gehaltenes Kapitel der theoretischen Grundlagen der Optik.

Die dargestellten Ergebnisse stützen sich auf Erfahrungen, die innerhalb von zwei Jahrzehnten der Tätigkeit in der Automobilindustrie gesammelt wurden.

Die Erstellung dieses Buches wäre ohne die Hilfe meiner früheren Mitarbeiter nicht möglich gewesen. Mein besonderer Dank gilt den Herren Dr. A. Felske, Dr. U. Wittkowski und Dr. D. Karstens für ihre Mitarbeit, die Diskussionen über den Inhalt des Buches sowie die Verdeutlichung schwieriger Zusammenhänge, Frau K. Lepp und Herrn S. Röpke für das Schreiben und die Textgestaltung, Herrn Dr. K.-W. Hofmann für die technische Unterstützung, Herrn H.-J. Wilhelm und Herrn M. Rost für die Gestaltung der Bildvorlagen. Weiterhin bin ich Herrn Prof. Dr. D. Wolf (Universität Frankfurt) für seine sorgfältige Durchsicht des Manuskriptes und viele wertvolle Hinweise sowie Herrn Dr. W. Riechmann für seine Unterstützung im Abschnitt zur Photogrammetrie dankbar. Für die ideelle Unterstützung danke ich Herrn Prof. Dr.-Ing. U. Seiffert (Volkswagen AG). Dem Springer-Verlag danke ich für die gute Zusammenarbeit.

Lehre, im Frühjahr 1994   Horst Klingenberg

Inhaltsübersicht

3 Messen mit Laserlicht

4 Messen mit Weißlicht

Verwendete Formelzeichen

Formelzeichen	Bedeutung

Sonderzeichen

$\wedge$	Kennzeichnung von Amplituden, über Symbol
$-$	Kennzeichnung einer Strecke, Überstreichung
	Mittelwert
$\_$	Kennzeichnung von komplexen Größen, Unterstreichung
$\rightarrow$	Kennzeichnung von Vektoren, über Symbol
$\perp$	rechtwinklig, senkrechte Koordinate
$\parallel$	parallel
$*$	Kennzeichnung von Hilfskoordinaten

Indizes

a	absorbiert
AS	Anti-Stokes
B	Brewster
CARS	Coherent Anti-Stokes Raman Spectroscopy
D	Detektor
	Doppler
H	Hauptpunkt
	Original, Hauptausführung
L	Laser
	Licht, Lichtquelle
M	Meß-
	Modell, Modellraum
MS	Modellsystem
m	Mitten-

Formelzeichen	Bedeutung
max	maximal, Maximum
min	minimal, Minimum
O	Objektraum
P	Pump-
	Partikel, Teilchen
R	Raman
	Referenzwelle
r	Raman
	Referenz-
	reflektiert
S	Schall
	Stokes
	Strahl
s	Signal
tr	durchgelassen, Transmission

Lateinische Buchstaben

A	Amplitude
	außerordentlicher Strahl
	Ausgangspunkt
	Kalibrierungsfaktor
	Querschnittsfläche
	Verzeichnungsparameter
$\vec{A}$	Lichtvektor
	Vektorpotential
A_{nm}	Übergangswahrscheinlichkeit,
	Emissionswahrscheinlichkeit
a	Abstand
	Ausdehnung
	Gegenstandsweite
	Intensitätsamplitude

Formelzeichen	Bedeutung
B	Punkt einer Strecke, Bildpunkt
	Amplitude
B_{nm}	Wahrscheinlichkeit für stimulierten Übergang
b	Bildweite, Länge
C	Konstante
	spezifische Wärmekapazität
c	Kammerkonstante
	Lichtgeschwindigkeit, Phasengeschwindigkeit
c_{Luft}	Lichtgeschwindigkeit in Luft
c_p	spezifische Wärme bei konstantem Druck
c_V	spezifische Wärme bei konstantem Volumen
c_w	Luftwiderstandsbeiwert
c_0	Lichtgeschwindigkeit im Vakuum
D	Drehmatrix
	Durchmesser, Schattendurchmesser
	Länge
d	Abstand, Linsendicke, Schichtdicke
	Gitterkonstante
	Verschiebung, Verformung
dx, dx	Koordinatenverbesserung
$\vec{D}$	elektrische Verschiebung
E	Elastizitätsmodul
	Energiezustand, -niveau
E_m, E_n	oberes, unteres Laserniveau
E_x, E_y, E_z	Komponenten der elektrischen Feldstärke
$\vec{E}$	elektrische Feldstärke
$\bar{\vec{E}}$	Lichtamplitude
e	Emissivitätsfaktor
F	Brennpunkt
	Fläche
	Kraft
f	Brennweite
	Frequenz
G	Grauwert
G_L	Lichtverstärkung

Formelzeichen	Bedeutung
g	beobachteter Grauwert
g'	korrigierter Grauwert
H	Hauptpunkt
$\vec{H}$	Horizontalkomponente von $\vec{A}$
	magnetische Feldstärke
h	Abstand
	Plancksches Wirkungsquantum
	Rauhheit
$h\,h'$	Hauptebene
$h\nu$	Energie eines Lichtquants
I	Intensität
	Strom
$\vec{i}$	Einheitsvektor der x-Achse
j	imaginäre Einheit
$\vec{j}$	Einheitsvektor der y-Achse
J_n	Besselfunktionen
K, K'	Proportionalitätskonstanten
K_m	thermoelastischen Materialkonstante
KW	Kurbelwinkel
K_ν	spektrale Strahlungsdichte
$\vec{K}$	Wellenvektor
k	Boltzmann-Konstante
	Wellenkonstante, Wellenzahl
k_0	Wellenkonstante im Vakuum
$\vec{k}$	Einheitsvektor der z-Achse
	Wellenvektor
L	Abstand, Objektentfernung
	Gitterkonstante
	Linse
	Schallpegel
l	Länge, Kohärenzlänge
M	Gitterkonstante
	Mittelpunkt
	Vergrößerung, Abbildungsmaßstab
	Polarisationsfilter

Formelzeichen	Bedeutung
m	Amplitudenverhältnis, Streifenkontrast
	Beugungsordnung
	Konstante
	Maßstabsfaktor
N	Anteil unpolarisierter Strahlung
	Häufigkeit
	Lot
n	Brechzahl, Brechungsindex
	Drehzahl
	Sprunganzahl
	Streifenzahl
O	Linsenmitte
	Objektpunkt
	ordentlicher Strahl
	Perspektivitätszentrum
	Projektionszentrum
OT	oberer Totpunkt
$\bar{O}$	Vektor der Orientierungsparameter
P	Anteil polarisierter Strahlung
	Ortspunkt
	Wahrscheinlichkeit
P_i	Objektpunkt
PZ	Pockelszelle
p_i	Bild des Objektpunktes P_i
R	Reflexionsgrad
	Rotation
R_t	Rauhtiefe
r	Radius, Kugelkoordinate
	radiometrische Korrektur
$\bar{r}$	Ortsvektor
S	Anteil unpolarisierter Strahlung
	Spektralamplitude
$\bar{S}$	Energietransportvektor, Pointingscher Vektor
s	Deformationsweg

Formelzeichen	Bedeutung
$\bar{s}$	Einheitsvektor der Strahlrichtung
	Verschiebung
	Wellennormale
s_0	Länge der Strahltaille
T	Polarisationsgrad
	Schwingungsdauer
	absolute Temperatur
	Transmission
T_0	mittlere Oberflächentemperatur
	Transmission des Untergrunds einer Fotoplatte
t	Zeit
U	elektrische Spannung
u	Energiedichte
u, v, w	Verschiebungen in der Spannungsoptik
V	normierte Augenempfindlichkeit
v	Geschwindigkeit
v_F	Fahrzeuggeschwindigkeit
W	Wellenfront
	Luftwiderstand
w	Laserstrahlradius
X, Y, Z	Weltsystem
X_i, Y_i, Z_i	Weltkoordinaten des Objektpunktes P_i
X_O, Y_O, Z_O	Weltkoordinaten des Projektionszentrum O
x	Abstand, Weg
	Ortskoordinate
x, y, z	Bildkoordinatensystem
x_i, y_i	Bildkoordinaten des Punktes P_i
y	Bild- bzw. Objektgröße
	Ortskoordinate
Z	Wellenwiderstand
ZOT	Zünd-OT
$\bar{Z}$	Rastereckpunktkoordinaten
z	Ortskoordinate

Formelzeichen	Bedeutung

Griechische Buchstaben

α	Absorptionsgrad
	Materialkonstante
	Normalenrichtung
	Polarisierbarkeit
	Winkel, Braggwinkel
α^*	spezifischer Absorptionskoeffizient
α_L	linearer thermischer Ausdehnungskoeffizient
α_V	Volumenausdehnungskoeffizient
β	Winkel
γ	elektrische Leitfähigkeit
γ^2	Kohärenzgrad
Δ	Differenz
	Laplace-Operator
Δs	Gangunterschied
Δx	Wellenknotenabstand
$\Delta \nu$	Dopplerverschiebung
$\Delta \rho$	Streifenabstand
$\Delta \omega$	Spektralbreite
δ	Ablenkwinkel
ε	Dehnung, Volumendilatation
	Dielektrizitätskonstante
ε_0	elektrische Feldkonstante
ε_r	Dielektrizitätszahl
ζ	Ortskoordinate
η	Modulationstiefe
	Ortskoordinate
	Schwärzung
Θ	Winkel
ϑ	Winkel
κ	Kompressibilität
	spektrale Absorptionszahl
	Winkel
λ	Wellenlänge, Lichtwellenlänge

Formelzeichen	Bedeutung
μ	Querkontraktionszahl
μ_0	magnetische Feldkonstante
μ_r	Permeabilitätszahl
ν	Frequenz
	Verbesserung
ν_i	Eigenfrequenz beim Laser
ν_0	Eigenfrequenz
	Frequenzverschiebung
	Mittenfrequenz
$\tilde{\nu}$	Wellenzahl
$\tilde{\nu}_0$	Wellenzahl im Vakuum
ξ	Ortskoordinate
ρ	Dichte
	Reflexionsgrad
$\vec{\rho}$	Ortsvektor
σ	halber Speckledurchmesser
	Sehwinkel
	mechanische Spannung
τ	Belichtungszeit
	Korrelationslänge
	Laufzeit
	Pulsdauer
	Transmissionsgrad
Φ	spektrale Strahlungsintensität
Φ, φ	Winkel, Phasenverschiebung
φ_O	Phasenverschiebung, Phasenkonstante
χ	elektrische Suszeptibilität
ω	Kreisfrequenz
	Winkel
ω_m	Bandmittenfrequenz
ω_O	Kreisfrequenz der Rayleigh-Strahlung

1 Übersicht

1.1 Einleitung

Optische Meßverfahren haben in den letzten Jahren mit der Weiterentwicklung der Lasertechnik, der digitalen elektronischen Kameras sowie der rechnergestützten Bildauswertung viele der klassischen Meßverfahren im Maschinenbau ersetzt. Mit diesen Verfahren sind neue Einblicke in die physikalischen Vorgänge komplizierter Abläufe möglich geworden.

Andererseits ist der Maschinenbauer erfahrungsgemäß wenig mit den Methoden der Optik vertraut.

Das vorliegende Buch soll Studenten, Wissenschaftlern und Praktikern des Maschinenbaus einen Einblick in die Möglichkeiten dieser modernen Verfahren vermitteln.

In der Literatur ist eine Reihe von ausgezeichneten Büchern über das Gebiet der Optik oder der Lasertechnik erschienen. Es konnte nicht Ziel dieses Buches sein, damit zu konkurrieren. Der Leser sei auf diese Bücher verwiesen, die im Literaturverzeichnis aufgeführt sind. Vielmehr sollte durch die Beschreibung von Beispielen der Anwendung optischer Verfahren in der Praxis auf die wachsende Bedeutung und die Wichtigkeit dieses Gebietes hingewiesen werden.

1.2 Inhalt des Bandes

Die physikalischen Grundlagen der optischen Meßverfahren werden in Abschnitt 2 vorangestellt. Dabei wird die Darstellung - sehr kurz gefaßt - auf die wichtigsten Aspekte beschränkt. Im Abschnitt 3, dem umfangreichsten Abschnitt, werden eine Reihe von Lasermeßverfahren beschrieben, mit Anwendungen auf Probleme der Automobilentwicklung. Sie stellen nur eine Auswahl dar.

Im Abschnitt 4 werden in aller Kürze Beispiele von optischen Meßverfahren mit nichtkohärenten Lichtquellen beschrieben. Am Ende dieses Abschnittes werden Methoden der Photogrammetrie im Nahbereich, insbesondere die in den letzten Jahren in der Entwicklung befindlichen, automatisch arbeitenden Verfahren und ihre Anwendungen erläutert.

2 Physikalische Grundlagen der Optik

2.1 Übersicht

Optik ist die Lehre vom Licht, von seiner Erzeugung, seiner Ausbreitung im
Vakuum und in Materie sowie seiner Wahrnehmung. Physikalisch wird Licht als
elektromagnetische Strahlung aufgefaßt. Der für das Auge des Menschen sichtbare
Spektralbereich reicht von 380 nm bis 780 nm. Die elektromagnetische Strahlung
unterliegt im gesamten in Abb. 2.1 dargestellten Spektralbereich den gleichen
Gesetzmäßigkeiten.

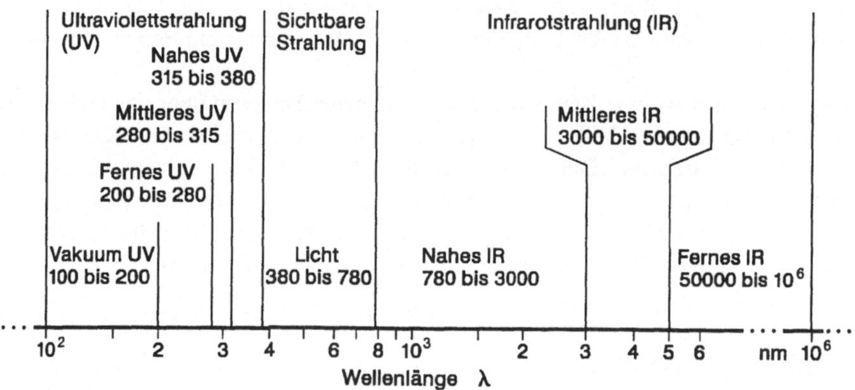

Abb. 2.1: Elektromagnetisches Strahlungsspektrum

Optische Strahlung hat Dualcharakter und läßt sich als elektromagnetische Welle
oder als korpuskulare Strahlung beschreiben.

Phänomene der optischen Strahlung, die sich theoretisch wie elektromagnetische
Wellen behandeln lassen, gehören zur sog. "*Wellenoptik*" (vgl. Abschn. 2.2), dem
Teilgebiet "*Elektrodynamik*" der Maxwellschen Theorie des elektromagnetischen
Feldes. Die Lösung eines optischen Problems ist daher gleichbedeutend mit der
Lösung der Maxwellschen Gleichungen unter Randbedingungen.

Jedoch sind geschlossene Lösungen nur in Spezialfällen möglich, z.B. für die
Beugung an der Halbebene mit unendlicher Leitfähigkeit und verschwindender

Dicke (Sommerfeld, 1896) oder für die Beugung am kolloidalen Teilchen (Mie, 1908). Bei der Beschreibung der meisten optischen Phänomene werden daher Vernachlässigungen in Kauf genommen. Die einfachere Theorie der Beugung vernachlässigt die Polarisation des Lichtes. Die Eigenschaften der Materie werden durch Transparenz, Brechzahl und Reflexionsvermögen beschrieben. Dann erhält man eine skalare Theorie, die genauso in der Akustik anzuwenden ist (vgl. "Automobil-Meßtechnik", Band A: Akustik).

In noch weitergehender Vereinfachung der Wellenoptik hat sich für die Bedürfnisse der Praxis die "*geometrische*" Optik (vgl. Abschn. 2.4), insbesondere für die Beschreibung optischer Abbildungssysteme, als ein Spezialgebiet entwickelt. Dabei geht man u.a. davon aus, daß die Ausbreitung des Lichtes in geradlinigen, von einander unabhängigen "*Lichtstrahlen*" erfolgt und daß der Weg eines Lichtstrahls umkehrbar ist. Die geometrische Optik hat als theoretische Grundlage nur einfache Gesetze, wie das Reflexions- und Brechungsgesetz. Trotzdem ist es ein schwieriges Sondergebiet.

Tritt der korpuskulare Charakter der optischen Strahlung in den Vordergrund, z.B. beim Fotoeffekt, dann muß man die "*Quantenoptik*" (vgl. Abschn. 2.5), d.h. die "*Quantenelektrodynamik*" heranziehen. In dieser Theorie wird das elektromagnetische Feld gequantelt. Die Quanten (Teilchen) nennt man Photonen.

Die "*Radiometrie*" ist das Gebiet, in dem man sich mit der Messung der Leistung bzw. Energie optischer Strahlung befaßt. Die "*Photometrie*" bzw. die "*Kolorimetrie*" sind wichtige Sondergebiete, in denen man sich jeweils mit der spektralen Lichtempfindlichkeit bzw. mit der physikalischen Beschreibung der Farbempfindlichkeit des Menschen beschäftigt.

Die "*physiologische Optik*" ist das Grenzgebiet zwischen Wellenoptik und Physiologie, d.h. der Physik und der Medizin. In diesem Gebiet wird die optische Wahrnehmung des Menschen behandelt.

2.2 Wellenoptik

2.2.1 Wellengleichung für isotrope Medien

Nach der Maxwellschen Theorie sind bei einer elektromagnetischen Welle, also auch bei der optischen Strahlung, die magnetische Feldstärke $\vec{H}$ und die elektrische Feldstärke $\vec{E}$ durch Differentialgleichungen

$$\mathrm{rot}\,\vec{H} = \varepsilon_r \varepsilon_0 \frac{\partial \vec{E}}{\partial t} + \gamma \vec{E} \quad , \tag{2.1}$$

$$\mathrm{rot}\,\vec{E} = -\mu_r \mu_0 \frac{\partial \vec{H}}{\partial t} \tag{2.2}$$

verknüpft, mit den Materialkonstanten

ε_r = Dielektrizitätszahl,
ε_0 = elektrische Feldkonstante,
γ = elektrische Leitfähigkeit,
μ_r = Permeabilitätszahl,
μ_0 = magnetische Feldkonstante.

Bei ε_r, γ, μ_r ist deren Frequenzabhängigkeit zu beachten.

Die Vektoroperation $\mathrm{rot}\,\vec{A}$ für einen Vektor $\vec{A}$ bedeutet in kartesischen Koordinaten

$$\mathrm{rot}\,\vec{A} = \left(\frac{\partial A_z}{\partial y} - \frac{\partial A_y}{\partial z}\right)\vec{i} + \left(\frac{\partial A_x}{\partial z} - \frac{\partial A_z}{\partial x}\right)\vec{j} + \left(\frac{\partial A_y}{\partial x} - \frac{\partial A_x}{\partial y}\right)\vec{k} \quad ; \qquad (2.3)$$

$\vec{i}$, $\vec{j}$, $\vec{k}$ sind die Einheitsvektoren in Richtung der x-, y- bzw. z-Achse.

Bei einer zeitlichen Änderung des elektrischen Feldes $\vec{E}$ tritt überall im Raum, sei er leer oder mit Materie erfüllt, ein magnetisches Feld $\vec{H}$ auf (Abb. 2.2).

Umgekehrt tritt bei einer zeitlichen Änderung eines Magnetfeldes ein elektrisches Feld auf (Abb. 2.3).

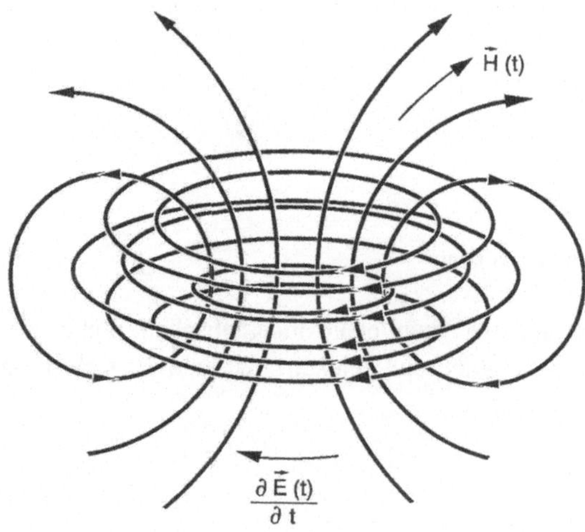

Abb. 2.2: Erzeugung eines magnetischen Feldes durch ein sich zeitlich änderndes elektrisches Feld

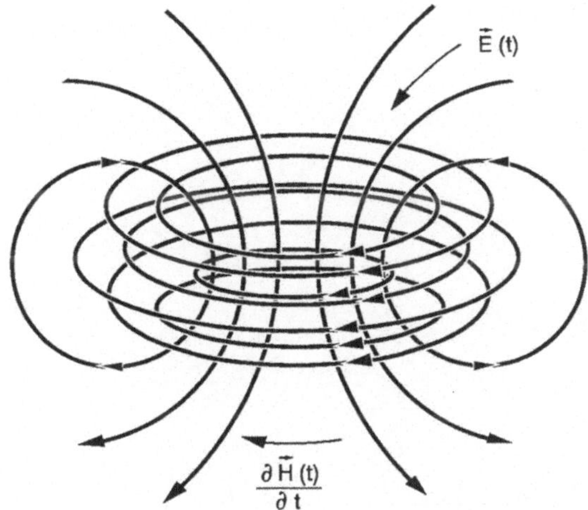

Abb. 2.3: Erzeugung eines elektrischen Feldes durch ein sich zeitlich änderndes Magnetfeld

Wegen der Quellenfreiheit des magnetischen Feldes und bei Fehlen von Raumladungen des elektrischen Feldes gilt zusätzlich

$$\operatorname{div} \vec{E} = 0 \tag{2.4}$$

und

$$\operatorname{div} \vec{H} = 0 \ . \tag{2.5}$$

Die Vektoroperation $\operatorname{div} \vec{A}$ für einen Vektor $\vec{A}$ bedeutet in kartesischen Koordinaten

$$\operatorname{div} \vec{A} = \frac{\partial A_\mathrm{x}}{\partial x} + \frac{\partial A_\mathrm{y}}{\partial y} + \frac{\partial A_\mathrm{z}}{\partial z} \ . \tag{2.6}$$

Elektromagnetische Wellen, also auch die optische Strahlung einschließlich der Lichtwellen, breiten sich nicht nur im mit Materie gefüllten Raum aus, sondern auch im leeren Raum (Vakuum).

Aus (2.1) bis (2.6) ergeben sich die Wellengleichungen für $\vec{E}$ und $\vec{H}$, die die Ausbreitung elektromagnetischer Wellen, also auch des Lichts, beschreiben.

$$\Delta \vec{E} = \varepsilon_\mathrm{r}\, \varepsilon_0\, \mu_\mathrm{r}\, \mu_0\, \frac{\partial^2 \vec{E}}{\partial t^2} + \mu_\mathrm{r}\, \mu_0\, \gamma\, \frac{\partial \vec{E}}{\partial t} \ , \tag{2.7}$$

$$\Delta \vec{H} = \varepsilon_\mathrm{r}\, \varepsilon_0\, \mu_\mathrm{r}\, \mu_0\, \frac{\partial^2 \vec{H}}{\partial t^2} + \mu_\mathrm{r}\, \mu_0\, \gamma\, \frac{\partial \vec{H}}{\partial t} \ . \tag{2.8}$$

Der Laplace-Operator Δ ist in kartesischen Koordinaten durch

$$\Delta = \frac{\partial^2}{\partial x^2} + \frac{\partial^2}{\partial y^2} + \frac{\partial^2}{\partial z^2} \quad , \tag{2.9}$$

in Zylinderkoordinaten durch

$$\Delta = \frac{\partial^2}{\partial r^2} + \frac{1}{r}\frac{\partial}{\partial r} + \frac{1}{r^2}\frac{\partial^2}{\partial \varphi^2} + \frac{\partial^2}{\partial z^2} \tag{2.10}$$

und in Kugelkoordinaten durch

$$\Delta = \frac{1}{r^2 \sin^2 \vartheta}\frac{\partial^2}{\partial \varphi^2} + \frac{1}{r^2}\frac{\partial}{\partial r}\left(r^2\frac{\partial}{\partial r}\right) + \frac{1}{r^2 \sin \vartheta}\frac{\partial}{\partial \vartheta}\left(\sin \vartheta \frac{\partial}{\partial \vartheta}\right) \tag{2.11}$$

gegeben. Er muß auf jede Komponente des Vektors $\vec{E}$ einzeln angewendet werden, z.B. im kartesischen Koordinatensystem auf E_x, E_y, E_z.

Lichtgeschwindigkeit und Brechungsindex

Mit der in der Generalkonferenz für Maß und Gewicht genau festgelegten, konstanten Ausbreitungsgeschwindigkeit elektromagnetischer Wellen (also auch der optischen Strahlung) im Vakuum, Lichtgeschwindigkeit c_0 genannt, bzw. der von der Frequenz ν abhängigen Ausbreitungsgeschwindigkeit $c(\nu)$ in einer Materie

$$c_0 = 299792458 \ \frac{\text{m}}{\text{s}} \approx \frac{1}{\sqrt{\varepsilon_0 \mu_0}} \quad \text{bzw.} \quad c(\nu) = \frac{1}{\sqrt{\varepsilon_0 \varepsilon_r(\nu)\mu_0 \mu_r(\nu)}} \tag{2.12}$$

und mit der Brechzahl oder dem Brechungsindex $n(\nu)$:

$$n(\nu) = \frac{c_0}{c(\nu)} \tag{2.13}$$

bzw. der Maxwellschen Relation

$$n^2(\nu) = \varepsilon_r(\nu)\mu_r(\nu) \tag{2.14}$$

läßt sich (2.7) auch in der Form

$$\Delta\vec{E} = \frac{n^2}{c_0^2}\frac{\partial^2\vec{E}}{\partial t^2} + \mu_r \,\mu_0 \,\gamma\frac{\partial\vec{E}}{\partial t} \tag{2.15}$$

ausdrücken.

In der Praxis wird häufig als Bezug statt Vakuum Luft gewählt, da sich die betreffenden Ausbreitungsgeschwindigkeiten nur geringfügig unterscheiden,

$$c_0 = 1,0003\, c_{\text{Luft}}\ .\tag{2.16}$$

Die Abhängigkeit der Brechzahl n von der Frequenz wird als "Dispersion" bezeichnet. Wächst die Brechzahl im sichtbaren Spektrum mit zunehmender Frequenz, spricht man von "normaler Dispersion", bei entgegengesetztem Verhalten von "anormaler Dispersion".

Für verlustbehaftete, d.h. absorbierende Medien, läßt sich die Brechzahl als komplexe Größe

$$\underline{n}(v) = n(v)\big[1 - j\kappa(v)\big]\tag{2.17}$$

mit der spektralen Absorptionszahl $\kappa(v)$ schreiben.

Frequenz, Wellenlänge und Wellenzahl

Wellenlänge λ, Frequenz v und Ausbreitungsgeschwindigkeit c sind voneinander abhängig, wobei

$$\lambda v = c\tag{2.18}$$

gilt.

Im Vakuum ist

$$\lambda_0 v = c_0\ .\tag{2.19}$$

Als zweckmäßige Größe in der Spektroskopie wird die Wellenzahl $\tilde{v}$ verwendet:

$$\tilde{v} = \frac{1}{\lambda}\quad\text{oder im Vakuum}\quad \tilde{v}_0 = \frac{1}{\lambda_0}\ .\tag{2.20}$$

2.2.2 Lösungen der Wellengleichung für verlustfreie Medien und für das Vakuum

Für verlustfreie Medien und für das Vakuum entfällt in der Wellengleichung (2.15) der Term $\mu_r\,\mu_0\,\gamma\,\partial\vec{E}/\partial t$. Die Wellengleichung nimmt für $\vec{E}$ die einfache Form

$$\Delta\vec{E} = \frac{n^2}{c_0^{\,2}}\,\frac{\partial^2\vec{E}}{\partial t^2}\tag{2.21}$$

an, vgl. (2.7).

Ebene Welle

Der einfachste Fall einer Lösung der Wellengleichung (2.21) ist eine ebene, in x-Richtung fortschreitende Welle im unendlich ausgedehnten Medium, bei der die Komponenten von $\vec{E}$ in allen zur x-Achse senkrecht stehenden Ebenen konstante Werte haben. Dann verschwinden alle Differentialquotienten $\partial/\partial y$ und $\partial/\partial z$.

Man erhält aus (2.4)

$$\frac{\partial E_x}{\partial x} = 0 \quad \text{oder} \quad E_x = 0 \quad . \tag{2.22}$$

Ein räumlich konstantes Feld ist hier uninteressant, d.h. E_x ist gleich null zu setzen. Entsprechendes gilt auch für das Magnetfeld. Das ortsabhängige Feld kann also für diesen einfachen Fall keine Komponente in x-Richtung haben. Das Verschwinden der x-Komponenten von $\vec{E}$ und $\vec{H}$ gibt die Transversalität der als Lösung erhaltenen homogenen ebenen Welle wieder. Bei einer harmonischen Zeitabhängigkeit für E_y und E_z erhält man für E_y, E_z ($E_x = 0$, s.o.)

$$E_y = A e^{j(\omega t \pm kx)} \quad , \tag{2.23}$$

$$E_z = B e^{j(\omega t + \varphi_0 \pm kx)} \tag{2.24}$$

mit den Amplituden A und B, der Phasenverschiebung φ_0 und der Wellenkonstanten k bzw. k_0 im Vakuum. Dabei gilt

$$k = \frac{\omega}{c} = \frac{n\omega}{c_0} \quad \text{bzw.} \quad k_0 = \frac{\omega}{c_0} \quad , \tag{2.25}$$

wobei ω die Kreisfrequenz

$$\omega = 2\pi\nu \tag{2.26}$$

ist.

Die Gleichungen (2.23) und (2.24) beschreiben ebene Wellen, die sich mit der Ausbreitungsgeschwindigkeit $c = c_0/n$ im Medium (im Vakuum mit c_0) fortpflanzen. Die Ausbreitungsrichtung ist positiv bzw. negativ in Richtung der x-Achse bei negativem bzw. positivem Vorzeichen von kx im Exponenten.

Polarisiertes Licht

Die allgemeine Form einer solchen Lichtwelle erhält man durch vektorielle Zusammensetzung von E_y und E_z zu $\vec{E}$.

Bei einer festen x-Koordinate läuft der Endpunkt des Vektors $\vec{E}$ in der senkrecht zur x-Achse liegenden Ebene auf einer Ellipse oder einem Kreis mit der

Kreisfrequenz ω um oder schwingt in einer Geraden, je nach Größe von E_x, E_y bzw. von φ_0. Man spricht daher von einer elliptisch, zirkular oder linear polarisierten Welle, vgl. Abb. 2.4.

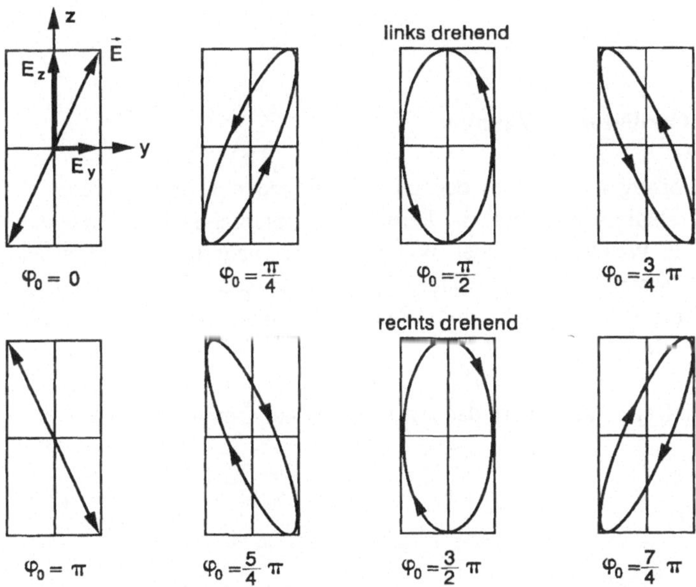

Abb. 2.4: Elliptisch und linear polarisierte ebene Welle

Kommt elliptisch polarisiertes Licht auf den Beobachter zu, kann sich der Vektor der elektrischen Feldstärke links- oder rechtsherum bewegen, je nachdem, ob die horizontale Komponente E_y oder die vertikale Komponente E_z vorauseilt. Das ist abhängig von der Phasenverschiebung φ_0, vgl. (2.23) und (2.24), und wird in Abb. 2.4 für Phasenverschiebungen von 0 bis (7/4) π dargestellt. Für den Fall $\varphi_0 = 0$ oder $= \pi$ erhält man eine linear polarisierte Welle; der Vektor $\vec{E}$ schwingt in einer Geraden. Im Spezialfall gleicher Amplituden ($E_y = E_z$) und für $\varphi_0 = \pi/2$ oder $= (3/2)\,\pi$ erhält man zirkular polarisiertes Licht. Man spricht bei $0 < \varphi_0 < \pi$ von linkselliptischem bzw. bei gleichen Amplituden und $\varphi_0 = \pi/2$ von linkszirkularem, bei $\pi < \varphi_0 < 2\pi$ von rechtselliptischem bzw. bei gleichen Amplituden und $\varphi_0 = (3/2)\,\pi$ von rechtszirkularem Licht.

Eine elliptisch bzw. zirkular polarisierte Welle kann umgekehrt gemäß (2.23) bzw. (2.24) in zwei zueinander senkrecht schwingende Teilwellen mit Phasenverschiebung gegeneinander und unterschiedlicher bzw. gleicher Amplitude zerlegt werden.

Als Schwingungsebene einer linear polarisierten Welle bezeichnet man die Ebene zwischen Ausbreitungsrichtung und elektrischer Feldstärke, die dazu senkrechte Ebene heißt Polarisationsebene.

Im Licht, wie es gewöhnliche Lichtquellen ausstrahlen, gibt es für den Lichtvektor keine bevorzugte Richtung. Es findet ein schneller ungeordneter Richtungswechsel der senkrecht zur Ausstrahlungsrichtung schwingenden Lichtvektoren statt.

2.2.3 Hertzscher Oszillator im Vakuum

Die als einfache Lösung abgeleiteten ebenen Wellen sind eine Idealisierung, die fernab von einer Strahlungsquelle (im sog. Fernfeld) gilt, nicht jedoch in deren Nähe (im sog. Nahfeld). In Wirklichkeit gehen Wellen von eng begrenzten Zentren aus, z.B. Licht von Ausschnitten einer gasförmigen Lichtquelle. Eine Lösung der Feldgleichungen für Strahlungsquelle und Wellenfeld stammt von H. Hertz. Wir beschränken uns auf das Vakuum.

Für die theoretische Betrachtung wird das Vektorpotential $\vec{A}$ eingeführt mit

$$\vec{H} = rot \frac{\partial \vec{A}}{\partial t} \quad , \tag{2.27}$$

das ebenfalls eine Wellengleichung

$$\Delta \vec{A} = \frac{1}{c_0{}^2} \frac{\partial^2 \vec{A}}{\partial t^2} \tag{2.28}$$

erfüllt, vgl. (2.9) bis (2.11).

Bei Abhängigkeit nur von der Kugelkoordinate r folgt aus (2.11)

$$\frac{\partial^2 \vec{A}}{\partial r^2} + \frac{2}{r} \frac{\partial \vec{A}}{\partial r} = \frac{1}{c_0{}^2} \frac{\partial^2 \vec{A}}{\partial t^2} \quad . \tag{2.29}$$

Eine Lösung dieser Differentialgleichung bei einer harmonischen Zeitabhängigkeit ist

$$\vec{A} = \frac{\vec{A}_0}{r} e^{j\omega\left(t - \frac{r}{c_0}\right)} \quad . \tag{2.30}$$

Sie beschreibt eine einfache harmonische Kugelwelle, die sich vom Koordinatenursprung aus in Richtung der Radienvektoren nach allen Seiten gleichmäßig ausbreitet. Das negative Zeichen entspricht einer sich vom Zentrum ($r = 0$)

ausbreitenden Welle. Von der ebenen Welle unterscheidet sich die Kugelwelle auch dadurch, daß ihre Amplitude mit $1/r$ abnimmt.

Das zu $\vec{A}$ gehörende elektrische Feld $\vec{E}$ ist nicht mehr kugelsymmetrisch. Man erhält für $\vec{E}$ das bekannte Strahlungsfeld eines Dipols (Abb. 2.5). (Auf eine Ableitung wird hier verzichtet.)

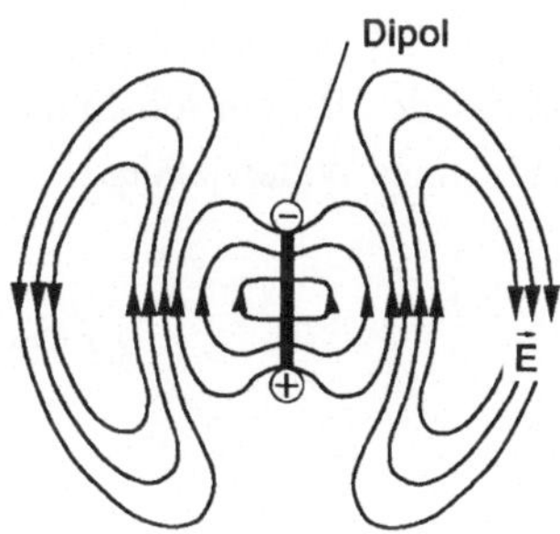

Abb. 2.5: Strahlungsfeld eines Dipols für $\vec{E}$

2.2.4 Energieströmung/Poyntingscher Vektor

Die Energieströmung wird generell durch den Poyntingschen Vektor

$$\vec{S} = \vec{E} \times \vec{H} \quad \text{in } \frac{\text{W}}{\text{m}^2} \tag{2.31}$$

dargestellt.

Für ebene Wellen in einem isotropen nichtleitenden Medium ist

$$|\vec{H}| = \sqrt{\frac{\varepsilon_r \, \varepsilon_0}{\mu_r \, \mu_0}} \, |\vec{E}| \quad , \tag{2.32}$$

so daß

$$\mu_r \, \mu_0 \, |\vec{H}|^2 = \varepsilon_r \, \varepsilon_0 \, |\vec{E}|^2 \tag{2.33}$$

gilt.

Im allgemeinen Fall wird die Energiedichte u im Feld elektromagnetischer Wellen durch

$$u = \frac{1}{2}\left(\varepsilon_r\, \varepsilon_0\, |\vec{E}|^2 + \mu_r\, \mu_0\, |\vec{H}|^2 \right) \quad.$$

(2.34)

beschrieben.

Wellenwiderstand

Der Wellenwiderstand Z ist für ebene Wellen definiert als der Proportionalitätsfaktor zwischen $|\vec{E}|$ und $|\vec{H}|$ in (2.32). Er hat die Dimension eines Widerstandes

$$Z = \frac{|\vec{E}|}{|\vec{H}|} = \sqrt{\frac{\mu_r\, \mu_0}{\varepsilon_r\, \varepsilon_0}} \quad \text{in Ohm.}$$

(2.35)

Intensität

In der Optik ist die Intensität $I = |\vec{S}|$, vgl. (2.31). Man kann wegen der hohen Frequenzen i.a. nur die Intensität in der Form

$$I = \frac{1}{ZT} \int_0^T |\vec{E}(t)|^2 dt = \frac{1}{Z}\, \overline{|\vec{E}|^2}^{\,t} \quad \text{in} \quad \frac{\text{W}}{\text{m}^2}$$

(2.36)

messen, d.h. den Zeitmittelwert der auf eine Flächeneinheit treffenden Leistung. Diese ist für die fortschreitende Welle mit dem Betrag des Poyntingschen Vektors $\vec{S}$ identisch.

Oft ist die Intensität durch polarisierte und nicht polarisierte Wellen bestimmt.

Der Anteil polarisierter (P) und unpolarisierter Strahlung (N) an der Gesamtintensität I heißt Polarisationsgrad T. Er ist gegeben durch

$$T = \frac{P}{N+P} \quad.$$

(2.37)

Natürliches Licht ist i.a. nicht polarisiert, d.h. $T = 0$. Eine Ausnahme ist das blaue Himmelsstreulicht.

2.2.5 Interferenz

Die Maxwellschen Gleichungen (2.1) und (2.2) bzw. die daraus abgeleiteten Wellengleichungen, z.B. (2.7) und (2.8), sind linear. Das bedeutet, daß alle Lösungen, z.B. zwei Lösungen $\vec{E}_1$ und $\vec{E}_2$, vektoriell addiert (überlagert) werden können.

Treffen zwei oder mehr Wellenzüge mit fester Phasenbeziehung im Raum zusammen, dann gibt es charakteristische Überlagerungserscheinungen, die man als Interferenz bezeichnet.

2.2.5.1 Überlagerung ebener Wellen

Für die Überlagerung zweier sinusförmiger, ebener, linear polarisierter Wellenzüge E_{1y} und E_{2y}, vgl. Abschn. 2.2.2, gilt

$$E_y = E_{1y} + E_{2y} = A_1 \sin\left(\omega_1 t - k_1 x + \varphi_1\right) + A_2 \sin\left(\omega_2 t - k_2 x + \varphi_2\right) \quad . \quad (2.38)$$

Haben die Teilwellen gleiche Amplituden ($A_1 = A_2 = A$), so folgt nach trigonometrischer Umformung

$$E_y = 2A \sin\left(\frac{\omega_1 + \omega_2}{2} t - \frac{k_1 + k_2}{2} x + \frac{\varphi_1 + \varphi_2}{2}\right)$$
$$\cdot \cos\left(\frac{\omega_1 - \omega_2}{2} t - \frac{k_1 - k_2}{2} x + \frac{\varphi_1 - \varphi_2}{2}\right) \quad . \quad (2.39)$$

In Abb. 2.6 werden zwei Wellen E_{1y}, E_{2y} mit gleicher Amplitude A, gleicher Frequenz ($\omega_1 = \omega_2 = \omega$) und gleicher Ausbreitungsrichtung ($k_1 = k_2 = k$) überlagert, so daß nach (2.39)

$$E_y = 2A \sin\left(\omega t - kx + \frac{\varphi_1 + \varphi_2}{2}\right) \cos\left(\frac{\varphi_1 - \varphi_2}{2}\right) \quad (2.40)$$

ist.

Im oberen Teilbild sind die zwei Wellen gleichphasig, d.h.

$$\varphi_1 - \varphi_2 = 0,\ 2\pi,\ 4\pi,\ \dots \ ; \ \text{d.h. } \cos\left(\frac{\varphi_1 - \varphi_2}{2}\right) = 1 \quad (2.41)$$

und im unteren Teilbild gegenphasig, d.h.

$$\varphi_1 - \varphi_2 = \pi,\ 3\pi,\ 5\pi,\ \dots \ ; \quad \text{d.h. } \cos\left(\frac{\varphi_1 - \varphi_2}{2}\right) = 0 \quad . \quad (2.42)$$

Während im oberen Teilbild das Ergebnis eine durch Interferenz verstärkte Welle ist, löschen sich im unteren Teilbild die Wellen aus.

Laufende Wellen gleicher Richtung können einander also je nach ihrer relativen Phasenlage verstärken oder bis zur Auslöschung abschwächen.

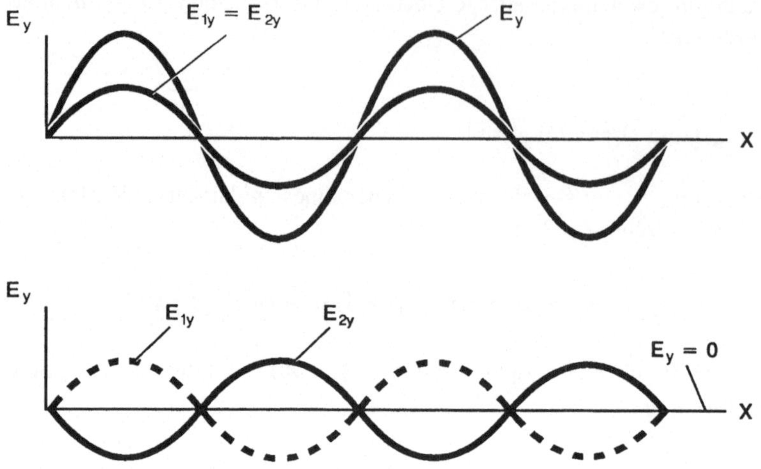

Abb. 2.6: Interferenz zweier Wellen

2.2.5.2 Stehende ebene Welle

Überlagern sich zwei Wellen E_{1y}, E_{2y} mit gleicher Amplitude und gleicher Frequenz $(\omega_1 = \omega_2 = \omega)$, aber entgegengesetzter Laufrichtung $(k_1 = -k_2 = k)$, so folgt aus (2.39)

$$E_y = 2A \, \sin\left(\omega t + \frac{\varphi_1 + \varphi_2}{2}\right) \cos\left(kx + \frac{\varphi_1 - \varphi_2}{2}\right) \; . \tag{2.43}$$

Ohne Beschränkung der Allgemeinheit setzt man $\varphi_1 = \varphi_2 = \varphi$ und erhält

$$E_y = 2A \, \cos(kx) \, \sin(\omega t + \varphi) \; . \tag{2.44}$$

Dies ist eine stehende Welle, wobei der Term $2A \cdot \cos(kx) = 2A \cdot \cos(2\pi x / \lambda)$, man nennt seinen Betrag die Umhüllende, die örtliche Änderung der Amplitude beschreibt. Die zeitliche Änderung $\sin(\omega t + \varphi)$ hat einen Wechsel des Amplitudenvorzeichens dieses Terms zur Folge. Nullstellen, man nennt sie Wellenknoten, ergeben sich für

$$kx = \pi\left(m + \frac{1}{2}\right), \quad m = 0, \, 1, \, 2 \, \ldots \; . \tag{2.45}$$

Daraus folgt mit $k = 2\pi/\lambda$ für den Abstand zwischen den Wellenknoten die Beziehung:

$$\Delta x = \frac{\lambda}{2} \quad . \tag{2.46}$$

Maximale Amplituden, Wellenbäuche genannt, treten auf für

$$kx = \pi m, \quad m = 0, 1, 2 \dots \quad . \tag{2.47}$$

Der Abstand zwischen den Wellenbäuchen stimmt mit dem zwischen den Wellenknoten überein.

An einer Wand unendlich hoher Leitfähigkeit ist die elektrische Feldstärke gleich 0. An dieser Wand entsteht ein Wellenknoten. Bei endlicher Leitfähigkeit entsteht ein Reflexionsverlust. Abb. 2.7 zeigt die Amplitudenverteilung einer ebenen, stehenden Welle für diesen Fall.

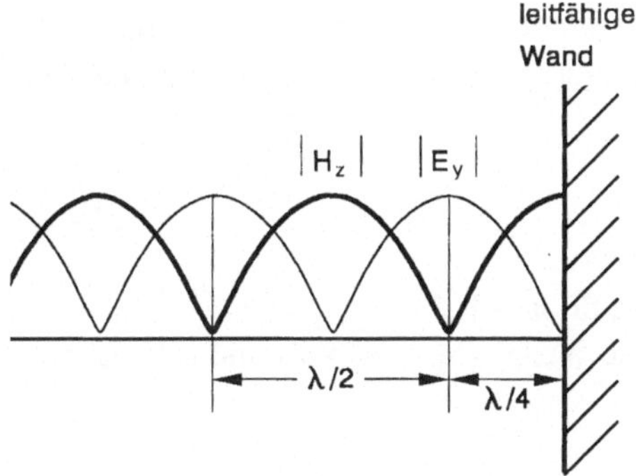

Abb. 2.7: Amplitudenverteilung einer ebenen, stehenden Welle bei Reflexion an einer Wand endlicher Leitfähigkeit

2.2.5.3 Intensität interferierender ebener Wellen

In der Optik mißt man - wie oben erwähnt - hauptsächlich die Intensitäten I in der Form (2.36), weil Filme und Fotodetektoren nur auf Intensität reagieren.

Unter Anwendung trigonometrischer Formeln sowie unter Beachtung, daß die Zeitmittelwerte der sin- bzw. cos-Funktionen den Wert 0 ergeben, wenn über die Schwingungsdauer T integriert wird, erhält man aus (2.36) und (2.38) für I die Beziehung

$$I = \frac{1}{ZT} \int_0^T E_y{}^2 dt$$

$$= \frac{1}{2Z} \left\{ A_1{}^2 + A_2{}^2 + 2 A_1 A_2 \cos\left[(k_2 - k_1)x + (\varphi_2 - \varphi_1)\right] \right\} \quad . \tag{2.48}$$

Die Intensitäten I_1 und I_2 der beiden einfallenden Wellen sind durch

$$I_1 = \frac{1}{2Z} A_1{}^2 \ , \quad I_2 = \frac{1}{2Z} A_2{}^2 \tag{2.49}$$

gegeben. Damit wird aus (2.48)

$$I = I_1 + I_2 + 2\sqrt{I_1 I_2} \cos\left[(k_2 - k_1)x + (\varphi_2 - \varphi_1)\right] \quad . \tag{2.50}$$

Die Gesamtintensität ist also die Summe der Einzelintensitäten plus einem orts- und phasenabhängigen Interferenzglied. Das Interferenzglied drückt aus, daß die Gesamtintensität an verschiedenen Orten x um den mittleren Wert $I_1 + I_2$ schwankt. Ein Extremum dieser Schwankungen ergibt sich, wenn die cos-Funktion den Wert ± 1 annimmt, d.h. für

$$(k_2 - k_1)x + (\varphi_2 - \varphi_1) = m\pi \tag{2.51}$$

mit Maxima für $m = 0, 2, 4, \ldots$ und Minima für $m = 1, 3, 5 \ldots$.

Betrachtet man entgegengesetzt laufende Wellen ($k_1 = -k_2 = k$) und setzt $\varphi_2 = \varphi_1$, so erhält man Maxima bei

$$x = \frac{m\pi}{2k} = m\frac{\lambda}{4} \ , \ m = 0, 2, 4 \ldots \tag{2.52}$$

und Minima bei

$$x = \frac{m\pi}{2k} = m\frac{\lambda}{4} \ , \ m = 1, 3, 5, \ldots \quad . \tag{2.53}$$

Abb. 2.8 verdeutlicht den Zusammenhang für zwei gegeneinander laufende Wellen. Der Kontrast der Interferenzintensität wird maximal, wenn $I_1 = I_2$ ist.

Natürlich muß die Gesamtintensität im Mittel über einen größeren Raum erhalten bleiben. Sie wird bei Interferenz nur räumlich anders verteilt.

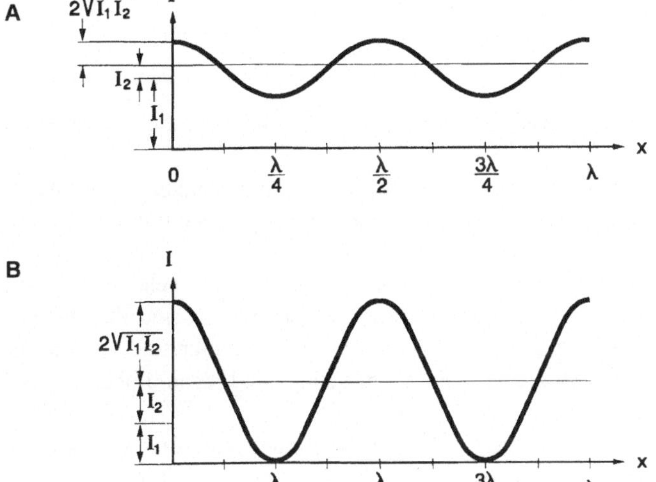

Abb. 2.8: Resultierende Intensität zweier ebener, sinusförmiger, linear polarisierter Wellen gleicher Frequenz und entgegengesetzter Richtung. A: $I_1 \neq I_2$ (Gemisch aus stehender und laufender Welle). B: $I_1 = I_2$ (stehende Welle)

2.2.5.4 Zeitliche Kohärenzbedingung

Interferenz zwischen zwei Wellen setzt feste Phasenbeziehungen voraus, vgl. (2.41) und (2.42). Bei statistisch wechselnden Phasen beobachtet man dagegen nur die Summe $I = I_1 + I_2$ ohne Interferenzglied, vgl. (2.50).

Bei den bisherigen Ableitungen zur Interferenz ebener Wellen wurde Frequenzgleichheit ($\omega_1 = \omega_2 = \omega$) angenommen, was feste Phasenbeziehungen und - bis auf die Ausbreitungsrichtung - auch die Gleichheit der Ausbreitungskonstanten k zur Folge hat, so daß $|k_1| = |k_2| = |k|$ ist.

Dies setzt voraus, daß die Lichtfrequenz $v = \omega/2\pi$ absolut genau festgelegt ist. Man spricht von "Monochromasie". Streng monochromatisches Licht gibt es jedoch nicht. Jede auch noch so gute Spektrallampe und auch ein Laser strahlt Licht mit endlicher Frequenzbandbreite und leicht schwankender Amplitude aus, das man sich als statistische Folge vieler Wellenpakete vorstellen kann, die aus einzelnen spontanen oder Gruppen von gekoppelten stimulierten atomaren Emissionsvorgängen (s. Abschn. 2.4.1, Abb. 2.39 bzw. 2.40) stammen.

Die Kopplung zwischen den Phasen zweier Wellen E_1 und E_2 nennt man "Kohärenz" und quantifiziert sie mit dem Kohärenzgrad γ^2

$$\gamma^2 = \frac{\left(\overline{E_1 E_2{}^t}\right)^2}{\overline{E_1{}^{2t}}\ \overline{E_2{}^{2t}}} \quad . \tag{2.54}$$

Der Kohärenzgrad γ^2 kann zwischen 0 ("inkohärent") und 1 (völlig "kohärent") liegen.

Stammen zwei Lichtwellen von verschiedenen, unabhängigen atomaren Emissionsvorgängen, so sind auch ihre Phasen unabhängig, d.h. sie sind inkohärent. Eine Interferenz ist dann nicht möglich.

Stammen zwei Lichtwellen vom selben Emissionsvorgang und gelangen sie auf zwei Wegen mit derselben Laufzeit zum Beobachtungspunkt, so sind ihre Phasen dort exakt gleich. Im Beobachtungsgebiet nahe um diesen Punkt sind sie bis auf eine ortsabhängige Konstante gleich. Die Lichtwellen sind dann kohärent und interferieren.

Besteht zwischen beiden Wegen ein Laufzeitunterschied Δt, so ist die Interferenzfähigkeit davon abhängig, ob die Phase auch über Δt stabil bleibt.

Die maximal zulässige Laufzeitdifferenz Δt_{max}, bei der noch Interferenz auftreten kann, heißt "Kohärenzdauer". Die zugehörige, maximal zulässige Laufwegdifferenz heißt "Kohärenzlänge" l

$$l = c \cdot \Delta t_{\text{max}} \quad . \tag{2.55}$$

Nimmt man als Beispiel - wie in Abb. 2.9 links gezeigt - ein Wellenpaket mit einer Gaußkurve

$$E(t) = E_{\text{max}}\, e^{-\left(\frac{t-t_{\text{m}}}{\Delta t}\right)^2} \sin\left(\omega_{\text{m}} t + \varphi_0\right) \tag{2.56}$$

als Umhüllende an, dann ist die Frequenzverteilung - wie in Abb. 2.9 rechts gezeigt - ebenfalls durch eine Gaußkurve

$$I(\omega) = I(\omega_{\text{m}})\, e^{-\left(\frac{\omega-\omega_{\text{m}}}{\Delta\omega}\right)^2} \tag{2.57}$$

gegeben, wobei ω_{m} die Bandmittenfrequenz ist.

Ferner gilt zwischen Δt und der Spektralbreite $\Delta\omega$ die hier nicht abgeleitete "Unschärfe-Beziehung"

$$\Delta\omega\Delta t = \frac{1}{2} \quad . \tag{2.58}$$

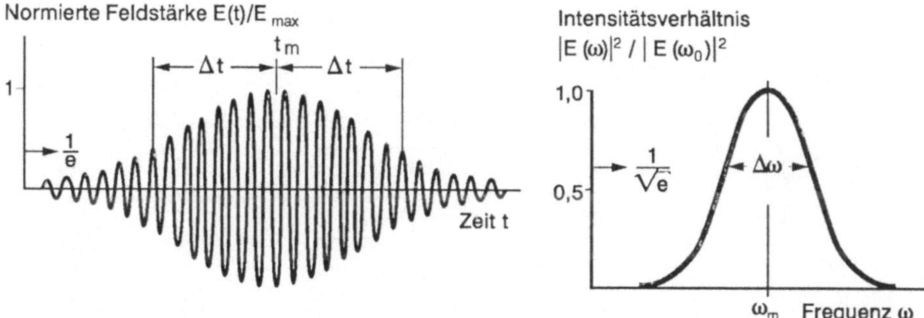

Abb. 2.9: Links: Wellenzug in Form einer Gaußkurve. Rechts: Frequenzprofil der zugehörigen Spektrallinie ($\omega_0 = \omega_m$)

Die Kohärenzlänge ist für dieses Beispiel nach (2.55) und (2.58) mit $\Delta t = \Delta t_{max}$

$$l = c\Delta t = \frac{\omega_m}{k_m} \frac{1}{2} \frac{1}{\Delta\omega} = \frac{1}{2} \frac{1}{k_m} \frac{\omega_m}{\Delta\omega} = \frac{1}{2} \frac{\lambda_m}{2\pi} \frac{\lambda_m}{\Delta\lambda} = \frac{1}{4\pi} \frac{\lambda_m^2}{\Delta\lambda} \quad . \tag{2.59}$$

Diese Gleichung macht den Zusammenhang zwischen der Monochromasie und der Kohärenz deutlich, weil l für $\Delta\lambda \ll \lambda_m$ sehr groß wird. Bei Pulslasern kann die Kohärenzzeit die gesamte Länge eines Laserpulses erreichen, bei Dauerstrich-Lasern die Kohärenzlänge viele Kilometer, vgl. Abschn. 2.4.1.

2.2.5.5 Räumliche Kohärenzbedingungen

Die für eine Interferenz zulässige Ausdehnung a einer divergenten Lichtquelle steht mit dem Öffnungswinkel α des verwendeten Lichtbündels (Abb. 2.10) in einem Zusammenhang, der durch die Beugung 1. Ordnung, vergl. Abschn. 2.2.7, gegeben ist.

Unter der Bedingung

$$a \sin \alpha < \frac{\lambda}{2} \tag{2.60}$$

kann nämlich die ausgedehnte Lichtquelle wie ein punktförmiger Strahler behandelt werden.

Diese räumliche Kohärenzbedingung fordert, daß näherungsweise das gesamte Lichtbündel auf das parallele Lichtbündel mit der Beugung nullter Ordnung, vgl. Abschnitt 2.2.7 eingeschränkt werden muß. Für Wellenzüge jedes Teilstrahlers in Richtungen, die von Richtung 1 abweichen, tritt ein vom Lichtweg zum Empfänger abhängiger Phasengang auf, durch den die definierte Interferenzfähigkeit des Lichts

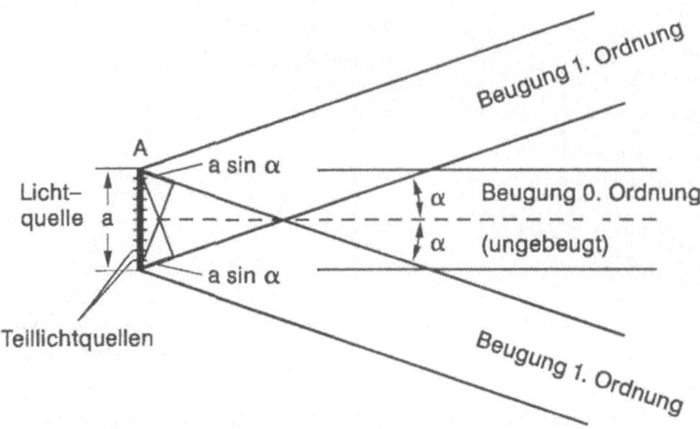

Abb. 2.10:   Schematische Darstellung zur Ableitung der räumlichen Kohärenzbedingung. Lichtbündel nullter und erster Ordnung.

am Ort des Empfängers verschwindet, wenn der Winkel α der Kohärenzbedingung nicht genügt.

Für die zulässige Ausdehnung a der Lichtquelle ergibt sich für kleine Winkel α mit $\sin \alpha \approx \alpha$ aus (2.60)

$$a < \frac{\lambda}{2\alpha} \ . \tag{2.61}$$

2.2.6 Huygenssches Prinzip

Das Huygenssche Prinzip ist ein hypothetisches, nicht exakt begründbares nützliches Hilfsmittel, um Wellenphänomene, wie Beugung, Brechung, Spiegelung usw., erklären zu können.

Nach dem Huygensschen Prinzip (Abb. 2.11) sendet jeder Punkt einer Wellenfläche zur gleichen Zeit eine Kugelwelle, eine sog. Huygenssche Elementarwelle, aus. Die Stärke ist proportional der Amplitude der ankommenden Welle. Alle von den verschiedenen Quellpunkten (Mittelpunkte der Elementarwellen) ein und derselben Wellenfläche ausgehenden Kugelwellen schwingen in Phase und interferieren. Die Einhüllende aller Wellenflächen der sich ausbreitenden interferierenden elementaren Kugelwellen ist die neue Wellenfläche, vgl. Abb. 2.11.

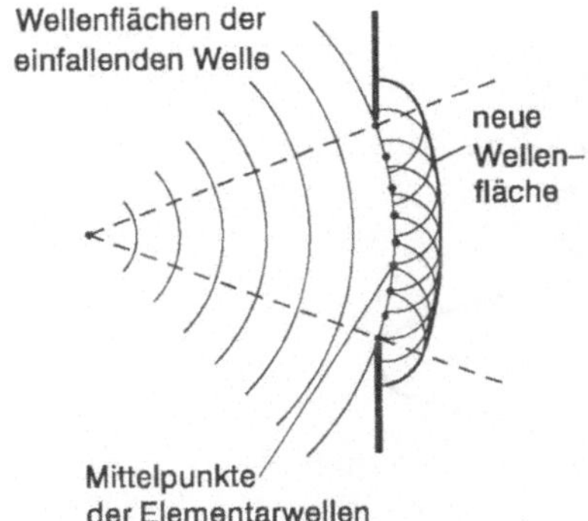

Abb. 2.11: Huygenssches Prinzip

2.2.7 Beugung

2.2.7.1 Definition

Als Beugung des Lichtes bezeichnet man die allein durch die Wellennatur des Lichtes bedingte Abweichung von der geradlinigen Ausbreitung des Lichtes, wie sie in der geometrischen Optik angenommen wird (vgl. Abschn. 2.3). Jedes Hindernis im Wege einer Wellenausbreitung ist Anlaß zu einer Beugung. Dabei sind die Dimensionen der Hindernisse oder deren Öffnungen in Relation zur Wellenlänge von entscheidender Bedeutung.

Bei den Beugungserscheinungen unterscheidet man zwischen den *Fraunhoferschen* und den *Fresnelschen* Beugungserscheinungen.

Fraunhofersche Beugungserscheinungen liegen dann vor, wenn der beugende Gegenstand oder die beugende Öffnung klein ist sowohl gegen die Entfernung von der Lichtquelle als auch gegen die Entfernung von der Ebene, in der die Beugungserscheinung beobachtet wird.

Um Fresnelsche Beugung handelt es sich dagegen dann, wenn der Abstand der Lichtquelle und/oder des Beobachtungsortes von der beugenden Öffnung bzw. dem beugenden Gegenstand vergleichbar ist mit den Dimensionen dieser beugenden Objekte.

2.2.7.2 Beugung am Spalt

Fällt eine monochromatische, ebene Welle senkrecht auf einen ebenen Spalt oder auf eine Blende, so kann man, wie in Abb. 2.12 veranschaulicht, die Ausbreitung hinter der Blende nach dem Huygensschen Prinzip konstruieren.

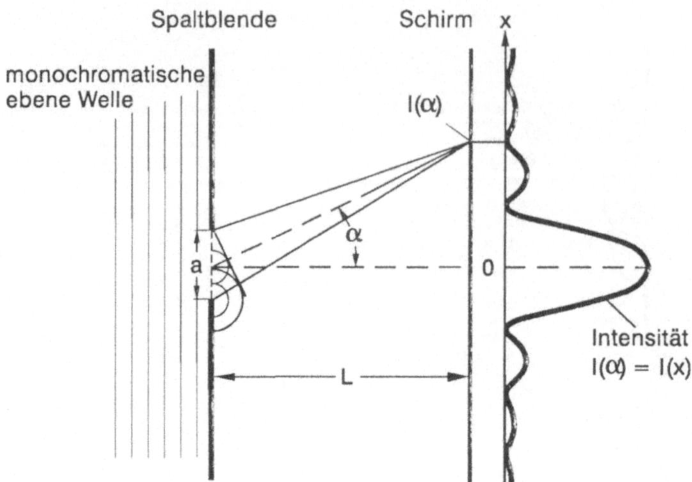

Abb. 2.12: Beugung am Spalt

Die Intensitätsverteilung $I(\alpha)$ hinter dem Spalt der Breite a ist für große Abstände L (Fraunhofersche Beugung) gegeben durch die - auch in Abb. 2.12 dargestellte - Funktion

$$I(\alpha) = a^2 \frac{\sin^2\left(\dfrac{a\pi}{\lambda}\sin\alpha\right)}{\left(\dfrac{a\pi}{\lambda}\sin\alpha\right)^2} = a^2\operatorname{sinc}^2\left(\frac{a\pi}{\lambda}\sin\alpha\right) \tag{2.62}$$

mit der sinc-Funktion

$$\operatorname{sinc} = \frac{\sin x}{x} \quad . \tag{2.63}$$

Mit dem Abstand L des Schirms von der Spaltblende ist

$$\tan\alpha \approx \sin\alpha = \frac{x}{L} \quad . \tag{2.64}$$

Die Intensität im Abstand x von dem auf den Schirm projizierten Mittelpunkt des Spalts ist dann

$$I(x) = a^2\operatorname{sinc}^2\left(\frac{a\pi}{\lambda}\frac{x}{L}\right) \quad . \tag{2.65}$$

Das Hauptmaximum liegt bei $\alpha = 0$ bzw. $x = 0$, weil

$$\mathrm{sinc}\,x \longrightarrow 1 \quad \textit{für} \quad x \longrightarrow 0 \quad . \tag{2.66}$$

Die weiteren Intensitätsmaxima liegen (vergl. (2.63)) näherungsweise bei

$$\left|\sin\left(\pi\frac{ax}{\lambda L}\right)\right| \approx 1 \quad \text{bzw.} \quad \frac{x}{L} \approx \frac{\lambda}{a}\left(m+\frac{1}{2}\right) \quad , m = 1, 2, 3, \dots \quad . \tag{2.67}$$

Intensitätsminima treten auf, wenn

$$\sin\left(\pi\frac{ax}{\lambda L}\right) = 0 \quad \text{bzw.} \quad \frac{x}{L} = \frac{\lambda}{a}m \quad , m = 1, 2, 3, \dots \tag{2.68}$$

ist.

2.2.7.3 Beugung am Strichgitter

Werden ebene sinusförmige Lichtwellen an einem Strichgitter gebeugt, z.B. an mehreren in gleichem Abstand d (Gitterkonstante) nebeneinanderliegenden Spalten (Abb. 2.13), so liegen die Maxima der Intensität bei

$$\sin\alpha_m = \frac{m\lambda}{d} \quad , \tag{2.69}$$

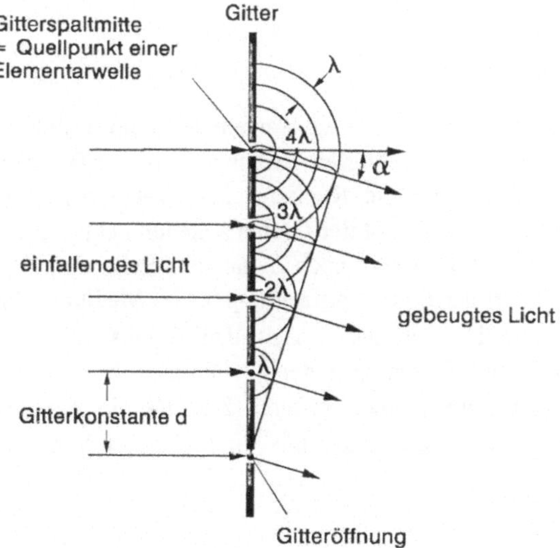

Abb. 2.13: Lichtbeugung 1. Ordnung, d.h. $m=1$, am optischen Gitter

m bezeichnet die Ordnung der Beugung, $m = 0, 1, 2, \ldots$ Je kleiner d, d.h. je größer die Anzahl der Gitterelemente (Gitterstriche), desto schärfer werden die Interferenzmaxima.

2.2.8 Brechung

Das Phänomen der Lichtbrechung kann ebenfalls auf einfache Weise durch das Huygenssche Prinzip erklärt werden. In Abb. 2.14 ist das für einen einfachen Fall gezeigt (die Reflexion ist vernachlässigt).

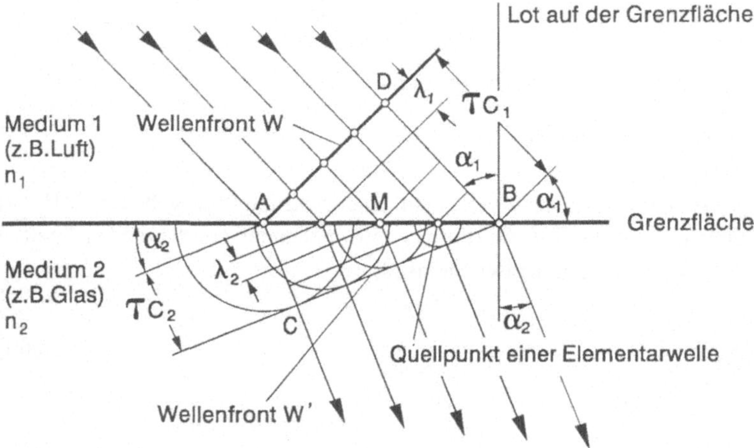

Abb. 2.14: Brechung einer ebenen Welle an der Grenzfläche zweier verschiedener optischer Medien, hier Luft und Glas

Beim schiefen Grenzübergang einer ebenen Welle von einem Medium 1 mit der Brechzahl n_1 in ein Medium 2 mit der größeren Brechzahl n_2, z.B. beim Lichteintritt von Luft in Glas, ändert sich die Richtung der Wellenfront. Die Richtung des Lotes der Wellenfront wird zum Lot der Grenzfläche hin gebrochen.

Für die Ausbreitung der Wellenfront W von D nach B hat die Welle den Weg $\overline{DB} = \tau c_1$ zurückgelegt, wenn τ die erforderliche Laufzeit angibt. Im Medium 2 hat die von A ausgehende Elementarwelle nach dieser Zeit den Radius τc_2. Vom Punkt M in der Mitte zwischen A und B, der von der Wellenfront W nach der Zeit $\tau/2$ erreicht wird, hat sich nach Ablauf einer weiteren Zeit $\tau/2$ die von dort ausgehende Elementarwelle um $\tau c_2/2$ fortgepflanzt. Die Umhüllende $\overline{CB}$ ist die Wellenfront W' im Medium 2.

Es gilt nach Abb. 2.14

$$\frac{\sin \alpha_1}{\sin \alpha_2} = \frac{\tau c_1}{\overline{AB}} \frac{\overline{AB}}{\tau c_2} = \frac{c_1}{c_2} \quad . \tag{2.70}$$

Danach ist das Verhältnis vom Sinus des Einfallwinkels α_1 zum Sinus des Ausfallwinkels α_2 konstant und gleich dem Verhältnis $c_1{:}c_2$ der Ausbreitungsgeschwindigkeiten in den beiden Medien

Mit Hilfe von (2.13) folgt das Snelliussche Brechungsgesetz

$$\frac{\sin \alpha_1}{\sin \alpha_2} = \frac{n_2}{n_1} \quad . \tag{2.71}$$

2.2.9 Grundlagen der Holografie

Bei einer normalen fotografischen Aufnahme ist die Schwärzung proportional zur Lichtintensität I. Die Phaseninformation, die auch die Information über die Entfernung zwischen Objekt und Fotoplatte oder Film enthält, geht verloren. Ein Hologramm dagegen enthält in der Schwärzungsverteilung Informationen über Amplituden und Phasen, so daß z.B. nach dem Huygenschen Prinzip daraus das Wellenfeld in der Umgebung des Hologramms konstruiert werden kann.

Prinzip
Wird ein diffus streuendes Objekt mit kohärentem Licht beleuchtet, so ist jeder Punkt der Objektoberfläche Ausgangspunkt einer Lichtwelle. Diese kann nach Amplitude und Phase in einem Hologramm auf der Fotoplatte gespeichert werden, wenn der vom Objekt ausgehenden Lichtwelle ein Teil der beleuchtenden Lichtwelle als näherungsweise ebene Referenzwelle überlagert wird. Abb. 2.15 zeigt das Prinzip einer einfachen optischen Anordnung.

Fresnelsche Zonenplatte
Die Aufnahme eines Hologramms und die anschließende Rekonstruktion einer Objektwelle durch Beugung am Hologramm lassen sich am besten mittels der im folgenden beschriebenen Modellexperimente veranschaulichen.

Für die *Aufnahme* eines Hologramms zeigt Abb. 2.16 das Modellexperiment. Die von einem Objektpunkt G ausgehende Kugelwelle (Objektwelle) wird mit einer ebenen Referenzwelle überlagert, die Wellen interferieren und bei der Aufnahme auf einer Fotoplatte entsteht ein Hologramm. Das Hologramm nach der Entwicklung der Fotoplatte ist eine sog. Fresnelsche Zonenplatte (rechts in Abb. 2.16).

Nahe der optischen Achse überlagern sich die Wellenfronten von Objekt- und Referenzwelle unter kleinen Winkeln. Es entstehen Interferenzstreifen mit großen Abständen. Mit zunehmendem Abstand von der optischen Achse werden die Winkel größer und die Interferenzstreifenabstände kleiner.

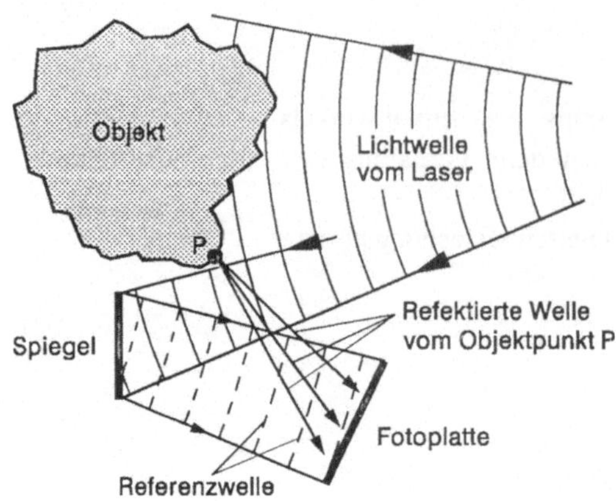

Abb. 2.15: Linsenlose Holografie von realen Objekten

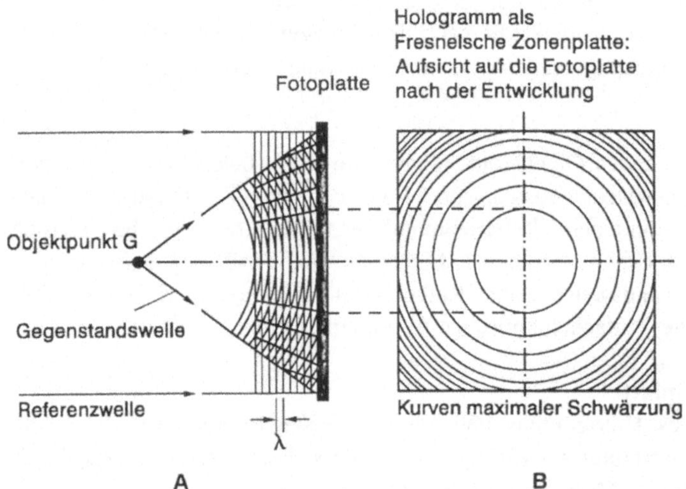

Abb. 2.16: Fresnelsche Zonenplatte als Hologramm eines Objektpunktes bei Einfall einer ebenen, senkrecht auftreffenden Referenzwelle

Für die *Rekonstruktion* der Objektwelle zeigt Abb. 2.17 das Modellexperiment. Fällt bei der Rekonstruktion die ebene Referenzwelle auf das entwickelte Interferenzmuster des Hologramms (Fresnelsche Zonenplatte), so trifft sie auf eine Gitterstruktur mit nach außen abnehmenden Streifenabständen, vgl. Abb. 2.16 *B*, das als Beugungsgitter wirkt.

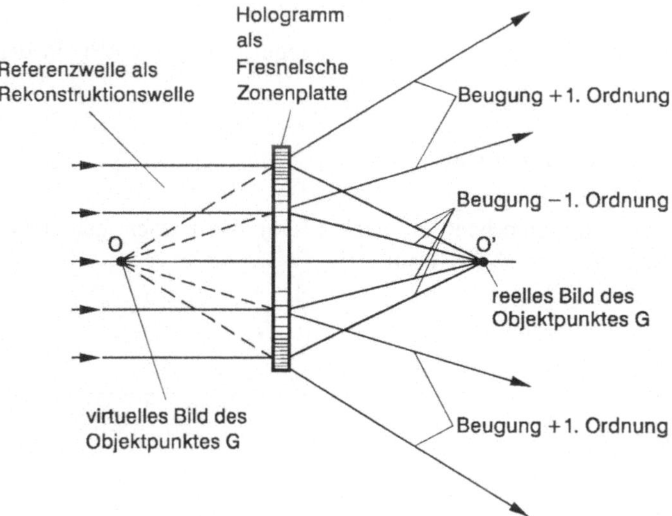

Abb. 2.17:   Beugung verschiedener Ordnung an einer Fresnelschen Zonenplatte bei Einfall einer ebenen, senkrecht auftreffenden Rekonstruktionswelle

Je feiner das Beugungsgitter ist, desto größer ist der Beugungswinkel. Der Beugungswinkel nimmt daher mit dem Abstand von der optischen Achse zu. Die +1. bzw. die -1. Beugungsordnung liefert nun je ein virtuelles bzw. reelles Bild des Objektpunktes. Das virtuelle Bild 0 ist auch der Ausgangspunkt der ursprünglichen Objektwelle (vgl. Abb. 2.16).

Für ein räumlich ausgedehntes Objekt denkt man sich die Wirkungen der Wellen, die von entsprechend vielen Objektpunkten ausgehen, überlagert, und man erhält ein virtuelles Bild bzw. reelles Bild des Objektes.

Erzeugung des Hologramms

Für die mathematische Behandlung des holografischen Prozesses kann man die elektrische Feldstärke des Lichtwellenfelds in der reellen Form

$$\vec{E} = \vec{\hat{E}}(x,y,z) \, \cos\left[\omega\, t + \varphi\,(x,y,z)\right] \tag{2.72}$$

ausdrücken.

Das kartesische Koordinatensystem sei in die Hologrammebene mit $x=0$, y, z verlagert. Für die Verteilung der elektrischen Feldstärke der Objektwelle (Index 0) in der Hologrammebene gilt damit

$$\vec{E}_0 = \vec{\hat{E}}_0(0,y,z) \ \cos\left[\omega t + \varphi_0(0,y,z)\right] \tag{2.73}$$

bzw. für die Referenzwelle (Index R) bei gleicher Frequenz und ebenfalls in der Hologrammebene

$$\vec{E}_R = \vec{\hat{E}}_R(0,y,z) \ \cos\left[\omega t + \varphi_R(0,y,z)\right] \ . \tag{2.74}$$

Die Intensität in der Hologrammebene ist nach (2.36) die zeitlich gemittelte, quadrierte Summe von (2.73) und (2.74), also

$$I \sim 2\overline{\left|\vec{E}(0,y,z,t)\right|^2}^{\,t}$$

$$= 2\overline{\left|\vec{\hat{E}}_0(0,y,z) \ \cos\left[\omega t + \varphi_0(0,y,z)\right] + \vec{\hat{E}}_R(0,y,z) \ \cos\left[\omega t + \varphi_R(0,y,z)\right]\right|^2}^{\,t}$$

$$= 2\left(\hat{E}_0^2(0,y,z) \ \overline{\cos^2\left[\omega t + \varphi_0(0,y,z)\right]}^{\,t} \right.$$

$$+ \hat{E}_R^2(0,y,z) \ \overline{\cos^2\left[\omega t + \varphi_R(0,y,z)\right]}^{\,t}$$

$$+ 2\underbrace{\left(\vec{\hat{E}}_0(0,y,z), \vec{\hat{E}}_R(0,y,z)\right)}_{\text{Skalarprodukt}} \cdot$$

$$\left. \cdot \ \overline{\cos\left[\omega t + \varphi_0(0,y,z)\right] \ \cos\left[\omega t + \varphi_R(0,y,z)\right]}^{\,t} \right) \ .$$

$$\tag{2.75}$$

Nach trigonometrischer Umformung wird daraus

$$I \sim \hat{E}_0^2(0,y,z) + \hat{E}_R^2(0,y,z) + 2\underbrace{\left(\vec{\hat{E}}_0(0,y,z), \vec{\hat{E}}_R(0,y,z)\right)}_{\text{Skalarprodukt}} \cdot$$

$$\cdot \cos\left[\varphi_0(0,y,z) - \varphi_R(0,y,z)\right] \ . \tag{2.76}$$

Die Größen $\hat{E}_0^2(0,y,z)$ bzw. $\hat{E}_R^2(0,y,z)$ sind proportional zu den Intensitäten der Objekt- bzw. Referenzwelle. Der Summand

$$\left(\vec{\hat{E}}_0(0,y,z), \vec{\hat{E}}_R(0,y,z)\right) \ \cos\left[\varphi_0(0,y,z) - \varphi_R(0,y,z)\right] \tag{2.77}$$

enthält die Phasen- und Amplitudeninformation der Objektwelle in Form eines mikroskopisch kleinen Interferenzstreifensystems.

Die örtliche Schwärzung auf einer Fotoplatte in der Hologrammebene kann in erster Näherung proportional zur Intensität gemäß (2.76) mit K als Proportionalitätskonstante angesetzt werden. Für den Transmissionsgrad $\tau(0,y,z)$ der entwickelten Fotoplatte, vgl. Abschn. 2.3.3, folgt damit

$$\tau(0,y,z) = 1 - KI(0,y,z) \quad .\tag{2.78}$$

$K\,I(0,y,z)$ ist ein Maß für die Summe aus Reflexions- und Absorptionsgrad der entwickelten Hologrammplatte. Ein derartiges Hologramm, bei dem die Amplitude moduliert wird, wird als *Amplitudenhologramm* bezeichnet.

Rekonstruktion des Objektbildes aus dem Hologramm

Die Hologrammplatte wird nach ihrer Entwicklung mit einer kohärenten Rekonstruktionswelle $\vec{E}'_R(x,y,z,t)$ bestrahlt. Dann entsteht hinter dem Hologramm eine Lichtamplitude $\hat{E}'(x,y,z)$, die vom Transmissionsgrad $\tau(0,y,z)$ und der eingestrahlten Lichtamplitude $\hat{E}'_R(0,y,z)$ in der Hologrammebene $x = 0$ gegeben ist mit

$$\hat{\vec{E}}'(0,y,z) = \sqrt{\tau(0,y,z)}\,\hat{\vec{E}}'_R(0,y,z) \quad .\tag{2.79}$$

Da $\tau(0,y,z)$ i.a. nur einen schwachen Kontrast beschreibt, kann $\sqrt{\tau}$ linearisiert werden. Man erhält mit den Konstanten C und K'

$$\sqrt{\tau(0,y,z)} = \sqrt{1 - KI(0,y,z)} \approx C + K'I(0,y,z) \quad .\tag{2.80}$$

Im einfachsten Fall ist die Rekonstruktionswelle identisch mit der bei der Aufnahme verwendeten Referenzwelle

$$\vec{E}'_R(x,y,z,t) = \vec{E}_R(x,y,z,t) \quad ,\tag{2.81}$$

und wir erhalten in der Hologrammebene unter Berücksichtigung von (2.76) die Feldstärke

$$\begin{aligned}
\vec{E}'(0,y,z,t) &\approx \left(C + K'I(0,y,z)\right)\hat{\vec{E}}_R(0,y,z)\,\cos\left[\omega t + \varphi_R(0,y,z)\right]\\
&= \Big(C + K'\Big[\hat{E}_0^2(0,y,z) + \hat{E}_R^2(0,y,z)\\
&\quad + 2\Big(\hat{\vec{E}}_0(0,y,z), \hat{\vec{E}}_R(0,y,z)\Big)\,\cos\left[\varphi_0(0,y,z) - \varphi_R(0,y,z)\right]\Big]\Big)\\
&\quad \cdot \hat{E}_R(0,y,z)\,\cos\left[\omega t + \varphi_R(0,y,z)\right] \quad .
\end{aligned}\tag{2.82}$$

In skalarer Schreibweise erhalten wir bei weiterer trigonometrischer Umformung

$$\vec{E}'(0,y,z,t) \approx \left(C + K'\left(\hat{E}_0^2(0,y,z) + \hat{E}_R^2(0,y,z)\right)\right)\hat{E}_R(0,y,z)\cos\left[\omega t + \varphi_R(0,y,z)\right]$$

$$+ K'\hat{E}_0(0,y,z)\hat{E}_R^2(0,y,z)$$

$$\cdot\left(\cos\left[\varphi_0(0,y,z) - \varphi_R(0,y,z) - \omega t - \varphi_R(0,y,z)\right]\right) \qquad (2.83)$$

$$= \left(C + K'\left(\hat{E}_0^2(0,y,z) + \hat{E}_R^2(0,y,z)\right)\right)\hat{E}_R(0,y,z)\cos\left[\omega t + \varphi_R(0,y,z)\right]$$

$$+ K'\hat{E}_0(0,y,z)\hat{E}_R^2(0,y,z)\cos\left[\omega t + \varphi_0(0,y,z)\right]$$

$$+ K'\hat{E}_0(0,y,z)\hat{E}_R^2(0,y,z)\cos\left[\omega t - \varphi_0(0,y,z) + 2\varphi_R(0,y,z)\right] \quad.$$

Die Summanden aus (2.83) haben in ihrer Reihenfolge die Bedeutung:

$$- \qquad \left\{C + K'\left(\hat{E}_0^2 + \hat{E}_R^2\right)\right\}\hat{E}_R \; \cos\left(\omega t + \varphi_R\right) \qquad (2.84)$$

ist die Lichtfeldstärke der Referenzwelle multipliziert mit einem nur leicht ortsabhängigen Transmissionsfaktor, der zu einer mittleren Schwächung der Referenzwelle führt. Sie entspricht einem "Untergrund", der durch die nachfolgend beschriebenen Anteile moduliert wird.

$$- \qquad K'\hat{E}_R^2\hat{E}_0 \; \cos\left(\omega t + \varphi_0\right) \qquad (2.85)$$

ist die Lichtfeldstärke der ursprünglichen Objektwelle, wie sie bei der Aufnahme auf die Fotoplatte trifft, geschwächt um einen Faktor, der proportional zu $\hat{E}_R^2$ ist. Sie entspricht der in Abb. 2.17 eingezeichneten +1. Ordnung und liefert das virtuelle Bild.

$$- \qquad K'\hat{E}_R^2\hat{E}_0 \; \cos\left(\omega t - \varphi_0 + 2\varphi_R\right) \qquad (2.86)$$

ist die Lichtfeldstärke der sogenannten konjugierten Welle. Sie entspricht der in Abb. 2.17 eingezeichneten -1. Ordnung und liefert das reelle Bild.

Zusammengefaßt heißt das, daß das Hologramm durch Interferenz von Objekt- und Referenzwelle entsteht und aus dem Hologramm durch Beugung der Rekonstruktionswelle (z.B. nach dem Huygensschen Prinzip konstruierbar) die ursprüngliche Objektwelle wieder erzeugt wird.

Durch geeignete Wahl der Referenzwelle und von Betrachtungs-Ort und -Richtung läßt sich erreichen, daß nur ein Bild bei der Rekonstruktion im Blickfeld ist und zwar ungestört vom direkten Rekonstruktionslicht. In der Praxis der holografischen Meßtechnik beobachtet man meistens das virtuelle Bild, weil es sich bei

Erfüllung der Bedingung (2.81) exakt am Ort des Objektes befindet. Dies wird bei einigen Verfahren der holografischen Interferometrie ausgenutzt, siehe z.B. Abschn. 3.6.3.

Neben diesen Amplitudenhologrammen können sogenannte Phasenhologramme erzeugt werden. Dabei wird die Intensität der interferierenden Objekt- und Referenzwelle als Phasenstruktur in der Hologrammplatte aufgezeichnet. Die Phasenmodulation wird durch unterschiedliche Brechungsindizes oder, bei konstantem Brechungsindex, durch unterschiedliche geometrische Dicken im Hologramm erzeugt. Die Rekonstruktion erfolgt wie beim Amplitudenhologramm mit Hilfe einer Rekonstruktionswelle.

2.2.10 Speckle-Effekt

Wenn ein Versuchsobjekt mit diffus streuender Oberfläche durch kohärentes Licht, z.B. Laserlicht, beleuchtet wird, entsteht für das reflektierte Licht eine unregelmäßige, granulare Intensitätsverteilung, der sog. Speckle-Effekt. Abb. 2.18 zeigt eine nach einer Fotografie gezeichnete Speckle-Struktur.

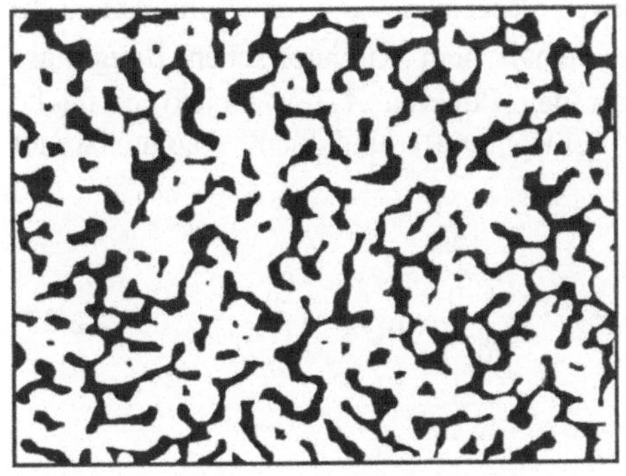

Abb. 2.18: Nach einer Fotografie gezeichnete Speckle-Struktur

Die von den Objektpunkten zurückgestreuten Laserlichtwellen bilden eine komplexe Wellenfront, die sich gemäß dem Huygensschen Prinzip (vgl. Abschn. 2.2.6) aus vielen interferierenden, kohärenten Teilkugelwellen der einzelnen Objektpunkte zusammensetzt. In der statistischen Überlagerung mit unterschiedlichen Phasenlagen kann an einzelnen Punkten sowohl Helligkeit als auch Dunkelheit entstehen. Wenn Laserlicht an einer Objektoberfläche gestreut wird, kann man also im gesamten Halbraum vor dem streuenden Objekt Specklemuster beobachten.

Der Speckle-Effekt ist bei der Abbildung mit Laserlicht nicht nur eine störende Begleiterscheinung. Für verschiedene Zwecke, auch in der Meßtechnik, kann er von

Nutzen sein. Eine Anwendung der Speckle-Meßtechnik ist beispielsweise die Messung von Dehnungen an Körperoberflächen, vgl. Abschn. 3.6.1.4.

Der Speckle-Effekt tritt auf, wenn die Oberfläche optisch rauh ist, d.h. im einfachsten Fall einer ideal rauhen Oberfläche, wenn die Rauhtiefe R_t größer und die Korrelationslänge des Reliefs τ kleiner als die Lichtwellenlänge λ sind (Abb. 2.19).

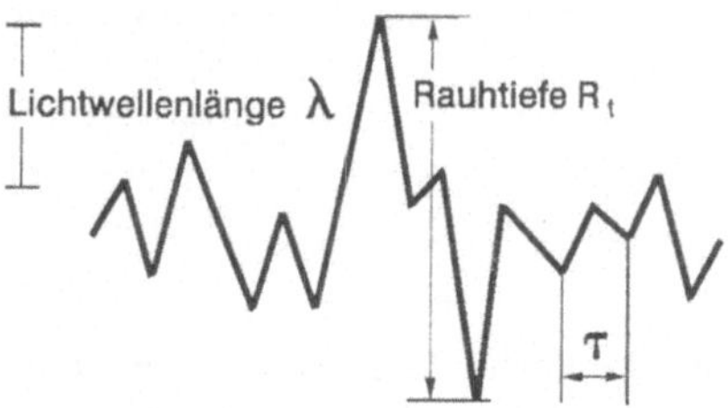

Abb. 2.19: Relief einer diffus streuenden Objektoberfläche

Die komplexe Amplitude $\underline{E}(\vec{r})$ in einem Aufpunkt $P(x,y,z = L_1)$ der Beobachtungsebene $\vec{r}'(x',y',z' = 0)$ (die geometrischen Bezeichnungen sind in Abb. 2.20 skizziert) ergibt sich durch Integration gemäß dem Kirchhoffschen Beugungsintegral unter Berücksichtigung der von den Punkten A der Objektoberfläche $\vec{r}(x,y,z = 0)$ ausgehenden Amplituden $\underline{E}(x,y,z = 0)$ und dem Rauheitsrelief $h(x,y,z = 0)$ dieser Objektoberfläche zu

$$\underline{E}(\vec{r}) = C \iint \underline{E}(x,y,z = 0)e^{jkh(x,y,z=0)} \frac{e^{jk|\vec{R}|}}{|\vec{R}|}\,dxdy \quad , \tag{2.87}$$

mit

$$R^2 = r^2 + r'^2 - 2xx' - 2yy' \quad . \tag{2.88}$$

C ist eine Konstante.

Zu $h(x,y)$ sind nur statistische Angaben möglich, etwa die der mittleren Rauhtiefe oder der Korrelationslänge der Rauhheit. Das Integral in (2.87) ist daher nicht geschlossen lösbar. Die Amplitude und die Intensität des Lichts in der Beobachtungsebene können nur mit statistischen Methoden berechnet werden.

Die Ergebnisse werden im folgenden qualitativ beschrieben.

Die Überlagerung von Elementarwellen mit statistisch gleichverteilten Phasen führt zu einer Gaußschen Verteilung für den Real- und den Imaginärteil der resultierenden Amplitude. Die beobachtete Speckle-Intensität zeigt maximalen Kontrast, d.h. man beobachtet statistisch verteilt sowohl sehr helle Flecken als auch absolute Dunkelheit.

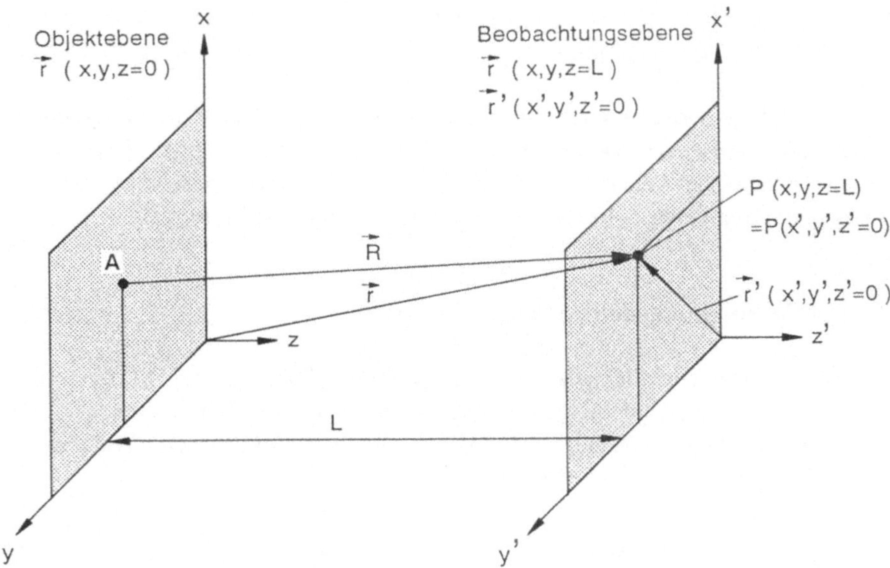

Abb. 2.20: Speckle-Effekt im freien Raum

Die räumliche Struktur, also die Größe der Speckles, hängt im vorliegenden Fall
von der Objektgeometrie und der Objektentfernung L ab. Bei einem rechteckigen
Objekt mit der Länge D' beträgt der minimale Speckledurchmesser

$$2\sigma' = \lambda \frac{L}{D'} \quad . \tag{2.89}$$

Dies entspricht dem Streifenabstand im Interferenzbild, das zwei von den
Randpunkten des Objekts ausgehende Wellen in der Beobachtungsebene erzeugen
würden. Der kleinste Speckledurchmesser ist also durch den größten Winkel
gegeben, unter dem zwei Elementarwellen bei der gegebenen Anordnung
interferieren können.

2.2.11 Wellengleichung in anisotropen Medien

2.2.11.1 Optische Anisotropie

Optische Anisotropie ist die Eigenschaft eines Mediums, z.B. von Kristallen, daß
sich Lichtwellen in verschiedenen Richtungen mit unterschiedlichen
Geschwindigkeiten ausbreiten. Bis auf die Ausbreitung in ausgezeichneten
Richtungen wird Licht in anisotropen Medien stets in zwei polarisierte Teilwellen
mit senkrecht zueinanderstehenden Schwingungsvektoren aufgespalten. Diese

kristalloptische Erscheinung wird als Doppelbrechung bezeichnet. Auch kann in solchen Medien die Absorption der Lichtwellen in den verschiedenen Richtungen unterschiedlich sein.

Verschiedene normalerweise isotrope Medien, wie z.B. Glas oder durchsichtige Kunststoffe, weisen bei Deformation oder bei einer ortsabhängigen Temperaturverteilung optische Anisotropie auf. Diese künstliche Anisotropie wird beispielsweise in der Spannungsoptik zu Meßzwecken ausgenutzt, siehe Abschn. 4.3.

2.2.11.2 Beschreibung der Wellengleichung

Die Anisotropie der Lichtausbreitung in Kristallen wird in der Maxwellschen Theorie durch einen komplizierteren Zusammenhang zwischen der elektrischen Feldstärke $\vec{E}$ und der elektrischen Verschiebung $\vec{D}$ beschrieben. Während in isotropen Medien die einfache Proportionalität

$$\vec{D} = \varepsilon \vec{E} \quad ; \quad \varepsilon = \varepsilon_r \varepsilon_0 \tag{2.90}$$

vorliegt, so sind in anisotropen Medien diese Größen tensoriell verknüpft, d.h. durch ein System dreier linearer, homogener Gleichungen der Form

$$\begin{aligned}
D_x &= \varepsilon_{11} E_x + \varepsilon_{12} E_y + \varepsilon_{13} E_z \ , \\
D_y &= \varepsilon_{21} E_x + \varepsilon_{22} E_y + \varepsilon_{23} E_z \ , \\
D_z &= \varepsilon_{31} E_x + \varepsilon_{32} E_y + \varepsilon_{33} E_z \ .
\end{aligned} \tag{2.91}$$

Die Vektoren $\vec{D}$ und $\vec{E}$ haben also im allgemeinen im Kristall unterschiedliche Richtungen.

Aus energetischen Gründen liegt eine Symmetrie der Form

$$\varepsilon_{12} = \varepsilon_{21} \quad , \quad \varepsilon_{23} = \varepsilon_{32} \quad , \quad \varepsilon_{13} = \varepsilon_{31} \tag{2.92}$$

vor.

Nach einer Transformation auf Hauptachsen erhält man aus (2.91) folgende drei einfache lineare Beziehungen zwischen $\vec{D}$ und $\vec{E}$

$$\begin{aligned}
D_x &= \varepsilon_1 E_x \ , \\
D_y &= \varepsilon_2 E_y \ , \\
D_z &= \varepsilon_3 E_z \ .
\end{aligned} \tag{2.93}$$

Diese drei Richtungen des gewählten, ausgezeichneten Koordinatensystems stehen in engem Zusammenhang mit den geometrischen Symmetrieachsen des Kristalls.

Für die Feldgleichungen der Lichtausbreitung erhält man, vgl. (2.1) und (2.2), für $\gamma = 0$ die Gleichungen

$$\text{rot}\vec{H} = \frac{\partial \vec{D}}{\partial t} \quad , \tag{2.94}$$

$$\text{rot}\vec{E} = -\mu_r\mu_0 \frac{\partial \vec{H}}{\partial t} \quad . \tag{2.95}$$

Für die Energieströmung gilt wieder der Poyntingsche Vektor

$$\vec{S} = \vec{E} \times \vec{H} \quad , \tag{2.96}$$

vgl. Abschn. 2.2.4.

Wenn die Wellennormale (Normale auf die Wellenfront) mit $\vec{s}$ bezeichnet wird, dann bilden, wie in Abb. 2.21 skizziert ist, die beiden Vektortripel $\vec{E}$, $\vec{H}$ und $\vec{S}$ sowie $\vec{D}$, $\vec{H}$ und $\vec{s}$ je ein rechtshändiges, rechtwinkliges Koordinatensystem. Die Richtungsabweichung zwischen $\vec{D}$ und $\vec{E}$ führt auch zu einer Richtungsabweichung zwischen der Wellennormalen $\vec{s}$ und dem Energietransportvektor $\vec{S}$.

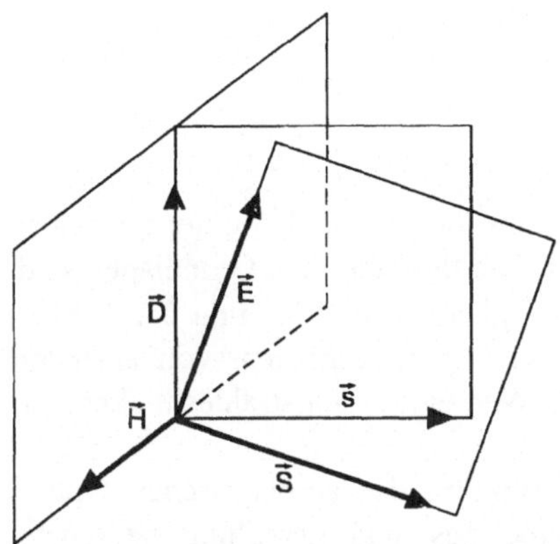

Abb. 2.21: Orientierung der Feldgrößen

Läßt man von einem Punkt im Inneren des Kristalls eine Lichterregung gleichzeitig nach allen Seiten forteilen und verbindet nach einer gewissen Zeit alle Punkte, bis zu denen die Wellen gelangt sind, miteinander, dann erhält man eine zweischalige Fläche als Wellenfläche. Die Zweischaligkeit zeigt an, daß sich immer zwei Wellen gleichzeitig mit verschiedenen Geschwindigkeiten fortpflanzen.

Beispielsweise besteht die Wellenfläche beim Kalkspat, dem klassischen Fall des doppelbrechenden Kristalls, für den ordentlichen Strahl (O) aus einer kugelförmigen Fläche und für den außerordentlichen Strahl (A) aus einem abgeplatteten Rotationsellipsoid (Abb. 2.22).

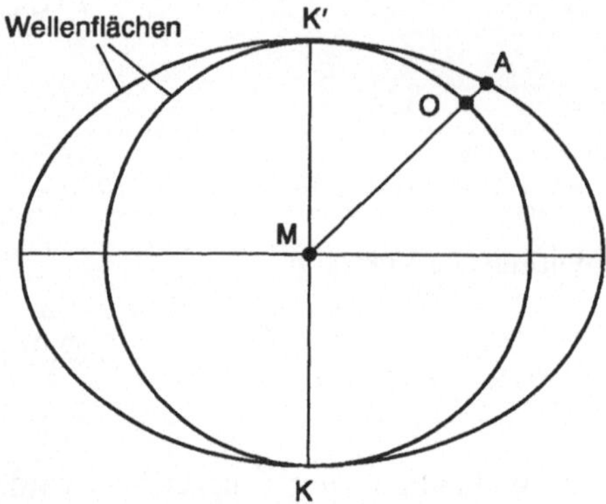

Abb. 2.22: Wellenflächen eines Kalkspats, M=gemeinsamer Mittelpunkt, $\overline{KK'}$=Verbindungs-
linie der Pole

2.3 Geometrische Optik

2.3.1 Begriffsbestimmung

Die "geometrische Optik" hat sich, insbesondere für die Beschreibung der optischen
Abbildung, als ein besonderer Zweig entwickelt. Die theoretischen Grundlagen sind
das Reflexionsgesetz und das Brechungsgesetz, vgl. Abschn. 2.3.2 und 2.2.8. Man
geht davon aus, daß die Ausbreitung des Lichtes in geradlinigen, von einander
unabhängigen Lichtstrahlen erfolgt und daß der Weg eines Lichtstrahles umkehrbar
ist.

   Der Lichtstrahl ist die weitestgehende Abstraktion der geometrischen Optik.
Näherungsweise werden Lichtbündel betrachtet, das sind geradlinig begrenzte
Lichtkegel mit endlichem räumlichen Öffnungswinkel. Einschnürungen eines
Lichtbündels, sogenannte Lichtpunkte, sind Bildpunkte oder Objektpunkte, vgl.
Abschn. 2.3.5. In der Wellenoptik wird eine solche geometrische Einschnürung
durch eine Beugungsfigur beschrieben, vgl. Abschn. 2.2.7.

2.3.2 Brechung und Reflexion

Brechungsgesetz
Das in Abschn. 2.2.8 beschriebene Snelliussche Brechungsgesetz läßt sich in der
geometrischen Optik durch Lichtstrahlen beschreiben (Abb. 2.23).

   Trifft weißes, unpolarisiertes Licht vom Medium 1 her auf die Grenzfläche zum
Medium 2 auf und sind beide Medien optisch klar oder nur schwach absorbierend,

so wird, wenn α_1 der Einfallswinkel ist, ein Teil unter dem Winkel α_3 reflektiert, ein anderer Teil verläuft unter dem Brechungswinkel α_2 im Medium 2. Den Zusammenhang zwischen α_1 und α_2 beschreibt (2.71), vgl. auch Abb. 2.14. In anisotropen Medien gilt das Brechungsgesetz nur für die Wellennormale.

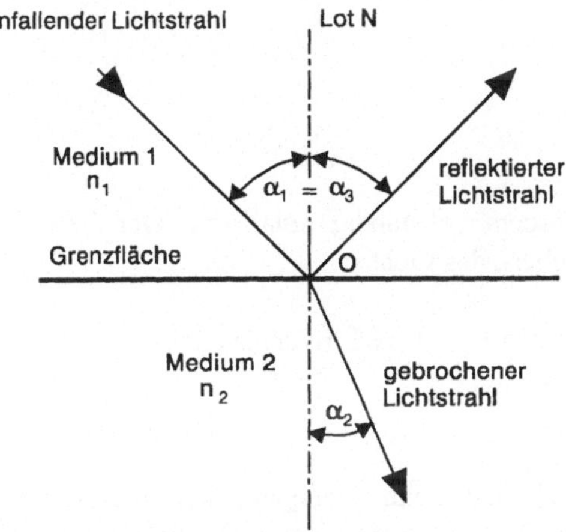

Abb. 2.23: Reflexion und Brechung für $n_1 < n_2$

Reflexionsgesetz

Der reflektierte Strahl liegt in der Ebene, die durch den einfallenden Strahl und das auf der Grenzfläche im Auftreffpunkt O errichtete Lot N gebildet wird (Abb. 2.23).
Es gilt als Reflexionsgesetz

$$\alpha_1 = \alpha_3 \ . \tag{2.97}$$

Der Gesamtwinkel zwischen einfallendem und reflektiertem Strahl ist also $2\,\alpha_1$.

Totalreflexion

Ist im Medium 1 die Brechzahl n_1 größer als die mit n_2 bezeichnete im Medium 2, $n_1 > n_2$, so wird das durchtretende Licht vom Lot weggebrochen, und zwar um so stärker, je schräger es auf die Trennfläche auftrifft. Schließlich tritt das Licht streifend, also parallel zur Oberfläche aus, d.h. es ist $a_2 = 90°$.

Nach (2.71), vgl. Abschn. 2.2.8, gehört zu diesem Winkel $a_2 = 90°$ der Einfallswinkel $\alpha_{1\,\text{Grenze}}$, wobei

$$\sin \alpha_{1\,\text{Grenze}} = \frac{n_2}{n_1}\sin 90° = \frac{n_2}{n_1} \tag{2.98}$$

gilt.

Für Einfallswinkel $\alpha_1 > \alpha_{1\,\text{Grenze}}$ tritt Totalreflexion auf, d.h. das einfallende Licht wird vollkommen reflektiert.

Brewstersches Gesetz
Bei Reflexion unter dem Brewsterschen Winkel α_{3B} stehen reflektierter und gebrochener Strahl senkrecht aufeinander. Zwischen α_{3B} und n_1 bzw. n_2 besteht die Beziehung

$$\tan \alpha_{3B} = \frac{n_2}{n_1} \quad . \tag{2.99}$$

Das reflektierte Licht ist dann außerdem vollständig polarisiert. Der Vektor $\vec{E}$ schwingt dabei senkrecht zur Einfallsebene des Lichtes.

Beispiel: Für den Übergang von Luft mit $n_1 = 1$ nach Kronglas mit $n_2 = 1{,}5$ erhält man $\tan \alpha_{3B} = 1{,}5$, also $\alpha_{3B} = 56{,}3°$.

Fresnelsche Formeln für die Brechung
Reflektierter und gebrochener Strahl sind beim Übergang von Medium 1 in Medium 2 (vgl. Bild 2.23) im allgemeinen teilweise polarisiert. Ihre polarisierten Anteile werden durch die hier nicht angegebenen Fresnelschen Formeln wiedergegeben.

Abb. 2.24 zeigt für Kronglas den Reflexionsgrad $\rho_\perp$ bzw $\rho_\parallel$ in Abhängigkeit vom Einfallswinkel α_1. Der senkrecht zur Einfallsebene polarisierte Anteil ist mit $\perp$ und der dazu parallel polarisierte Anteil mit $\parallel$ gekennzeichnet. Mit wachsendem Einfallswinkel α_1 steigt der Anteil $\rho_\perp$. Für den Brewsterschen Winkel, vgl. (2.99), ist $\rho_\parallel$ gleich null.

Reflexion im doppelbrechenden Kristall
Trifft ein Lichtstrahl im Inneren eines doppelbrechenden Kristalls (anisotropes Medium, vgl. Abschn. 2.2.11) auf eine Grenzfläche, dann wird er zweifach reflektiert, und zwar liegen die Wellennormalen der reflektierten Doppelwelle in der durch das Grenzflächenlot und die Normale der einfallenden Welle bestimmten Ebene (Einfallsebene) (Abb 2.25).

Reflexion an einem ebenen Spiegel
An einem ebenen Spiegel wird der einfallende Strahl vollständig reflektiert. Dreht man den Spiegel gegen den einfallenden Lichtstrahl um den Winkel β, so ändert sich der Einfallswinkel α nach (2.97) ebenfalls um β. Der reflektierte Lichtstrahl dreht sich gegenüber seiner ursprünglichen Lage um 2β, d.h. um den doppelten Drehwinkel des Spiegels.

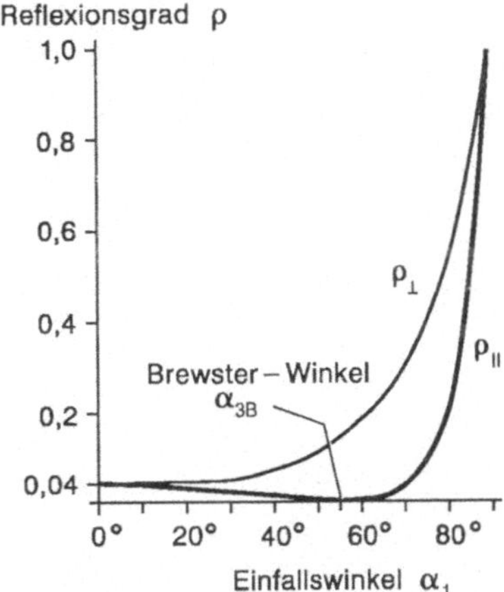

Abb. 2.24: Polarisationsanteile des Reflexionsgrades in Abhängigkeit vom Einfallswinkel α_1 für Luft/Kronglas; $n_1 = 1$; $n_2 = 1,5$

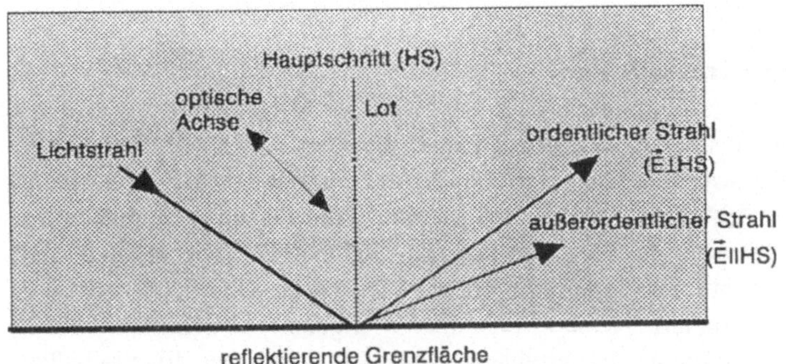

Abb. 2.25: Reflexion eines Lichtstrahles in einem doppelbrechenden Kristall. Ordentlicher Strahl: $\vec{E}_\perp$, schwingt senkrecht zur Zeichenebene. Außerordentlicher Strahl: $\vec{E}_\parallel$, schwingt in der Zeichenebene

Aus dem Reflexionsgesetz (2.97) folgt, vgl. Abb. 2.26, daß alle Strahlen eines Lichtbündels, das von einer punktförmigen Lichtquelle L ausgeht (homozentrisches Bündel) nach der Reflexion so verlaufen, als ob sie von einem Punkt L' hinter dem Spiegel kämen, der vom Spiegel den gleichen Abstand hat wie L. Das Auge verlegt den Ursprung der Strahlen in den Schnittpunkt der rückwärts verlängerten reflektierten Strahlen. Der Beobachter sieht das virtuelle Bild der Lichtquelle in L'. Ohne weitere Hilfsmittel vermag er nicht zu unterscheiden, ob L' Gegenstand oder virtuelles Bild ist.

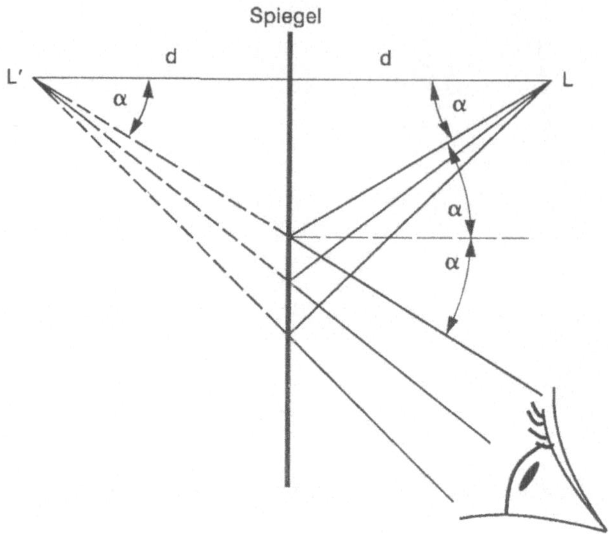

Abb. 2.26: Entstehung des virtuellen Bildes durch einen Spiegel

2.3.3 Reflexion und Transmission

Trifft Licht auf Materie (Abb. 2.27), so wird im allgemeinen Fall ein Teil reflektiert, ein Teil durchgelassen und ein Teil absorbiert, wobei durch Absorption gegebenenfalls die Emission von Licht anderer Wellenlänge angeregt wird (Lumineszenz, Fluoreszenz). Die Beiträge zu Reflexion, Transmission und Absorption sind nicht nur vom Material abhängig (Art, Dicke, Oberflächenzustand, Temperatur u.ä.), sondern auch von der Meßgeometrie (Einfallswinkel, Beobachtungswinkel, Öffnung der Strahlungsbündel) und von den Eigenschaften des Lichtes (Wellenlänge, Polarisationsgrad, Kohärenz). Es ist zu beachten, daß reflektiertes und durchgelassenes Licht im allgemeinen polarisiert sind, auch wenn das einfallende Licht unpolarisiert ist.

Man unterscheidet zwischen der gerichteten (spiegelnden) Reflexion und der gestreuten (diffusen) Reflexion. Bei der gerichteten Reflexion gilt das quadratische Abstandsgesetz, gerechnet vom virtuellen Bild der Lichtquelle aus. Bei der gestreuten Reflexion gilt dieses Gesetz, gerechnet vom reflektierenden Material aus. Daneben gibt es noch die Retroreflexion, bei der - auch für nicht senkrecht zur Oberfläche einfallendes Licht - das reflektierte Licht nahezu in die Richtung des Lichteinfalls zurückgeworfen wird.

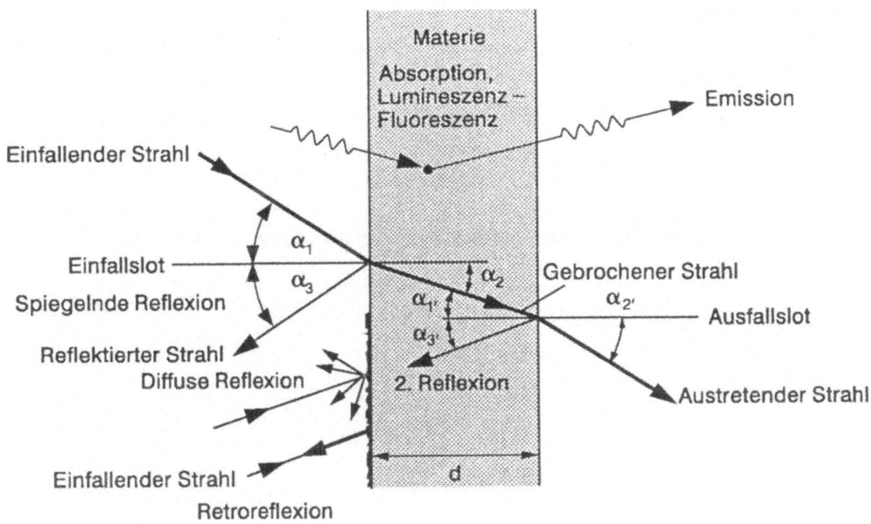

Abb. 2.27: Wechselwirkung von Licht und Materie

Reflexionsgrad ρ

Der Reflexionsgrad ρ ist der Quotient aus reflektierter Intensität I_r und einfallender Intensität I

$$\rho = \frac{I_\mathrm{r}}{I} \quad . \tag{2.100}$$

Für monochromatisches Licht der Wellenlänge λ mit der Intensität $I(\lambda)$ gilt für den spektralen Reflexionsgrad

$$\rho(\lambda) = \frac{I_\mathrm{r}(\lambda)}{I(\lambda)} \quad . \tag{2.101}$$

Zwischen den in (2.100) und (2.101) definierten Größen ρ und $\rho(\lambda)$ gilt die Beziehung

$$\rho = \frac{\int_\lambda I(\lambda)\rho(\lambda)\,d\lambda}{\int_\lambda I(\lambda)\,d\lambda} \quad . \tag{2.102}$$

Absorptionsgrad α

Der Absorptionsgrad α ist als Quotient aus der absorbierten Intensität I_a und der einfallenden Intensität I definiert

$$\alpha = \frac{I_\mathrm{a}}{I} \quad . \tag{2.103}$$

Ähnlich wie bei der Reflexion ist der spektrale Absorptionsgrad $\alpha(\lambda)$

$$\alpha(\lambda) = \frac{I_\mathrm{a}(\lambda)}{I(\lambda)} \tag{2.104}$$

bzw.

$$\alpha = \frac{\displaystyle\int_\lambda I(\lambda)\,\alpha(\lambda)\,d\lambda}{\displaystyle\int_\lambda I(\lambda)\,d\lambda} \quad . \tag{2.105}$$

Transmissionsgrad τ

Der Transmissionsgrad τ ist der Quotient

$$\tau = \frac{I_\mathrm{tr}}{I} \quad , \tag{2.106}$$

mit I_tr gleich der durchgelassenen und I der einfallenden Intensität.

Der Quotient aus den spektralen Anteilen $I_\mathrm{tr}(\lambda)$ und $I(\lambda)$ liefert den spektralen Transmissionsgrad

$$\tau(\lambda) = \frac{I_\mathrm{tr}(\lambda)}{I(\lambda)} \quad . \tag{2.107}$$

Zwischen beiden Transmissionsgraden gilt die Beziehung

$$\tau = \frac{\displaystyle\int_\lambda I(\lambda)\,\tau(\lambda)\,d\lambda}{\displaystyle\int_\lambda I(\lambda)\,d\lambda} \quad . \tag{2.108}$$

Die Materialkennzahlen ρ, α, τ, vgl. (2.100), (2.103), (2.106) bzw. (2.101), (2.104) und (2.107) sind durch folgende Beziehungen miteinander verknüpft bzw.

$$\rho + \alpha + \tau = 1 \tag{2.109}$$

$$\rho(\lambda) + \alpha(\lambda) + \tau(\lambda) = 1 \quad . \tag{2.110}$$

Lambert-Beer-Bouguersches Absorptionsgesetz

Nach diesem Gesetz ist die Abnahme der Intensität einer Strahlung (des Lichtes) bei ihrem Weg durch das Meßmedium proportional der jeweils noch vorhandenen Intensität. Wenn sich das Licht in einem homogenen Medium in x-Richtung ausbreitet, lautet das Gesetz in differentieller Form geschrieben mit dem spezifischen Absorptionskoeffizienten $\alpha^*(\lambda)$ und der Intensität $I(\lambda,x)$.

$$dI(\lambda,x) = -I(\lambda,x)\alpha^*(\lambda)dx \quad . \tag{2.111}$$

Integration von (2.111) über die Schichtdicke von $x = 0$ bis $x = d$ führt zu

$$I_{\mathrm{d}} = I_0 e^{-\alpha^* d} \quad ; \quad mit\ I_0 = I(x=0),\ I_{\mathrm{d}} = I(x=d) \tag{2.112}$$

bzw. mit der Transmission T

$$T = \frac{I_0 - I_{\mathrm{d}}}{I_0} = 1 - e^{-\alpha^* d} \quad . \tag{2.113}$$

2.3.4 Erzeugung polarisierten Lichtes

Es gibt verschiedene Möglichkeiten, polarisiertes Licht, vgl. Abschn. 2.2.11, zu erzeugen, z.B.

- *durch Reflexion*
  An der Oberfläche von Metallspiegeln reflektiertes Licht ist stets elliptisch oder zirkular polarisiert und nie linear.

- *durch Brechung*
  Beim Auftreffen von unpolarisiertem Licht auf die Grenzfläche zwischen zwei durchsichtigen Medien (vgl. Abb. 2.23, Abschn. 2.3.2) wird auch das gebrochene Licht teilweise polarisiert. Durch mehrfache Brechung, z.B. an mehreren hintereinanderliegenden Glasplatten, läßt sich der Grad der Polarisation steigern. Der günstigste Fall liegt vor, wenn das Licht unter dem Brewster-Winkel auftrifft.

- *durch Doppelbrechung*
  Ein Lichtstrahl wird beim Durchgang durch einen einachsigen Kristall, z.B. Kalkspat, in einen ordentlichen Strahl, der dem Snelliusschen Brechungsgesetz

folgt, und einen außerordentlichen Strahl aufgespalten. Beide sind zueinander senkrecht polarisiert. Diese als Doppelbrechung bezeichnete Erscheinung wird in den meisten technischen Geräten zur Herstellung linear polarisierten Lichts angewendet.

- *durch Streuung*
Wird ein Lichtstrahl an Teilchen, die klein gegen dessen Wellenlänge sind, gestreut, so ist das Licht in allen Richtungen senkrecht zum Strahl fast vollständig polarisiert. Ein Beispiel ist das Licht des wolkenlosen Himmels in bestimmten ausgezeichneten Richtungen.

2.3.5 Abbildung durch dünne Linsen

Optische Abbildungssysteme bestehen in der Regel aus einer oder mehreren Linsen; das sind Glaskörper mit sphärisch gekrümmten Glasflächen, deren Krümmungsmittelpunkte auf einer Geraden, der optischen Achse, liegen.

Grundsätzlich liegen zwei Brechungen, jeweils eine beim Eintritt bzw. Austritt aus einer Linse, vor. Für das von einer dünnen, z.B. bikonvexen, (Sammel-) Linse entworfene Bild gibt es eine Konstruktionsmöglichkeit, die aus Abb. 2.28 hervorgeht. $\overline{AP}$ ist das Objekt (Gegenstand); $\overline{BP_1}$ ist das Bild des Objektes; F_1 bzw. F_2 sind die sog. Brennpunkte.

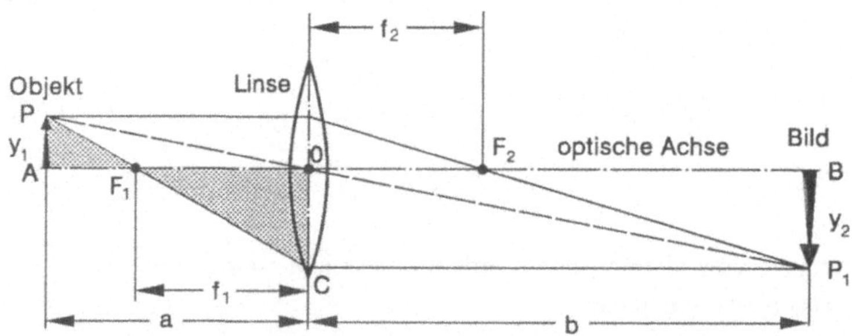

Abb. 2.28: Konstruktion des von einer Sammellinse entworfenen Bildes

Man zeichnet vom Punkt P den der Achse parallelen Strahl, der von der Linse durch den Brennpunkt F_2 gebrochen wird. Der Strahl, der von P aus durch den vorderen Brennpunkt F_1 geht, verläuft nach Durchtritt durch die Linse parallel zur Achse. Beide schneiden sich im Bildpunkt P_1. Statt eines dieser Strahlen kann man auch den Strahl $\overline{PP_1}$ durch die Linsenmitte 0 zeichnen, der ohne Brechung die Linse durchdringt. Die Brechwirkungen beider Linsenseiten werden bei dieser Konstruktion zu einem Brechvorgang in der Mittelebene der Linse zusammengefaßt, d.h., alle Linien werden bis hier gezeichnet, auch wenn die Strahlen anders verlaufen, vgl. Abb. 2.33 und 2.34.

Aus dieser Konstruktion bzw. aus den ähnlichen Dreiecken APF_1 und OCF_1 folgt, wenn die Größen von Objekt bzw. Bild mit y_1 bzw. y_2 bezeichnet werden,

$$\frac{y_1}{a-f_1} = \frac{y_2}{f_1} \ . \tag{2.114}$$

Andererseits gilt aufgrund der Ähnlichkeit der Dreiecke APO und BP_1O

$$\frac{y_1}{y_2} = \frac{a}{b} \ . \tag{2.115}$$

Eliminiert man aus diesen Gleichungen y_1 und y_2, so ergibt sich mit $f_1 = f_2 = f$ die Abbildungsgleichung

$$\frac{1}{a} + \frac{1}{b} = \frac{1}{f} \ , \tag{2.116}$$

wobei a die Gegenstandsweite (Abstand zum Objekt), b die Bildweite (Abstand des Bildes) und f die Brennweite (Abstand der Brennpunkte F_1 und F_2) von der Linsenmitte bezeichnen.

Abb. 2.29 zeigt die Verhältnisse für verschiedene Orte (1, 2 und 3) des Objektes.

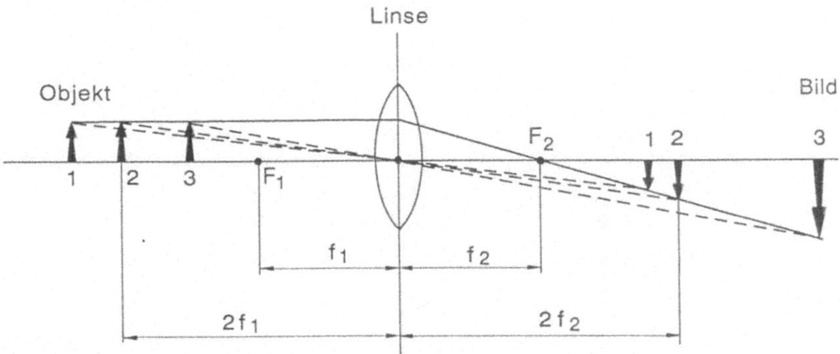

Abb. 2.29: Zuordnung von Objekt und Bild bei einer Sammellinse

Liegt das Objekt außerhalb der Brennweite f, so entwirft die Linse ein reelles Bild. Dieses ist kleiner als das Objekt, wenn die Gegenstandsweite a größer als die doppelte Brennweite $2f$ ist, bzw. ebenso groß (und $b = a$), wenn das Objekt genau im Abstand der doppelten Brennweite liegt. Es ist größer als das Objekt, wenn dieses zwischen einfacher und doppelter Brennweite $2f$ liegt, und befindet sich im Unendlichen, wenn das Objekt in der Brennebene liegt (Abb. 2.30).

Umgekehrt liegt das Bild eines unendlich fernen, leuchtenden Punktes in der Brennebene (F_2) (Abb. 2.30), und zwar dort, wo aus dem nun parallel einfallenden Bündel derjenige Strahl die Brennebene trifft, der die Linse (unter dem Winkel φ) in ihrer Mitte und daher unabgelenkt durchdringt.

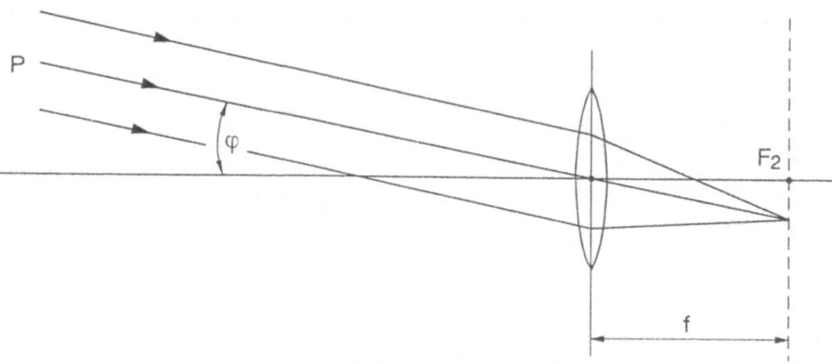

Abb. 2.30: Abbildung eines unendlich fernen Objekts

Liegt aber das Objekt zwischen Brennpunkt F_1 und Linse, so entsteht kein reelles, sondern ein virtuelles Bild, wie Abb. 2.31 verdeutlicht.

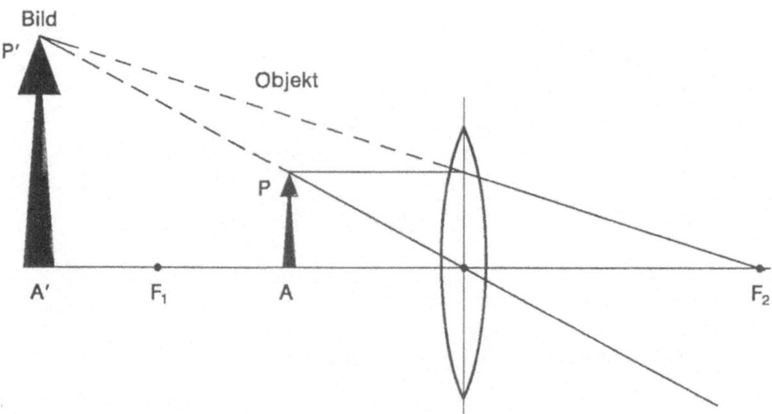

Abb. 2.31: Virtuelles Bild eines Objekts

Die Strahlen verlaufen nach Durchtritt durch die Linse divergent, ihre rückwärtigen Verlängerungen schneiden sich im virtuellen Bild.

Die Abbildungsgleichung ergibt für diesen Fall eine negative Bildweite

$$\frac{1}{b} = \frac{1}{f} - \frac{1}{a} < 0 \quad , \tag{2.117}$$

weil $a < f$ ist.

Den reziproken Wert der Linsenbrennweite $1/f$ bezeichnet man als ihre Brechkraft. Mißt man die Brennweite in Metern, so ist die Einheit der Brechkraft die Dioptrie. Eine Linse mit der Brennweite 0,25 m hat die Brechkraft $1/0,25 = 4$ Dioptrien. Dünne zusammengesetzte Linsen, vgl. Abb. 2.32, wirken wie eine einfache Linse, deren Brechkraft gleich der Summe der Brechkräfte der Einzellinsen ist.

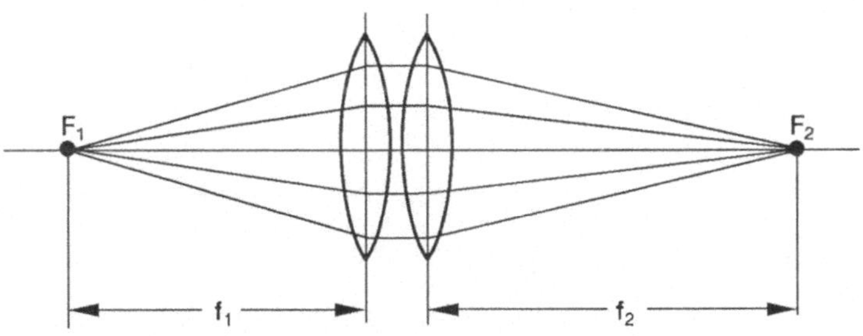

Abb. 2.32: Wirkung zusammengesetzter dünner Linsen

2.3.6 Abbildung durch dicke Linsen

Bei dicken Linsen darf man parallel zur Achse einfallende Strahlen nicht ungebrochen bis zur Mittelebene durchzeichnen, um sie von dort aus zum Brennpunkt zu zeichnen, wie das bei dünnen Linsen näherungsweise erlaubt ist.

Abb. 2.33 verdeutlicht die Konstruktion bei einer dicken (Sammel-)Linse. Ein bei A auftreffender achsenparalleler Strahl wird vielmehr so gebrochen, daß er auf die hintere Linsenfläche bei B auftrifft. Dort wird er nun zum Brennpunkt F hingebrochen. Will man den Strahlengang durch eine einmalige Brechung beschreiben, dann zeichnet man ihn bis zu einer die optische Achse senkrecht schneidenden Hauptebene $h_2 h'_2$ bis zum Punkt C (im Bild 2.33 gestrichelt) ungebrochen durch und führt ihn vom Auftreffpunkt C geradlinig zum Brennpunkt weiter. H_2 ist der Schnittpunkt der Hauptebene $h_2 h'_2$ mit der optischen Achse und wird Hauptpunkt genannt. Den Abstand des Hauptpunktes H_2 vom Brennpunkt F_2 bezeichnet man als Brennweite der Linse für von links einfallende parallele Strahlen. Entsprechendes gilt für von rechts einfallende Strahlen. Eine dicke Linse hat also zwei Hauptebenen $h_1 h'_1$ und $h_2 h'_2$ mit den Hauptpunkten H_1 und H_2. Wieder gilt (2.116).

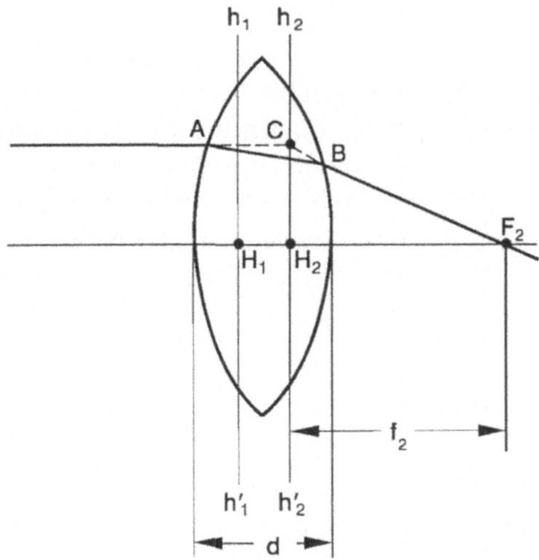

Abb. 2.33: Dicke Linse, Hauptebenen und Hauptpunkte

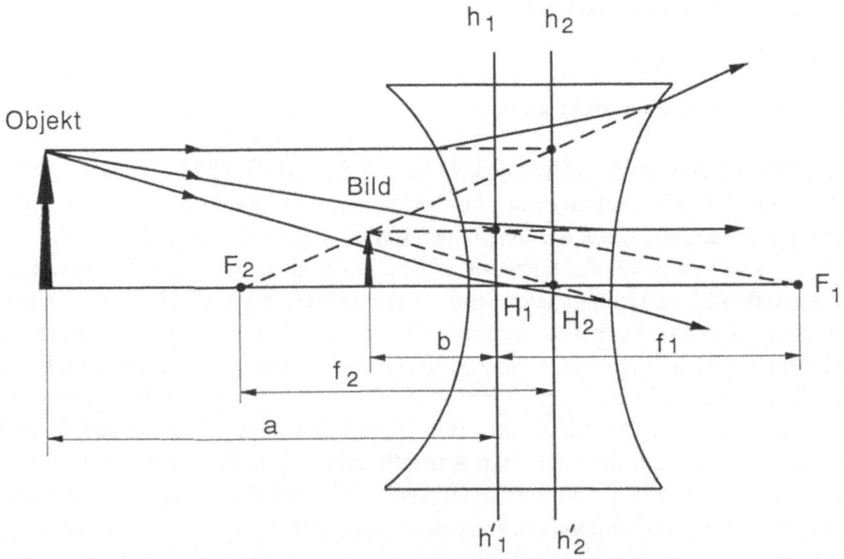

Abb. 2.34: Entstehung des virtuellen Bildes durch eine Zerstreuungslinse

Die Konstruktion einer Abbildung durch eine dicke Zerstreuungslinse ist in Abb. 2.34 verdeutlicht. Die Brennweite ist für diesen Fall negativ zu rechnen, da sich der virtuelle Bildpunkt hier auf der gleichen Seite der Linse wie der Gegenstand selbst befindet. Es gilt wieder (2.117). Die Zerstreuungslinse entwirft also nur virtuelle Bilder.

2.3.7 Lichtbündelbegrenzung

Die in optischen Systemen zwischen dem Objekt und seinem Bild vorhandenen mechanischen Begrenzungen der Lichtbündel werden als Blenden bezeichnet. Außer den gezielt eingefügten eigentlichen Blenden zählen alle sonstigen die Lichtbündel begrenzenden Öffnungen dazu, insbesondere Linsenfassungen. Wird der Bildrand durch die Linsenfassung abgeschattet und das Bild zum Rand hin allmählich dunkler, spricht man von *Vignettierung*.

Zum Vermeiden von Vignettierung und aus konstruktiven Gründen enthalten optische Systeme stets eine oder mehrere Blenden, die das Gesichtsfeld, d.h. den maximalen Winkelbereich, in dem ein Objekt erfaßt und abgebildet werden kann, einschränken.

Ferner können bei künstlicher Beleuchtung auch Komponenten des Beleuchtungssystems als Blende wirken. Teile des menschlichen Auges sind ebenfalls Blenden des optischen Gesamtsystems.

Werden bei einem zusammengesetzten optischen System sämtliche Blenden- und Linsenfassungen in den Objektraum abgebildet, so wird der räumliche Winkel, unter dem das vom Objekt ausgehende Licht in das optische System gelangt, durch das Blendenbild begrenzt, das von einem auf der Achse gelegenen Objektpunkt O unter dem kleinsten Sehwinkel σ erscheint.

Definition der Begriffe:
- *Eintrittspupille* des optischen Systems ist die Bezeichnung für das kleinste Blendenbild im Objektraum.
- *Austrittspupille* des optischen Systems ist das Bild der Eintrittspupille im Bildraum.
- *Aperturblende* oder *Öffnungsblende* nennt man die dazugehörige körperliche Blende. Sie bestimmt die Helligkeit des Bildes.
  Liegt die Aperturblende (Öffnungsblende) im Objektraum, so ist sie gleichzeitig Eintrittspupille; befindet sie sich im Bildraum, dann ist sie mit der Austrittspupille identisch.
- *Hauptstrahl* heißt der Strahl, der von einem außerhalb der Achsen liegenden Objektpunkt nach der Mitte der Eintrittspupille des Lichtbündels geht.
- *Gesichtsfeldblende* oder kurz *Feldblende* wird die Blende genannt, die unter dem kleinsten Winkel σ_B vom Mittelpunkt B der Eintrittspupille gesehen wird. Je nach Lage der Feldblende am Objektort oder Bildort bezeichnet man sie auch als *Objektfeldblende* oder als *Bildfeldblende*.

- *Luke* ist das Bild der Feldblende.
- *Eintrittsluke* oder *Objektluke* ist das objektseitige Feldblendenbild.
- *Austrittsluke* oder *Bildluke* ist das bildseitige Feldblendenbild.

In Abb. 2.35 ist ein optisches System durch eine Gesichtsfeldblende ergänzt. Denkt man sich das Auge in den Mittelpunkt B der Eintrittspupille gebracht, so sieht dieses das Sichtfeld auf den Winkel σ_B begrenzt. Man erkennt ferner, daß nicht mehr von allen Punkten in der Objektebene Strahlen durch die Eintrittspupille und das optische System hindurchtreten können. Von den Objektpunkten außerhalb von O_3 und O_4 gelangen nämlich überhaupt keine, innerhalb O_1 und O_2 alle und im Ring zwischen O_1 und O_3 bzw. O_2 und O_4 nur ein Teil der Strahlen durch die Blenden und die Linse zur Bildebene. Das vom optischen System entworfene Objektbild wird also nach dem Rand hin immer dunkler, um schließlich ganz unsichtbar zu werden (Vignettierung).

Will man ein scharf begrenztes, nicht vignettiertes Sichtfeld haben, so muß die Gesichtsfeldblende, wie man sofort sieht, in der Ebene des Objekts oder des Bildes angebracht werden. Bringt man eine körperliche Gesichtsfeldblende in die Bildebene, so wird sie als Eintritts- oder Objektluke in die Objektebene abgebildet.

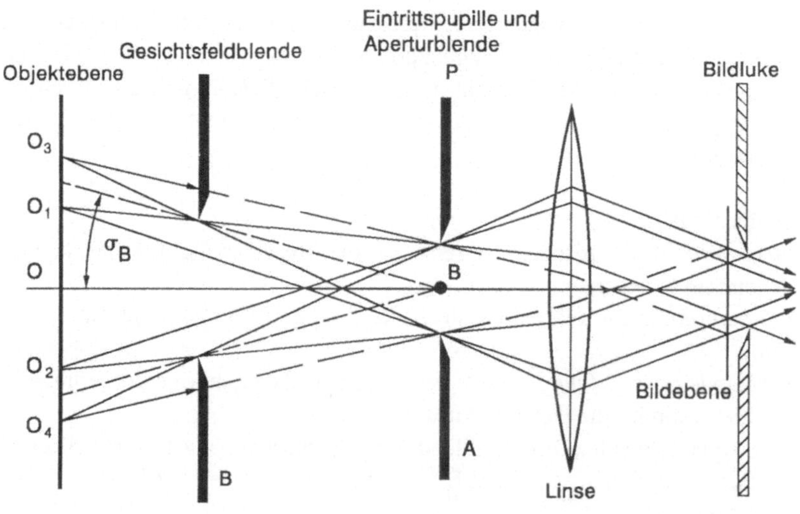

Abb. 2.35: Gesichtsfeldblende und Bildluke, Abschattung (Vignettierung)

2.3.8 Abbildungsfehler

Abbildungsfehler entstehen dadurch, daß sich die von einem Objektpunkt ausgehenden Strahlen nicht restlos in dem zugehörigen Bildpunkt vereinigen.

Chromatische Fehler haben im wesentlichen ihre Ursachen in der Abhängigkeit der Brechzahl der Gläser von der Wellenlänge (Dispersion). Die sogenannte sphärische Aberration, die auch bei monochromatischem Licht auftritt, hat ihre Ursache darin, daß die Brechung achsenferner Lichtstrahlen zu einem anderen Brennpunkt führt, als die Brechung achsennaher Strahlen.

Beim sogenannten Astigmatismus erhält man - für den Fall, daß die Lichtstrahlen unter starker Neigung gegen die Achse auf die Linse fallen - günstigstenfalls zwei zur Achse und zu einander senkrechte Striche in zur Linse verschiedenen Abständen. Ein Astigmatismus tritt auch auf, wenn die Linse nicht rotationssymmetrisch zur optischen Achse ist (Zylinderlinseneffekt).

Der Optikkonstrukteur kann diese Fehler für ein spezielles optisches System so klein machen, daß sie unbemerkt bleiben oder doch wenigstens erträglich sind. Das geschieht durch geschickte Berechnung von z.B. Krümmungsradien, Brechzahlen, Abständen der Linsen und Blenden, Verwendung von asphärischen Flächen und Spiegeln. Die Berechnung erfolgt über Computer.

2.4 Laser

2.4.1 Einführung

Laser sind Lichtquellen mit den typischen Merkmalen starker Bündelung, Kohärenz und nahezu monochromatischer Strahlung der Lichtbündel im Bereich vom Ultravioletten bis zum fernen Infrarot.

Wegen der starken Bündelung besteht Verletzungsgefahr für die Augennetzhaut durch Laserlicht. Deshalb bestehen umfangreiche Sicherheitsvorschriften.

Ein Laser besteht aus den in Abb. 2.36 gezeigten Bestandteilen:

- einem aktiven Laserwerkstoff,
- einer Pumpe zur Zuführung von Energie von außen,
- einem optischen Resonator, bestehend aus zwei Spiegeln, und
- verschiedenen Steuerelementen, je nach Ausführungsart des Lasers.

Der Laser ist ein selbsterregter Oszillator für Licht. Er funktioniert durch das Zusammenwirken des gepumpten aktiven Lasermaterials als Lichtverstärker mit den beiden Spiegeln als Resonator. Dies wird nachfolgend beschrieben.

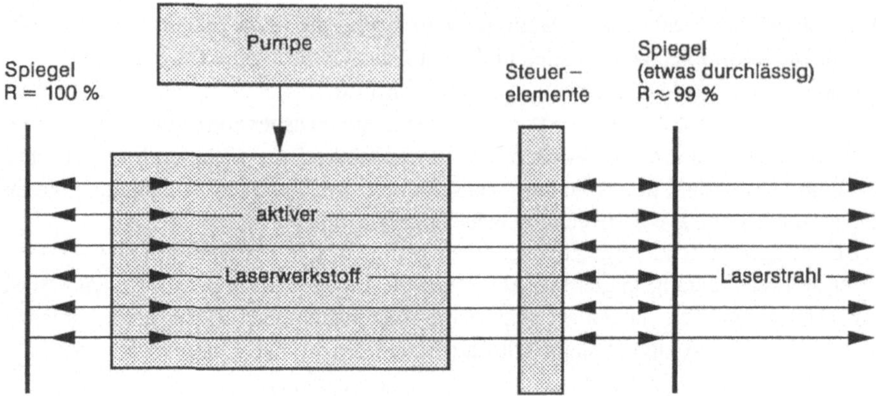

Abb. 2.36: Schema und Bestandteile eines Lasers. R = Reflexionsgrad

2.4.1.1 Lichtverstärkung im aktiven Laserwerkstoff

Der Lasereffekt (Light Amplification by Stimulated Emission of Radiation) läßt sich mit Hilfe der Quantenoptik beschreiben. Er beruht auf dem Fluoreszenzeffekt und setzt spezielle aktive Stoffe voraus. Dazu gehören spezielle reine Gase, Gasgemische, dielektrische Einkristalle mit Dotierungsstoffen (wie Ionen), Halbleiter, aber auch Ionen und Moleküle in Gläsern oder in Flüssigkeiten. Beispielsweise basiert der bekannte Rubin-Laser auf einem mit Cr^{3+}-Ionen dotierten Einkristall aus Al_2O_3.

Die Energiezustände fluoreszenzfähiger Teilchen dieser Materialien sind durch diskrete Energieniveaus oder Energiebänder E_m, E_n gekennzeichnet (Abb. 2.37).

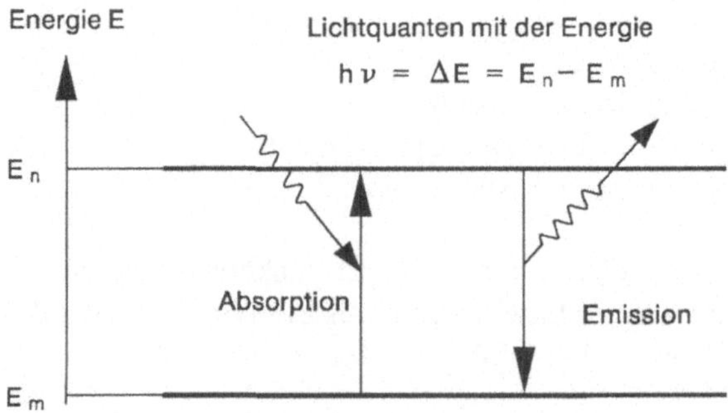

Abb. 2.37: Übergang zwischen zwei Energieniveaus

Emission von Fluoreszenzlicht erfolgt beim Übergang   von einem höher-
energetischen Zustand E_n in einen Zustand E_m mit geringerer Energie in der
Elektronenhülle eines Atoms oder Atomkomplexes im Material. Dabei wird
potentielle Atomhüllenenergie in elektromagnetische Strahlungsenergie umge-
wandelt.

Der umgekehrte Vorgang heißt Absorption. Dabei wird elektromagnetische
Strahlungsenergie in eine Erhöhung atomarer Zustandsenergie verwandelt.

In realen Atomsystemen sind viele Energiezustände und damit Fluoreszenz-
frequenzen möglich. Dies führt zu Absorptions- und Emissionsspektren. Ihre
Frequenzen v lassen sich gemäß der Formel

$$v_{nm} = \frac{E_n - E_m}{h} = \frac{\Delta E}{h} \qquad\qquad (2.118)$$

aus den Energiedifferenzen ΔE zwischen den Niveaus der Energien E_n bzw. E_m
bestimmen. h ist das Plancksche Wirkungsquantum. Aufgrund quanten-
mechanischer Auswahlregeln sind nur einige der denkbaren Übergänge zwischen
den Energieniveaus möglich.

Spontane und stimulierte Emission

Der im aktiven Laserwerkstoff mit der Emission von Fluoreszenzstrahlung
verbundene Übergang von einem höheren zu einem tieferen Zustand kann sich, wie
A. Einstein 1917 erkannte, auf zwei Arten vollziehen:

- "spontan", d.h. zufällig nach statistischen, inneratomaren Gesetzmäßigkeiten,
- "stimuliert", d.h. durch den gezielten Einfluß einer eingestrahlten Welle mit der
  für den Übergang richtigen Frequenz $v = \Delta E/h$. Dann steht die ausgestrahlte
  Welle gleicher Frequenz mit der eingestrahlten in einer solchen
  Phasenbeziehung, daß eine Verstärkung auftritt (negative Absorption).

Für die gesamte Wahrscheinlichkeit P_{nm} pro Zeiteinheit für einen Übergang eines
angeregten Atoms vom höheren Niveau E_n zum tieferen Niveau E_m gilt

$$P_{nm} = A_{nm} + K_v B_{nm} \quad , \qquad\qquad (2.119)$$

wobei A_{nm} die Übergangswahrscheinlichkeit für den Prozeß der spontanen
Emission, B_{nm} die Wahrscheinlichkeit für einen stimulierten Übergang pro
Zeiteinheit und K_v die spektrale Strahlungsdichte sind.

Für den umgekehrten Vorgang, die Absorption, gilt die Wahrscheinlichkeit

$$P_{mn} = K_v B_{mn} = K_v B_{nm} \quad . \qquad\qquad (2.120)$$

Für die Laserfunktion ist nur die stimulierte Emission nützlich, d.h. der Vorgang, wenn ein Lichtquant $h\nu$ auf ein Atom im oberen Energiezustand trifft und sich dabei gemäß der symbolischen Reaktionsgleichung

$$h\nu_{nm} + E_n \rightarrow 2h\nu_{nm} + E_m \tag{2.121}$$

verdoppelt.

Schädlich für die Lichtverstärkung dagegen ist es, wenn das Lichtquant auf ein Atom im unteren Energiezustand E_m trifft, weil es dann gemäß

$$h\nu_{nm} + E_m \rightarrow E_n \tag{2.122}$$

seine Energie an das Atom abgibt und so absorbiert wird.

Beide Reaktionen, die Lichtverstärkung durch stimulierte Emission und die Lichtvernichtung durch Absorption, sind gleich häufig und damit im Gleichgewicht, wenn die Zustände E_n und E_m im Material gleich häufig sind. Im thermischen Gleichgewicht ist die Häufigkeit N_n von E_n nach der Boltzmann-Statistik kleiner als die Häufigkeit N_m von E_m

$$\frac{N_n}{N_m} = e^{-\frac{kT}{\Delta E}} \quad , \tag{2.123}$$

k = Boltzmann-Konstante, T = absolute Temperatur,
so daß die Lichtvernichtung überwiegt, d.h. das Material absorbiert Licht.

Damit die stimulierte Emission häufiger ist als die Absorption, muß $N_n > N_m$ sein. Man nennt diesen weit außerhalb des thermischen Gleichgewichts liegenden Anregungszustand des Materials *Inversion*.

Die Lichtverstärkung G_L im Material mit Inversion $N_n - N_m > 0$ wird unter Berücksichtigung von (2.119) und (2.120) beschrieben durch

$$\begin{aligned} G_L &\sim N_n P_{nm} - N_m P_{mn} \\ &= N_n A_{nm} + K_\nu (N_n - N_m) B_{nm} \end{aligned} \tag{2.124}$$

Um eine positive Lichtverstärkung bzw. negative Absorption zu erhalten, muß also die spontane Emissionswahrscheinlichkeit A_{nm} gering und die Besetzung hinreichend stark invertiert sein. Diese Forderungen können in Materialien mit bestimmten Kombinationen von Energieniveaus und Emissionswahrscheinlichkeiten durch eine Anregungsart erfüllt werden, die man als *Pumpen* bezeichnet.

Pumpen

Die Aufgabe der Pumpe (vgl. Abb. 2.36) ist es, im Laserwerkstoff eine Inversion der Besetzungsverteilung zu erzeugen. Dazu werden durch Stoßionisation in einer Gasentladung oder durch Einstrahlung von höherfrequentem "Pumplicht" möglichst viele Atome in einen energetischen Zustand E_p oberhalb von E_n gebracht, von wo sie in den Zustand E_n fallen und für den Laserprozeß zur Verfügung stehen. Man spricht von einem Drei-Niveau-Laser.

Drei-Niveau-Laser

Das Energieniveau-Schema eines Drei-Niveau-Lasers zeigt Abb. 2.38.

Das aktive Material wird hier mit einer energiereichen Lichtquelle derart gepumpt, daß durch Absorption der Pumpenergie $\Delta E_p = h\nu_p$ Elektronen in das obere Energieband E_p des laseraktiven Materials gehoben werden. Von dort gibt es spontane Übergänge auf das obere Laserniveau E_n. Dadurch wird Niveau E_m entleert und Niveau E_n angereichert. Ist die Lebensdauer der Besetzung im Niveau E_n lang genug, so erreicht man eine höhere Besetzung im Niveau E_n als im Niveau E_m (Besetzungsinversion).

Bei einigen Laserwerkstoffen liegt das untere Laserniveau nicht im Grundzustand sondern darüber. Dann spricht man von einem Vier-Niveau-Laser.

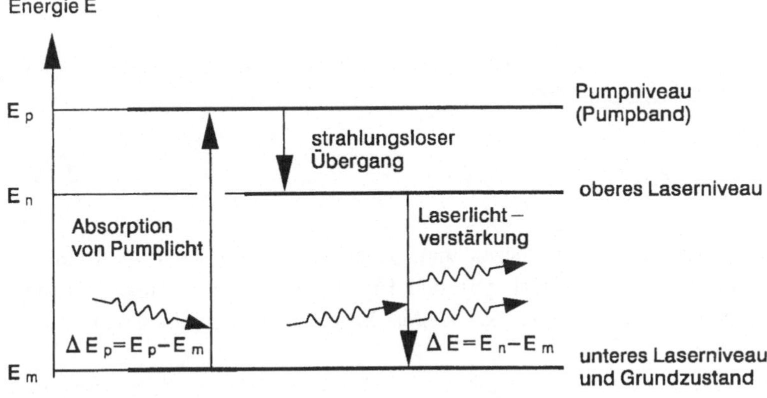

Abb. 2.38: Drei-Niveau-Laser

Zusammenfassend kann man sagen, daß für diesen Lasereffekt vier Bedingungen erfüllt sein müssen:

- intensive Pumplichtquelle,
- starke Absorption von Pumplicht,
- schnelle spontane Übergänge von den Pumpniveaus zum oberen Laserniveau,
- lange Lebensdauer der Besetzung des oberen Laserniveaus (d.h. geringe spontane Emission bzw. kleines A_{nm}).

2.4.1.2 Selbsterregung im Laser-Resonator

Das gepumpte Lasermaterial gemäß Abschn. 2.4.1.1 wirkt an sich nur als Licht-verstärker, d.h. einfallendes Licht tritt verstärkt wieder heraus. Damit durch Selbst-erregung ein Oszillator entsteht, ist eine Rückkopplung notwendig. Beim Laser wird diese durch Reflexionen an Spiegeln erzeugt, die das aktive Lasermaterial einschließen und einen Resonator bilden. Das Licht wandert zwischen beiden Spiegeln hin und her und wird bei jedem Durchgang durch das aktive Lasermaterial verstärkt (Abb. 2.36). Übersteigt die Verstärkung die Spiegelungsverluste, entsteht Selbsterregung.

Die Frequenz des Lasers wird durch die Laserniveaus des aktiven Materials und durch den optischen Resonator aus dem Spiegelpaar und eventuelle weitere Filter, z.B. ein Etalon, s. Abschn. 2.4.1.3, bestimmt.

Für die Eigenfrequenzen ν_i ebener Wellen zwischen den Spiegeln im Abstand d (vgl. Abb. 2.36) ergibt sich die Bedingung

$$\nu_i = i \frac{c}{2dn} \quad , \quad i = 1, \ 2, \ 3, \ \dots \tag{2.125}$$

mit der optisch wirksamen Resonatorlänge dn (n = Brechungsindex). Der Frequenzabstand $\Delta\nu$ zweier Eigenfrequenzen

$$\Delta\nu = \nu_{i+1} - \nu_i = \frac{c}{2dn} \tag{2.126}$$

wird als Resonatorgrundfrequenz bezeichnet, da er der niedrigsten Eigenfrequenz des Resonators mit $i = 1$ entspricht. Die den Eigenfrequenzen ν_i entsprechenden Amplitudenverteilungen der stehenden Wellen bezeichnet man als Eigenformen oder Moden.

Beispiel: Für einen Argon-Laser mit $\lambda = 514\,\text{nm}$ bzw. der Mittenfrequenz $\nu_0 = 5,8 \cdot 10^{14}\,\text{Hz}$ und einem Spiegelabstand von 1 m und $n \sim 1$ gilt nach (2.126) die Beziehung

$$\Delta\nu \approx \frac{3 \cdot 10^8}{2} \frac{\text{m / s}}{\text{m}} = 1,5 \cdot 10^8 \ \text{Hz} = 150 \ \text{MHz} \quad .$$

Bei einer Fluoreszenzbandbreite von z.B. 4 GHz können also ca. 27 Eigenfrequenzen und somit Eigenformen (Moden) gleichzeitig anschwingen.

Bei realen Lasersystemen sind n und d nicht konstant. Mechanische Deformationen der Spiegelhalter, thermische Deformationen des gesamten Laseraufbaus und eventuell auch durch Störschwingungen verursachte Vibrationen ändern die Entfernung d und die Brechzahl n.

Bei denjenigen Eigenfrequenzen ν_i, die im Verstärkungsbereich des aktiven Lasermaterials oberhalb $G_L = 1$ liegen, ist Selbsterregung möglich, siehe Abb. 2.39.

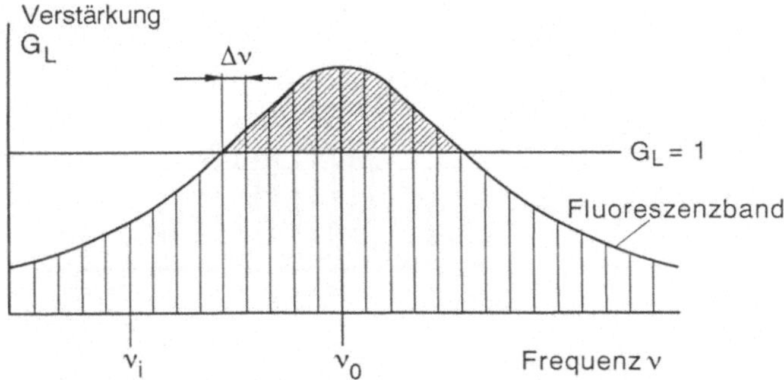

Abb. 2.39: Verstärkungsfaktor G_L des Lasermaterials als Funktion der Frequenz mit einer gewissen Anzahl von Spiegelresonator-Eigenfrequenzen v_i innerhalb des Bereiches $G_L > 1$, vgl. (2.124)

2.4.1.3 Steuer- und andere Hilfseinrichtungen

Etalon

Jeder Laser erzeugt also zunächst innerhalb seiner Verstärkungskurve eine Reihe von Eigenfrequenzen, wenn nicht die Resonatorlänge und die Fluoreszenzbandbreite so gering sind, daß nur eine Eigenfrequenz anschwingen kann. Wenn man für eindeutige Messungen mit nur einer Eigenfrequenz arbeiten muß, müssen die anderen Eigenfrequenzen ausgesiebt werden. Ein dafür verwendetes Filter heißt Etalon.

Ein solches Etalon ist z.B. ein Fabry-Perot-Interferometer, also ein optischer Resonator, der aus zwei Reflektoren besteht, die in Luft einander gegenüberstehend angeordnet sind. Sie müssen so ausgerichtet sein, daß Mehrfachreflektionen stattfinden können. Das Etalon wird innerhalb des Laserresonators in den Strahlengang eingefügt (z.B. in Abb. 2.36 zwischen dem aktiven Laserwerkstoff und dem rechten Spiegel). Allerdings wird dann die verfügbare Energie geringer. Das Etalon wirkt als Filter mit wesentlich weniger Eigenfrequenzen als im Laserresonator wegen des geringeren Spiegelabstands. In Abb. 2.40 sind die Verhältnisse schematisch dargestellt.

Links im Bild 2.40 sind von oben nach unten die Frequenzgänge des Lasermaterials, des Laserresonators und des Etalons dargestellt und rechts die resultierenden Verstärkungskurven ohne bzw. mit Etalon. Der Abstand der Spiegel des Etalons wird so gewählt, daß innerhalb der Verstärkungskurve des Lasers oberhalb der Gesamtverstärkung von $G = 1$ nur eine Eigenfrequenz anschwingt. Auf diese Weise erreicht man einen Betrieb bei nur einer Frequenz. Solch monochromatisches Laserlicht ist für interferometrische Messungen geeignet. Zur Materialbearbeitung dagegen ist die Monochromasie unbedeutend und daher kein Etalon erforderlich.

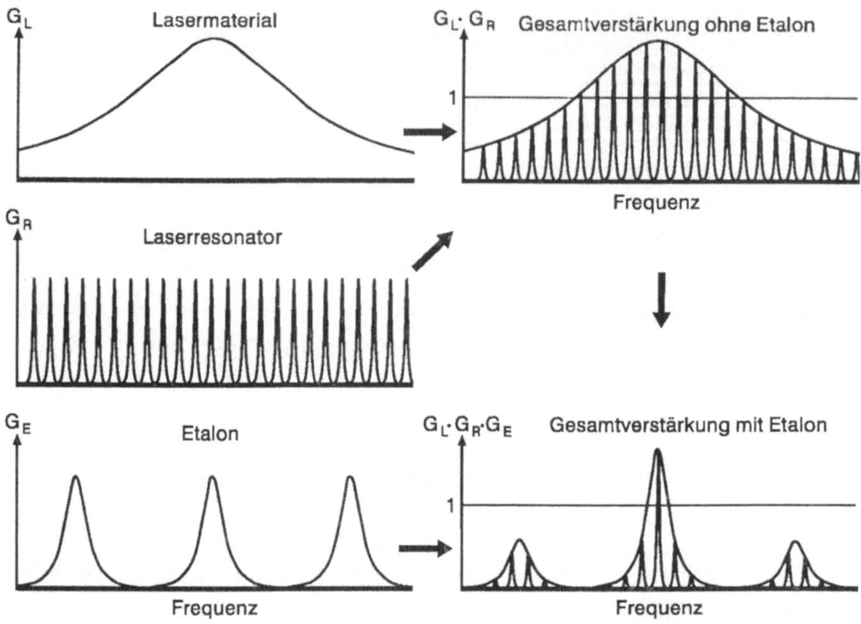

Abb. 2.40: Intensitätsverteilungen bei den Eigenfrequenzen und Aussortieren einer Eigenfrequenz mittels Etalon

<u>Impulslaser mit Q-Switch</u>

Um kurze Lichtpulse zu erhalten, bedarf es eines geeigneten Schalters im Laserresonator, optischer Güteschalter oder kurz "Q-Switch" genannt. Mit ihm wird die Transmission gesteuert, vgl. Abb. 2.36. Er besteht typischerweise aus zwei Polarisationsfiltern mit einer Kerr- oder Pockelszelle dazwischen. Eine solche Zelle besteht aus einem optisch aktiven Material, das unter dem Einfluß elektrischer Spannung die Polarisationsebene dreht. Im spannungslosen Zustand verhindern die kreuzweise orientierten Polarisatoren den Lichtdurchgang in der Laserstrecke und damit das Anschwingen des Laseroszillators. In dieser Zeit werden die Laserniveaus im aktiven Lasermaterial von der Pumplichtquelle stark invertiert - ohne Ausgleich durch Laserübergänge -, so daß das Lasermaterial mit Energie vollgepumpt wird. Bringt man dann die Kerrzelle durch Anlegen einer geeigneten elektrischen Spannung dazu, die Polarisationsebene des Lichts passend um 90° zu drehen, so kann das Licht ungehindert durch die Polarisatoren treten und der Laseroszillator schwingt an. Das Anschwingen erfolgt sehr heftig wegen der überhöhten Invertierung. Ebenfalls sehr schnell wird die in der invertierten Besetzung der Laserniveaus gespeicherte Energie aufgebraucht, so daß die heftige Laseroszillation schnell wieder aufhört. Auf diese Weise können sehr kurze und intensive Laserblitze erzeugt werden.

Zum Pumpen benutzt man bei diesen Impulslasern mit Q-Switch meistens eine Blitzlichtquelle. Der Q-Switch wird dann kurz nach dem Pumpblitz-Maximum geschaltet.

Modenkopplung

Noch kürzere Laserlichtblitze kann man erhalten, indem man den Laser absichtlich bei vielen Eigenfrequenzen des Laserresonators schwingen läßt und diese so miteinander koppelt, daß die zugehörigen Wellen unterschiedlicher Wellenlänge sich zu einem kurzen Wellenpaket überlagern. Dazu bringt man ein optisch nichtlineares Material in den Laserstrahlengang. Hat dieses Material die Eigenschaft, mit zunehmender Beleuchtungsintensität auszubleichen - etwa durch Entleerung von Absorptionsniveaus -, so können sich die Wellenzüge, die bei den verschiedenen Eigenfrequenzen des Laserresonators auftreten und die man beim monochromatischen Betrieb gerade durch ein Etalon unterdrücken will, derart phasengekoppelt überlagern, daß sie gerade im ausbleichenden Material gleichphasig sind. Dann gibt es dort konstruktive Interferenz, außerhalb davon jedoch Interferenzauslöschung. Man erhält so ein Paket aus stehenden Wellen, das kürzer ist als die Länge des Laserresonators. Es besteht aus zwei gegenläufigen Wellenpaketen, die beide zwischen den Laserspiegeln hin- und herlaufen. Sie treffen sich stets im optisch ausbleichenden Material und sorgen dort während der kurzen Begegnungszeit für maximale Feldstärke und so für maximale Durchlässigkeit durch Ausbleichung.

Modenfilter

Anhand von Abb. 2.40 wurde dargestellt, daß ein Etalon erforderlich ist, will man Laserlicht mit nur einer Frequenz bekommen. Dadurch wird gleichzeitig die Wellenlänge der elektromagnetischen Schwingung im Laserresonator festgelegt und damit ihre Eigenform (Mode) in axialer Ausdehnung.

Bei noch feinerer Betrachtung ist zu beachten, daß selbst im vom Laserresonator und vom Etalon ausgefilterten Laserlicht noch eine weitere Modenstruktur verborgen sein kann. Jede in Abb. 2.40 gezeigte Eigenfrequenz-Linie des Laseresonators kann noch eine Aufspaltung dadurch erhalten, daß die Lichtwellen im Resonatorraum - bedingt durch Inhomogenitäten des Lasermaterials oder feinste optische Fehler - keine exakt ebenen Wellen sind, sondern auch lokal leicht schräg laufen können. Dadurch enthält der austretende Laserstrahl Lichtwellen unterschiedlicher radialer und azimutaler Struktur. Man spricht hier von verschiedenen Lasermoden im Sinne von Quermoden. Sie stören bei meßtechnischen Anwendungen des Lasers. Sie können durch sogenannte Modenfilter, z.B. durch eine Blende im Laserresonator oder durch einen leicht konvexen Resonatorspiegel, selektiert werden.

Parallel-Lichtbündel

Die Lichtbündel von Monomode-Lasern liefern lange, schmale Parallel-Lichtbündel. Das Laserlichtbündel ist nämlich in sich selbst beugungsbegrenzt, ohne daß es einer materiellen Blende bedarf. Bei einem kleinen Helium-Neon-Laser (vergl. Tabelle 2.1, Abschn. 2.4.2) beträgt der Lichtbündeldurchmesser am Ausgang ca. 1 mm. Das Bündel weitet sich zunächst wenig, schließlich kegelförmig auf (Abb. 2.41).

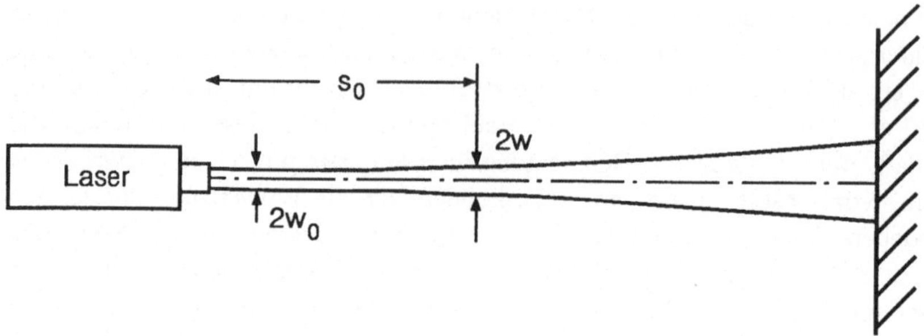

Abb. 2.41: Schlankes Lichtbündel eines Lasers (Gauß-Bündel); Parallelbündelbereich der Länge s_0 und Durchmesser $2w$

Die Lichtverteilung im Querschnitt eines Laserlichtbündels wird durch eine Gauß-Funktion beschrieben

$$I(r) = I_0\, e^{\dfrac{-2r^2}{w^2}} \quad . \tag{2.127}$$

Die Beugungsverteilungen im Fernfeld (Fraunhofer-Beugungsmuster) errechnen sich allgemein als Fourier-Transformierte der Nahfeldverteilungen. Die Gauß-funktion ist aber gegen eine Fourier-Transformation invariant, das Lichtbündel bleibt also bei Ausbreitung über jeden Querschnitt gaußförmig. Jedes Gauß-Bündel besitzt eine schmalste Stelle mit dem Durchmesser $2w_0$ bei $I/I_0 = 1/e^2$. Diese "Strahltaille" liegt bei den üblichen He-Ne-Lasern in der Nähe des Austrittsspiegels. Für eine bestimmte Entfernung s_0 erreicht $2w = \sqrt{2} \cdot 2w_0$.

Der Parameter s_0 wird als "Länge der Strahltaille" des Gauß-Lichtbündels bezeichnet und kennzeichnet die Länge, über der das Lichtbündel näherungsweise parallel ist.

Die Theorie zeigt, daß

$$s_0 = \frac{\pi w_0^2}{\lambda} \tag{2.128}$$

ist.

Bei $w_0 = 1$ mm und $\lambda = 0{,}54$ µm beträgt $s_0 \approx 6$ m.

2.4.2 Laserarten

Das aktive Lasermaterial kann fest (z.B. Rubin, YAG), flüssig (z.B. Farbstofflösung) oder gasförmig (z.B. CO_2, He-Ne, Ar, Kr) sein. Das Pumpen erfolgt bei festem und bei flüssigem Lasermaterial üblicherweise optisch, z.B. durch Anregung mit einer Blitzlampe, bei Gaslasern durch Elektronenstoß in einer Gasentladung und bei Laserdioden (Halbleitermaterial) durch Verschieben von Raumladungen.

Frequenzen und maximale Leistungen von handelsüblichen Lasern sind in Tabelle 2.1 zusammengefaßt.

Tabelle 2.1: Wellenlängen und Leistungen der Laserarten

Name	Arbeits-stoff	Wellenlänge	Dauer-Leistung bis zu	Impulsbetrieb		
				Impuls-Spitzen-Leistung, Energie	Impuls-Dauer	Impuls-Frequenz
CO_2-Laser	CO_2 $+N_2+He$	9,1-10,9 μm	10 kW	100 MW, 1 J	>70 ns	10 kHz
Helium-Neon-Laser	He+Ne	544 nm 633 nm 1152 nm 1524 nm 3391 nm	75 mW	Impulsbetrieb nicht möglich		
Ionen-Laser	Ar	458-514 nm 351-364 nm	25 W			
	Kr	647-677 nm 351-356 nm	5 W			
Excimer-Laser	ArF KrF XeCl XeF F_2	193 nm 248 nm 308 nm 351 nm 157 nm	nur gepulst	>100 MW 1 J	10-50 ns	400 Hz
Fest-körper-Laser	Rubin: Cr^{3+} in Al_2O_3	694 nm	nur gepulst	300 MW, 10 J	30 ns Q-switch	
	Nd+ YAG in Halogenid	535-1319 nm 1047-1320 nm 1053-1321 nm 1064-1335 nm 1450-1850 nm 2200-3450 nm	2 kW	250 kW		1-20 Hz
Farbstoff-Laser	Farbstoff-lösung	310-1050 nm durchstimmbar	1,8 W	100 W	500 ns	500 Hz
		Moden-gekoppelt		25 kW	1-10 ps	100 MHz

3 Messen mit Laserlicht

3.1 Generelles

Heutzutage werden Lasermeßverfahren vielfach in den Bereichen Forschung, Entwicklung, Qualitätssicherung und Produktion speziell der Automobilindustrie und generell der Maschinenbau-Industrie eingesetzt, vorwiegend rechnergesteuert, um einerseits objektbezogen mit hoher Orts- und Zeitauflösung "on-line" messen und um andererseits die hohen Meßwertdatenraten erfassen und verarbeiten zu können.

Der Laser ist nämlich vom Prinzip her für berührungsloses Messen an Objekten besonders geeignet, weil die von ihm ausgesandten nahezu kohärenten Lichtbündel i.a. hohe Intensität und geringe Strahldivergenz (vgl. Abschnitt 2) aufweisen. Diese Eigenschaften ändern sich auch während längerer Meßzeiten nur geringfügig. Als Meßgrößen kommen (wie generell in der Optik) die Ausbreitungsrichtung, der Polarisationszustand, die Amplitude, die Intensität, die Frequenz bzw. Wellenlänge sowie die relative Phasenlage der Lichtwellen in Betracht.

Die besonderen Eigenschaften des Laserlichtes lassen sich mittels neu entwickelter opto-elektronischer und akusto-optischer Bauelemente nutzen, die sowohl eine zeitliche Modulation hinsichtlich Intensität, Phase und Frequenz als auch eine räumliche oder Richtungs-Modulation mit hohen Modulationsfrequenzen zulassen. Die Frequenzen des Laserlichtes selbst, die in der Größenordnung von 10^{-14} Hz liegen, lassen sich nicht direkt meßtechnisch erfassen. Zur Detektion der modulierten Signale wurden entsprechend angepaßte fotoelektrische Detektoren entwickelt, die auf Modulationsfrequenzen bis in den GHz-Bereich ansprechen oder die beispielsweise Richtungsänderungen der Laserstrahlung mit Winkelauflösungen von wenigen Mikroradiant zweidimensional erfassen lassen.

3.2 Meßverfahren

3.2.1 Leitstrahlverfahren

Die geringe Strahldivergenz des Laserlichtbündels, mit einem Öffnungswinkel von z.B. 0,03°, wird genutzt, um Maschinen und deren Komponenten auszurichten oder diese im Betrieb entlang vorgegebener Raumrichtungen automatisch rechnergesteuert zu führen. In Abb. 3.1 ist das Schema eines üblichen Aufbaus dargestellt. Ein matrixförmiger positionsempfindlicher Detektor ist am auszurichtenden bzw. beweglichen Maschinenbauteil parallel zur Oberfläche befestigt und wird mit dem Laserlichtbündel senkrecht bestrahlt.

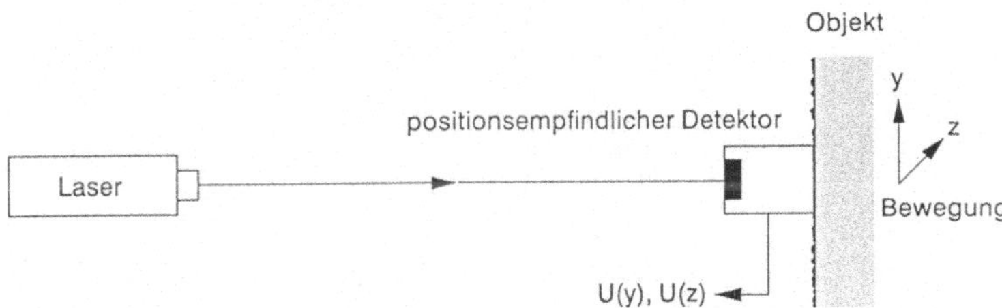

Abb. 3.1: Leitstrahlverfahren

Hat das Maschinenteil und damit auch der Detektor eine Bewegungskomponente senkrecht zum Laserstrahl, also in Abb. 3.1 in y- oder z-Richtung, dann wandert der Lichtfleck auf dem Detektor aus einer Soll-Lage heraus. Diese Abweichung wird gemessen und dient als Regelgröße (Korrektur) für die Führung des Maschinenteils in Richtung des Laserlichtbündels oder für die Justierung in der Soll-Lage.

3.2.2 Triangulationsverfahren

Das Schema einer einfachen Vorrichtung zur Abstandsmessung nach dem Triangulationsprinzip ist in Abb. 3.2 dargestellt.

Das von einem Laser oder einer Laserdiode ausgesandte Licht wird auf die Objektoberfläche im Punkt A fokussiert. Die von A ausgehende Streustrahlung wird mittels der Abbildungslinse L auf einen in deren Brennebene befindlichen, positionsempfindlichen Fotodetektor im Punkt B abgebildet. Bei Verschiebung der Objektoberfläche in Richtung des Laserstrahls geht z.B. der Objektpunkt A in A' und der Bildpunkt B in B' in der Brennebene der Linse L über. Der geometrische Zusammenhang zwischen einer Änderung des Objektabstandes vom Laser und der zugehörigen Bildverschiebung in der Brennebene wird für die Abstandsmessung genutzt.

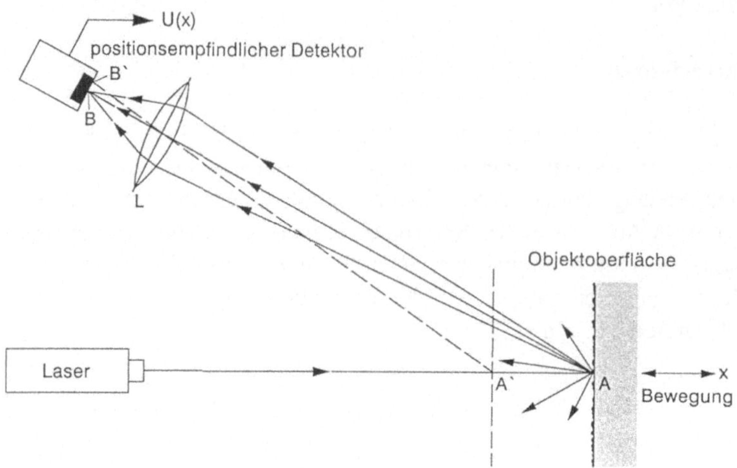

Abb. 3.2: Abstandsmessung durch Laser-Triangulation

Der nutzbare Meßbereich sowie die erreichbare Genauigkeit werden durch die Abstände des Senders vom Objekt und vom Empfänger und durch die Brennweite der Abbildungslinse bestimmt. Hier sind alle möglichen Variationen denkbar. Abstandssensoren für die industrielle Meßtechnik erlauben z.B. bei einem Abstand Sender/Objekt von ca. 10 cm Genauigkeiten mit Abweichungen von wenigen Mikrometern.

3.2.3 Fokus-Verfahren

Beim Fokus-Verfahren zur Nahbereichs-Abstandsmessung wird der Laserstrahl auf die Oberfläche fokussiert und so ein Lichtfleck erzeugt (Abb. 3.3). Als Meßeffekt wird ausgenutzt, daß die Intensität $I(a)$ des reflektierten, auf den punktempfindlichen Detektor abgebildeten Laserlichtes dann am größten ist, wenn die Oberfläche genau im Brennpunktabstand f der abbildenden Linse L_1 liegt und damit der Laserlichtfleck über den Strahlteiler und die Linse L_2 exakt auf den Detektor abgebildet wird.

Durch periodisches axiales Verschieben der Objektivlinse L_1 bzw. entsprechendes Verschieben des Objektes wird die Brennpunktlage in Bezug auf die Objektoberfläche entsprechend verändert. Die Bestimmung des Maximums des Detektorsignals liefert den tatsächlichen Abstand a. Die Auflösung erreicht ca. 5 μm bei einem Meßhub von 10 cm.

Die Fokus-Verfahren zeichnen sich insbesondere durch geringen Platzbedarf und eine weitgehende Unempfindlichkeit gegenüber der Oberflächen-Feinstruktur und -Riefenrichtung aus.

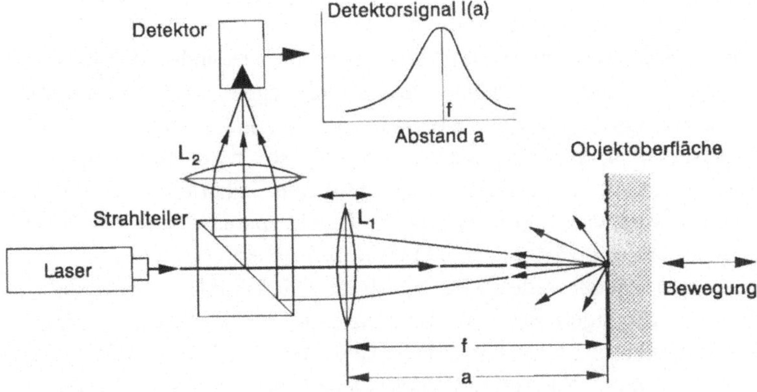

Abb. 3.3: Fokus-Verfahren zur Abstandsmessung im Nahbereich

3.2.4 Laufzeitverfahren

Beim Laufzeitverfahren (Abb. 3.4) zur Abstandsmessung im Fernbereich wird die Laufzeit eines Lichtimpulses gemessen, der am Objekt reflektiert wird. Meß- und Referenzdetektor haben den gleichen Abstand vom Strahlteiler. Der Referenzdetektor wird über den Strahlteiler direkt mit dem Lichtimpuls beleuchtet; der Meßdetektor empfängt den Lichtimpuls erst nach der Reflexion an der Objektoberfläche. Aus der Zeitdifferenz Δt zwischen den Impulsen des Referenz- und des Meßdetektorsignals erhält man mit Hilfe der Lichtgeschwindigkeit c den Abstand a. Bei bewegtem Objekt erhält man - bei genügender Zeitauflösung der Detektoren - $a(t)$ und daraus auch die Geschwindigkeit des bewegten Objektes.

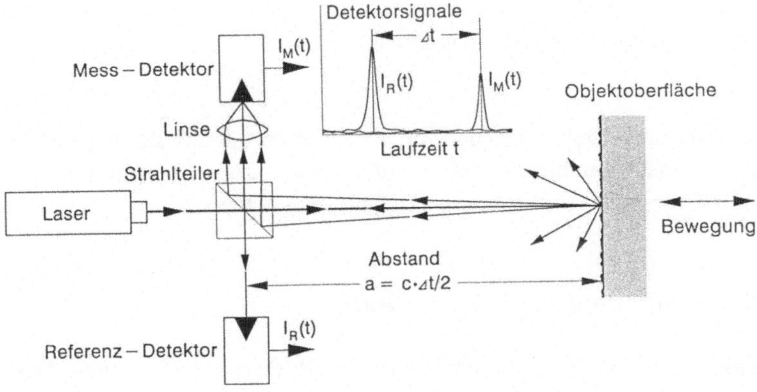

Abb. 3.4: Laufzeitverfahren zur Abstandsmessung im Fernbereich

3.2.5 Interferometrie

Die Interferometrie mit Laserlicht erlaubt Messungen von Abstandsänderungen mit Auflösungen von $\lambda/2$, wenn ein einfacher Aufbau verwendet wird. Höhere Auflösungen sind mit geeigneten Mitteln möglich, vgl. Abschn. 3.6.3.4. Verwendet man ein Michelson-Interferometer nach Abb. 3.5, so wird der einfallende Laserstrahl geteilt (hier mit einem Teilerwürfel). Der eine Teilstrahl wird an einem festen, der andere von einem am bewegten Objekt parallel zur Oberfläche befestigten Spiegel (hier in beiden Fällen Tripelspiegel) reflektiert. Der vom Tripelspiegel am bewegten Objekt reflektierte Teilstrahl (Meßstrahl) wird erneut im Teiler reflektiert und überlagert sich dem Referenzstrahl, so daß es zur Interferenz kommt. Die Phasendifferenz zwischen Referenzstrahl und Meßstrahl ist durch die Wegdifferenz $2a$ bestimmt. Das resultierende Detektorsignal zeigt Maxima im Abstand $\lambda/2$. Die Abstandsänderung $\Delta 2a$ wird durch Abzählen der Intensitätsmaxima als Mehrfaches von $\lambda/2$ ermittelt.

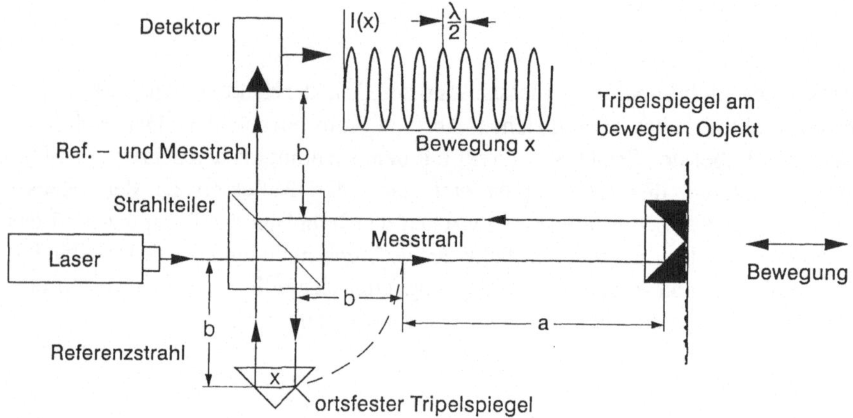

Abb. 3.5: Michelson Interferometer zur Längenmessung

Interferenzstreifen mit einem Abstand von $\lambda/2$ dienen als Maßstabsystem in dreidimensionalen Meßmaschinen und werden auch zur Überprüfung und Steuerung von NC-gesteuerten Werkzeugmaschinen eingesetzt.

3.2.6 Oberflächenabtastung mit Polygonspiegel

Die in Abschn. 3.2.1 bis 3.2.5 beschriebenen, punktförmig auflösenden Meßverfahren lassen sich mit einer geeigneten Strahlführung zur Vermessung von Flächen einsetzen. Abb. 3.6 zeigt eine derartige Anordnung. Der Laserstrahl wird mit Hilfe eines rotierenden Polygonspiegels über eine Linie der Objektoberfläche geführt. Durch zusätzliches Schwenken des Lasers in Achsrichtung des rotierenden Polygonspiegels läßt sich die Objektoberfläche abtasten.

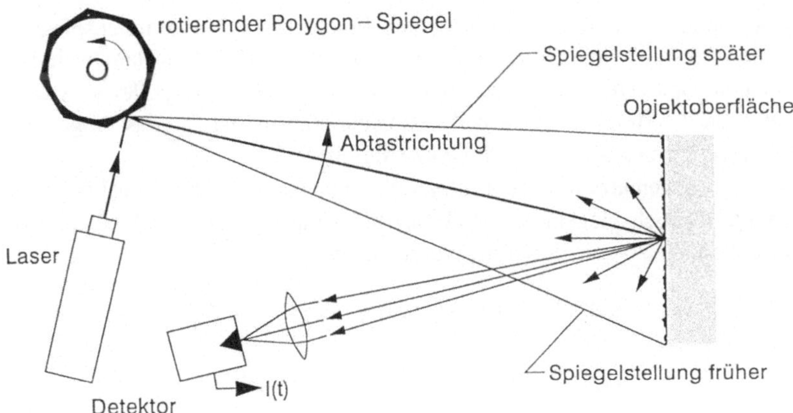

Abb. 3.6: Oberflächenabtastung

Ein interferometrisches Meßverfahren mit zweidimensionaler Flächenabtastung mittels elektromechanisch geschwenkter Spiegel wird in Abschn. 3.6.2.3 beschrieben.

3.2.7 Schattenverfahren

Das Schattenverfahren dient zur Vermessung von Flächen und Umrissen von Körpern. Abb. 3.7 veranschaulicht am Beispiel eines zylindrischen Körpers, wie Formabweichungen über das Schattenverfahren sichtbar gemacht werden können. Ein Gegenstand im aufgeweiteten, parallelen Lichtbündel wirft einen scharf begrenzten Schatten, der z.B. mit einem verzeichnungsarmen Video-Meßkamera-system erfaßt wird. Gemessen werden die Abmessungen des Schattenbildes, hier z.B. der Schattendurchmesser D = Objektdurchmesser.

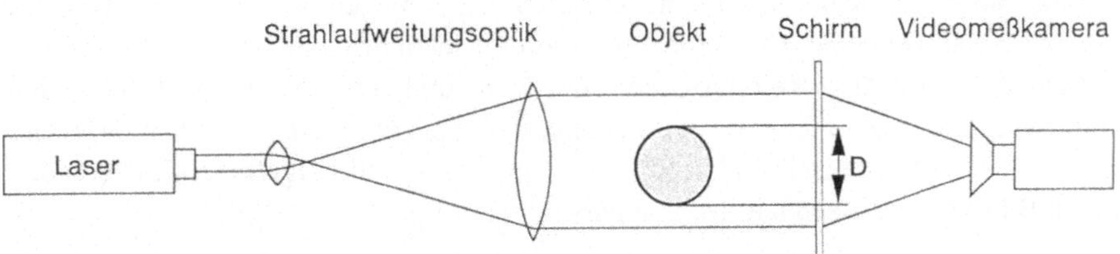

Abb. 3.7: Schattenverfahren, D = Schattendurchmesser = Objektdurchmesser

3.2.8 Anwendungsbeispiele

3.2.8.1 Ebenheitsprüfung an Fahrzeugspiegeln

Die Abbildungsqualität eines im Fahrzeug angebrachten Rückblick-Innenspiegels wird durch die Ebenheit seiner Spiegeloberfläche bestimmt. Die Winkelabweichung von der idealen Spiegelrichtung darf über der gesamten Spiegelfläche einen Toleranzwert von 3,5 Bogenminuten nicht überschreiten, damit für das Auge des Menschen eine verzerrungsfreie Abbildung gewährleistet ist.

   Abb. 3.8 zeigt schematisch eine Prüfeinrichtung, mit der die Ebenheit von Fahrzeug-Innenrückblickspiegeln mit Hilfe der Messung der Laserstrahlablenkung nach der Reflexion am Spiegel überprüft werden kann.

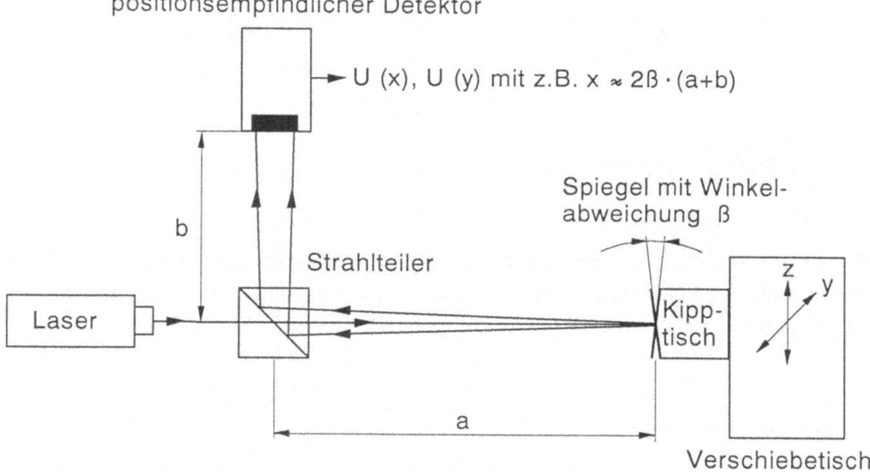

Abb. 3.8: Schema einer Meßvorrichtung zur Ebenheitsmessung an Innenrückblickspiegeln

Der auf einem Verschiebetisch befestigte, auf Ebenheit zu untersuchende Spiegel wird mit Hilfe eines zusätzlichen Kipptisches auf den Laserstrahl ausgerichtet. Der Strahl trifft dann senkrecht auf den zu prüfenden Spiegel, wird in sich reflektiert und über den Strahlteiler auf einen zweiachsig positionsempfindlichen Fotodetektor gelenkt.

   Winkelabweichungen durch Unebenheiten der Spiegeloberfläche (in Abb. 3.8 z.B. Winkelabweichung β) werden bei dieser Meßanordnung auf die Ebene des Verschiebetisches als Referenzebene bezogen und in Abhängigkeit von den Koordinaten y und z des zur Abtastung der Spiegeloberfläche mäanderförmig bewegten Verschiebetisches als $U(x)$, $U(y)$ gemessen und aufgetragen. So ergeben sie ein Bild von der Ebenheit des Spiegels.

3.2.8.2 Sehunschärfe durch Schwingungen von Fahrzeugspiegeln

Fahrzeugspiegel sind in mechanischen Halterungen gelagert, die an der Karosserie bzw. auch an der Windschutzscheibe befestigt sind. Über Körperschall-schwingungen dieser Anbindungsflächen, die im wesentlichen vom Antriebs-aggregat und von dynamischen Wechselwirkungen zwischen Fahrzeug und Fahrbahn durch Körperschallfortleitung erregt werden, kann es zu Kipp-schwingungen der Spiegel kommen. Durch die schwingende Spiegelebene werden Richtungsänderungen der am Spiegel reflektierten Lichtstrahlen hervorgerufen. Der Fahrer sieht dann ein unscharfes Bild des rückwärtigen Verkehrs.

Abb. 3.9 zeigt das Prinzip eines Lasermeßverfahrens zur quantitativen Erfassung der Bildverschiebungen durch Spiegelschwingungen, vgl. Bild 3.8.

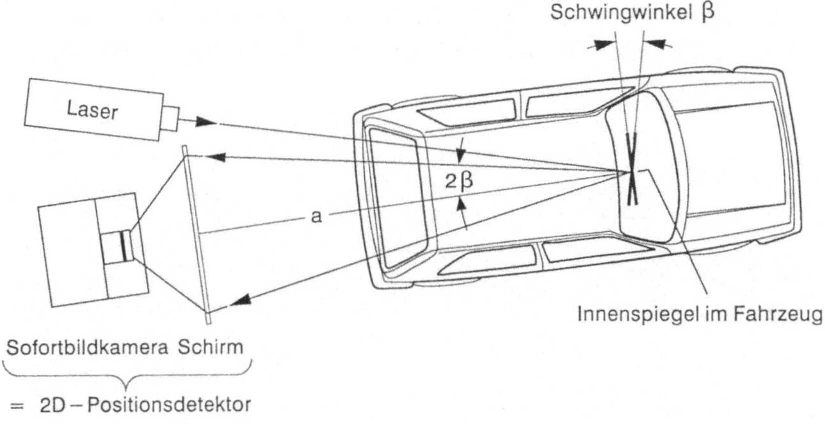

Abb. 3.9: Anordnung für Spiegelschwingungsmessungen im Standbetrieb eines Fahrzeugs

Der von einem He-Ne-Laser ausgesandte Strahl wird am Innenrückspiegel reflektiert und trifft auf eine Mattscheibe, die den Abstand a vom Innenspiegel hat. Eine Kippung der Spiegelebene um den Winkel β bewirkt eine Strahlablenkung um den Winkel 2β mit einem daraus folgenden Strahlversatz von $x \approx 2\beta a$ auf der Mattscheibe.

Der dynamische Versatz infolge der Drehschwingungen des Innenspiegels kann auch mit einem Positionsdetektor gemessen werden, der Ablenkungen in proportionale Spannungssignale umwandelt, die zusammen mit dem Motordreh-zahlsignal mittels eines Rechners erfaßt oder direkt auf einem Oszilloskop, z.B. in Form von Lissajous-Figuren, dargestellt werden.

3.3 Hilfsvorrichtungen und Bauelemente

3.3.1 Lichtleiter

Oft wählt man zur Weiterleitung des Laserlichtes einen Lichtleiter. Das Prinzip eines solchen Lichtleiters ist in Abb. 3.10 dargestellt. Tritt Licht in die polierte Stirnfläche eines mit Glas (Brechungsindex n_2) ummantelten zylindrischen Glasstabes (Brechungsindex n_1) ein, so kommt es zur Totalreflexion, wenn n_2 kleiner als n_1 gewählt wird. Das Licht kann an den inneren Zylinderflächen nicht austreten. Ist der Stab eine sehr dünne Faser bis herab zu 5 µm Durchmesser, die genauso mit einem Material mit niedrigerem Brechungsindex ($n_2 < n_1$) ummantelt ist, so spricht man von Lichtleitfasern.

Diese Fasern lassen sich zu biegsamen Bündeln zusammenfassen. Der Unterschied der Brechungsindizes bestimmt die erreichbare Apertur (vgl. Abschn. 2.3.7). Bündel aus geordneten Fasern eignen sich zur Bildweiterleitung, solche aus ungeordneten zur Beleuchtung oder zur Übertragung elektrischer Signale, die dem Licht aufmoduliert sind.

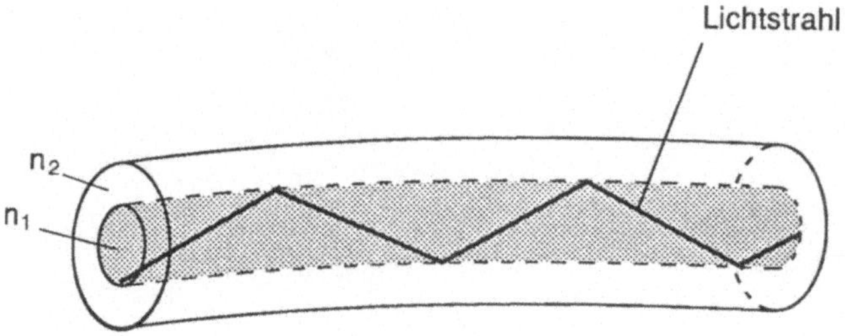

Abb. 3.10: Prinzip eines Lichtleiters ($n_2 < n_1$)

In Abb. 3.11 ist ein Beispiel für eine optische Übertragungsstrecke für elektrische Signale skizziert.

Zwei Lichtleiter können durch "optische Stecker" miteinander verbunden werden.

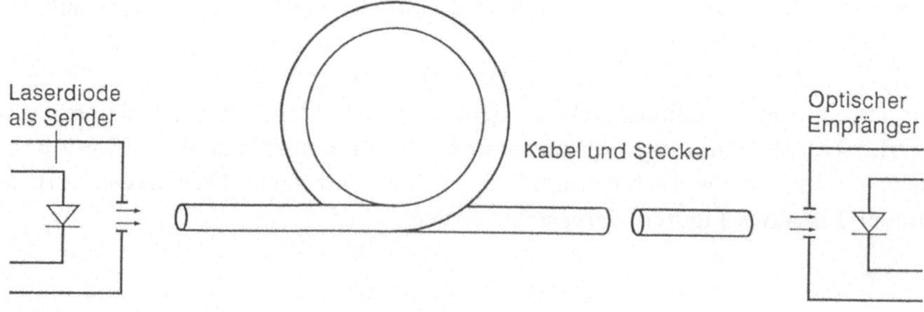

Abb. 3.11: Prinzip einer faseroptischen Übertragungsstrecke

3.3.2 Bragg-Zelle

Schallwellen erzeugen in einem Medium räumlich periodische Änderungen der Dichte und damit auch der Brechzahl. Dadurch entsteht ein sehr regelmäßiges optisches Phasengitter. Das trifft besonders dann zu, wenn sich hochfrequente Ultraschallwellen in festen Körpern oder Flüssigkeiten ausbreiten. Im Medium entsteht durch Ultraschall ein Volumengitter, bei dem der Beugungsvorgang (Abschn. 2.2.7.3) an parallel zueinanderliegenden, ebenen Verdichtungszonen erfolgt.

Diesen Effekt nutzt man in der sog. Bragg-Zelle, deren Prinzip in Abb. 3.12 dargestellt ist.

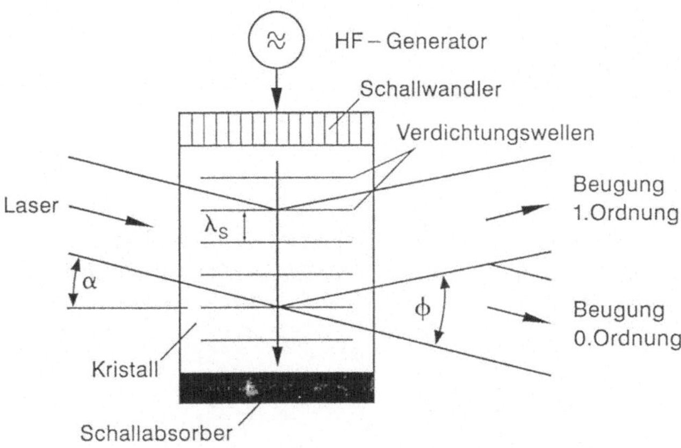

Abb. 3.12: Bragg-Zelle, Beugung an Ultraschallwellen

Wird die Schallwelle, wie in Abb. 3.12 skizziert, nach Durchgang durch den Kristall absorbiert, liegen laufende Schallwellen vor. Bei der Beugung des Laserstrahls an dem bewegten Gitter tritt infolge des Doppler-Effekts (vgl. Abschn. 3.4.3.1) eine Frequenzverschiebung des gebeugten Laserlichts auf.

Beugung

Bei einem Volumengitter, wie dem einer Bragg-Zelle, führt nicht jeder Einfallswinkel α zur Beugung des Lichts. Dieses läßt sich plausibel machen, wenn man die gebeugte Welle 1. Ordnung als Reflexion der eingestrahlten Welle an Gitterebenen ansieht (Eintrittswinkel gleich Austrittswinkel). Der Abstand dieser Gitterebenen ist durch die Wellenlänge λ_S des Ultraschalls bestimmt.

Für den Eintrittswinkel α, für den eine solche Beugung erfolgt (die auch als "Braggsche Reflexion" bezeichnet wird und der Eintrittswinkel α entsprechend als "Braggwinkel"), gilt

$$\alpha = \frac{\Phi}{2} \ , \tag{3.1}$$

wobei Φ der Ablenkwinkel der hier betrachteten ersten Beugungsordnung ist. Mit der Laserlichtwellenlänge λ und der Ultraschallwellenlänge λ_S gilt

$$\sin \alpha = - \frac{\lambda}{2\lambda_S} \ . \tag{3.2}$$

Wird die akustische Leistung von null auf einen bestimmten Wert erhöht, so wird mehr und mehr Licht in die 1. Ordnung gebeugt.

Dopplerfrequenzverschiebung

Für die Schallwelle gilt (vgl. "Automobil-Meßtechnik", Band A: Akustik)

$$\lambda_S \nu_S = v_S \tag{3.3}$$

mit der Frequenz ν_S, der Wellenlänge λ_S und der Schallgeschwindigkeit v_S.

Der Dopplereffekt (vgl. Abschn. 3.4.3.1, (3.20)) verursacht eine Gesamtdopplerverschiebung der Lichtfrequenz um

$$\Delta \nu = \frac{2}{c_0} \nu \, v_S \sin \alpha \ \ . \tag{3.4}$$

Mit (3.2) und (3.3) erhält man

$$\Delta \nu = - \frac{2\nu}{c_0} v_S \frac{\lambda}{2\lambda_S} = - \nu_S \ \ . \tag{3.5}$$

Die Dopplerfrequenzverschiebung $\Delta \nu$ der Lichtfrequenz durch die Ultraschallwelle entspricht genau der Schallwellenfrequenz ν_S. Um diese Frequenz wird die Frequenz des gebeugten Strahls 1. Ordnung beim Durchgang durch die Bragg-Zelle (s. Abb. 3.12) vermindert.

Zusammenfassung

Die Bragg-Zelle erlaubt also einerseits die Aufspaltung des Laserlichtstrahls in zwei Strahlen (Beugung nullter Ordnung und erster Ordnung) und andererseits gleichzeitig eine Frequenzverschiebung des gebeugten Lichts.

Da man die Amplitude der Ultraschallwellen zeitlich schnell ändern und die Schallwellenfrequenz in Grenzen variieren kann, läßt sich die Bragg-Zelle also sowohl als schneller Schalter als auch als Modulator des Laserlichtes verwenden.

3.3.3 Bildderotator

Bei Messungen an sich drehenden Objekten benutzt man einen sogenannten Bildderotator. Das für die Bildderotation wesentliche Bauelement ist ein Prisma, das mit Hilfe einer geeigneten Antriebssteuerung genau halb so schnell wie das Meßobjekt rotiert.

Abb. 3.13 zeigt den prinzipiellen Aufbau eines Bildderotators.

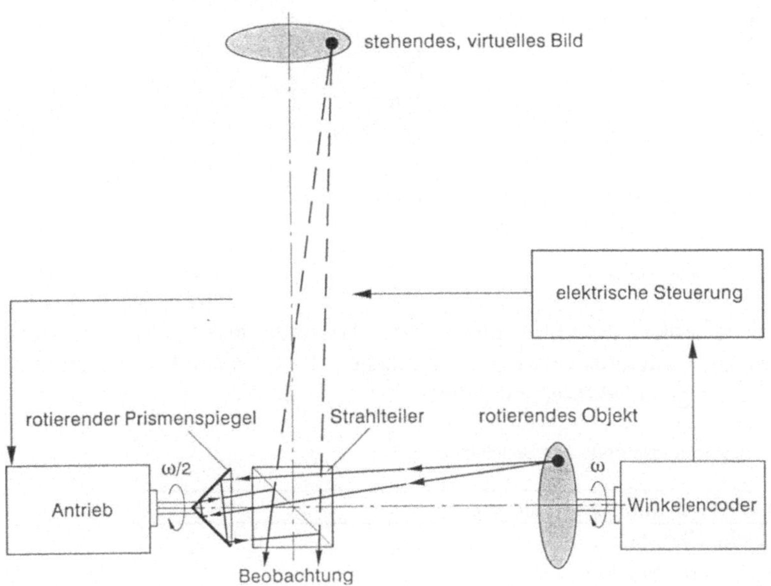

Abb. 3.13: Prinzip des Bildderotators

Wenn sich das Prisma mit halber Objektdrehzahl in der gleichen Drehrichtung bewegt wie das Objekt selbst, erhält man bei fluchtender Anordnung der Drehachsen von Meßobjekt und Prisma ein unverzerrtes, momentan zurückgedrehtes, also immer stehendes Bild des rotierenden Objektes. Die Drehzahlsteuerung des Prismas ist durch einen elektronischen Regelkreis bis zu Drehbewegungen von maximal 30.000 min^{-1} realisierbar.

Nach dieser Methode lassen sich z.B. Schwingbewegungen von rotierenden Bauteilen messen.

In Abb. 3.14 ist das Prinzip der Bildderotation gezeigt.

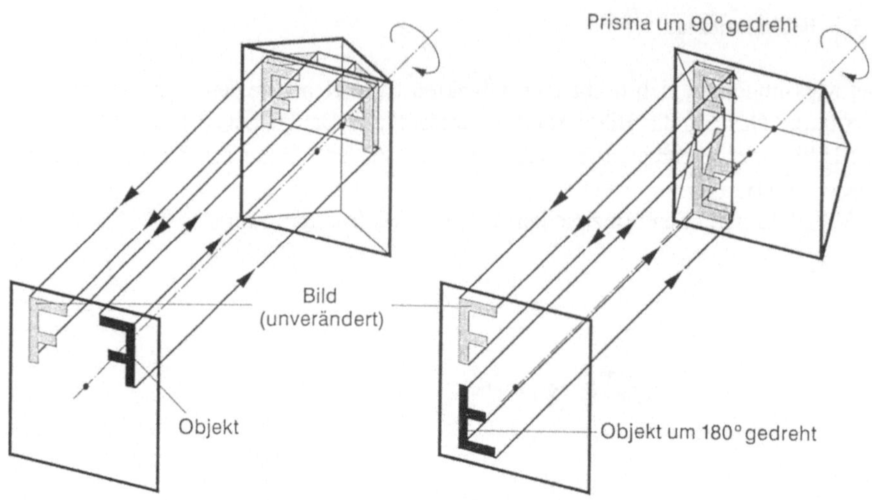

Abb. 3.14: Messung am ortsfesten Bild eines drehenden Objekts

3.3.4 Weitere Bauelemente

Bezüglich der physikalischen Prinzipien weiterer laseroptischer Bauelemente sei auf die entsprechende Literatur verwiesen. In Tabelle 3.1 sind einige Bauelemente und in Tabelle 3.2 einige Detektoren aufgeführt.

Tabelle 3.1: Auswahl laseroptischer Bauelemente

Laserstrahlablenker und -modulatoren
- mechanische Chopper
- Spiegel-Galvano-Scanner
- rotierende Polygonspiegel
- elektro-optische Kerr- und Pockels-Zellen
- akusto-optische Bragg-Zellen
Optische Elemente
- ebene Spiegel, dielektrische u. metallbedampfte Hohlspiegel
- Linsen, Zylinderlinsen
- Achromate, Objektive
- Strahlteiler
- Filter
- Polarisatoren
- Verzögerungsplatten, $\lambda/2$- und $\lambda/4$-Platten
Lichtwellenleiter
- Monomode-Fasern
- Multimode-Fasern
- Faserbündel
- Ein- und Auskoppler für Fasern

Tabelle 3.2: Auswahl laseroptischer Detektoren

integrale Detektoren	Si-Photodioden, mit Verstärker Avalalanche-Photodioden Fotomultiplier
flächige Detektoren	positionsempfindliche Detektoren 4-Quadranten-Detektoren
Zeilen	CCDs [*] mit 500-2000 Elementen
Flächen	CCDs [*] z.B. 1024x1024 Elemente Vidicon
Bildverstärker	Micro/Channel Plate

[*] CCD = $\underline{C}$harge $\underline{C}$oupled $\underline{D}$evice = Kamera mit Halbleiter-Bildelementen

3.4 Meßverfahren der Fahrzeug-Aerodynamik

3.4.1 Fahrzeug-Querschnittsflächenvermessung

3.4.1.1 Aerodynamische Größen

Die aerodynamische Güte eines Fahrzeugs wird durch den Luftwiderstands-
beiwert c_W

$$c_W = \frac{W}{A\frac{\rho}{2}v_F^2} \quad . \tag{3.6}$$

beschrieben. W ist der wirksame Luftwiderstand, A die Querschnittsfläche des
Fahrzeugs, ρ die Dichte der Luft und v_F die Fahrzeuggeschwindigkeit.

Bei Messungen im Windkanal wird die wirksame Luftwiderstandskraft W mittels
einer speziellen Waage in Abhängigkeit von dem am angeströmten Fahrzeug
entstehenden Staudruck $(\rho/2)v_F^2$ ermittelt. v_F entspricht hier der Strömungsgeschwindigkeit der Luft.

Die Querschnittsfläche A des realen Fahrzeuges ist nach einem der nachfolgend
beschriebenen Verfahren zu bestimmen. Sie ergibt sich aus der Parallelprojektion
des Fahrzeuges als Schattenprofil auf eine senkrecht zur Standfläche und senkrecht
zur Fahrzeuglängsachse ausgerichteten Projektionsebene. Die Einhüllende dieser
Querschnittsfläche setzt sich dabei aus Punkten zusammen, die zu verschiedenen
Querschnittsebenen des Fahrzeuges gehören.

3.4.1.2 Schattenverfahren

Wie Abb. 3.15 verdeutlicht, hat man früher, vor Einführung der Lasertechnik, in einer Art Schattenverfahren, vgl. Abschn. 3.2.7, mit einem annähernd als Punktlichtquelle wirkenden Scheinwerfer aus einer Meßentfernung a von typisch 200 m das zu vermessende Fahrzeug in Richtung seiner Längsachse ausgeleuchtet, so daß auf der direkt hinter dem Fahrzeug stehenden Projektionswand die Querschnittsfläche als Schattenriß entstand. Dieser Schattenriß wurde manuell auf eine Zeichenfolie übertragen und anschließend die Fläche mit einem automatischen Planimeter vermessen. Tageslicht störte natürlich.

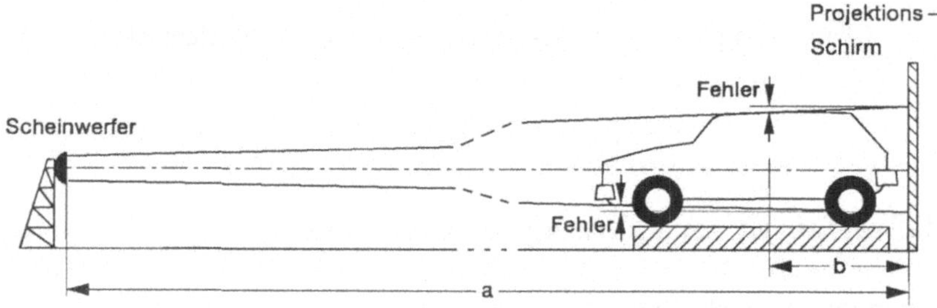

Abb. 3.15: Anordnung zur Vermessung der Querschnittsfläche nach einem Schattenverfahren

Wegen der nahezu punktförmigen Lichtquelle ist das verwendete Lichtbündel leicht divergent. Alle auf der Projektionswand gemessenen Längen mußten deshalb um den systematischen Fehler $a/(a\text{-}b)$ korrigiert werden, vgl. Abb. 3.15.

3.4.1.3 Laser-Reflexions-Meßverfahren zur Konturabtastung

__Prinzip__
Mit dem Laser-Reflexions-Meßverfahren erfaßt man die Querschnittsfläche eines Fahrzeugs durch definierte Konturabtastung mittels eines geführten Laserlichtbündels. Wie in Abb. 3.16 dargestellt, werden dazu die retroreflektierenden Eigenschaften eines speziellen Projektionsschirmes genutzt, der das vom Laser ausgesandte Lichtbündel in seine Einfallsrichtung zurückwirft. Lasersender und Laserlichtdetektor sind gemeinsam in einem Meßkopf angeordnet, der mit einer zweidimensionalen Traversiervorrichtung mit einer Genauigkeit von $\pm 0{,}01$ mm in der y-z - Ebene geführt wird. Die Fahrzeuglängsachse wird parallel zur Zielachse des Meßkopfes, vgl. Abb. 3.17, ausgerichtet. Bei der Abtastung wird der Laserstrahl so geregelt geführt, daß er durch die Fahrzeugkontur teilweise verdeckt wird.

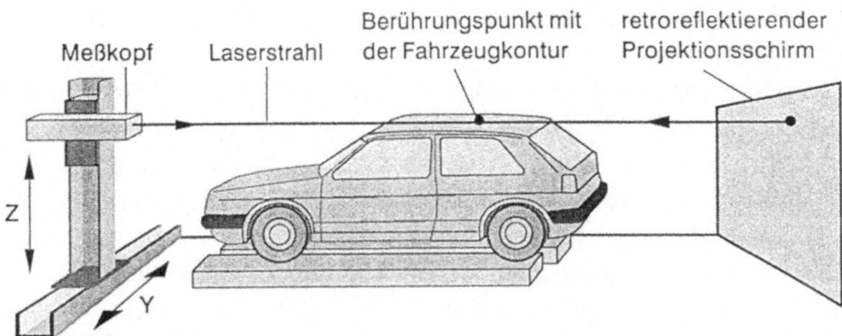

Abb. 3.16: Prinzip des Laser-Reflexions-Meßverfahrens zur Konturbestimmung

Aus einer kontinuierlichen Bewertung der vom Meßkopf erfaßten Laserlicht-
intensität wird nach einem definierten Antastkriterium die Kontur des Fahrzeugs
vollautomatisch bestimmt.

Meßkopf

In Abb. 3.17 sind schematisch links der Meßkopf und rechts der Objektraum
zwischen dem Meßkopf und der retroreflektierenden Wand stark verkürzt
dargestellt.

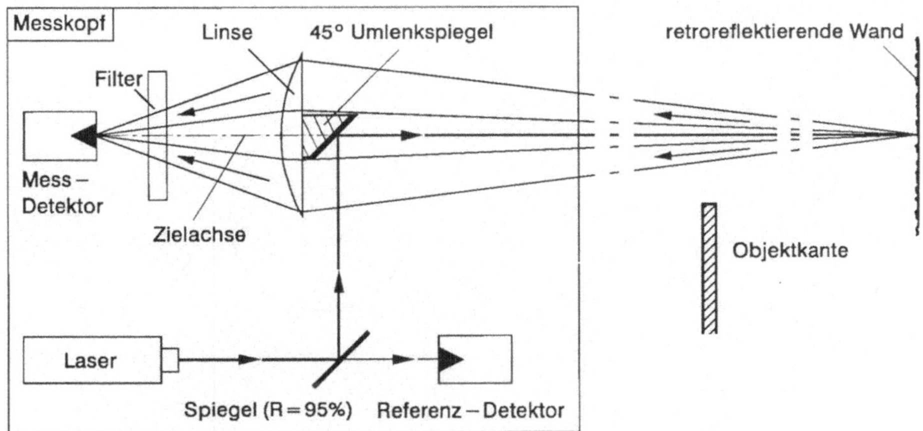

Abb. 3.17: Meßkopf des Laser-Reflexionsverfahrens

Ein He-Ne-Laser mit einer Ausgangsleistung von 1,5 mW sendet ein Lichtbündel mit einer Lichtbündelaufweitung von kleiner als ± 30 µrad aus, das mit einem nachfolgenden telezentrischen Linsensystem so fokussiert wird, daß sein Durchmesser über eine Entfernung von etwa 1,5 Fahrzeuglängen (d.h. ca. 8 m) kleiner als 5 mm ist. Über einen teildurchlässigen Umlenkspiegel (Reflexionsgrad $R = 0,95$) und einen kleinen, elliptischen Umlenkspiegel auf einem unter 45° schräg-angeschnittenen Zylinder geringen Durchmessers, der mittig auf die Linse aufgeklebt ist, wird das Laserlichtbündel in Richtung der retroreflektierenden Wand längs der Zielachse der Empfängeroptik eingespiegelt. Die Zielachse ist durch die Mitte der Objektivlinse und den Empfindlichkeitsschwerpunkt des Meß-Detektors (Fotodiode) aufgespannt. Das reflektierte, in sich zurückgeworfene Laserlicht wird über den Ringbereich der Linse (ringförmige Eintrittspupille) auf den Meß-Detektor abgebildet und gemessen. Mit einem schmalbandigen Interferenzfilter vor dem Meß-Detektor, das auf die Frequenz des Laserlichtes abgestimmt ist, hält man das Tageslicht vom Meß-Detektor fern und kann so bei Tageslicht arbeiten. Das vom teildurchlässigen Umlenkspiegel noch durchgelassene Laserlicht wird mittels des Referenz-Detektors registriert, um die Strahlungsenergie des Lasers überwachen zu können.

Abschatten der Eintrittspupille

Abb. 3.18 zeigt verschiedene Phasen des Schattenwurfs bei Eintritt des Objekts in den Strahlengang (vgl. Abb. 3.17). Das reflektierte Licht tritt durch die ringförmige Eintrittspupille.

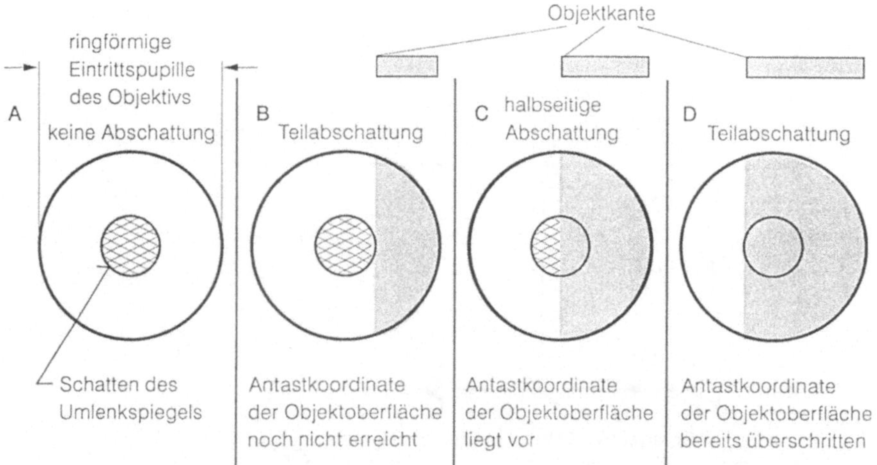

Abb. 3.18: Abschatten der Eintrittspupille. Die Teilbilder *A-D* zeigen verschiedene Lagen des Laserstrahls (Mitte) relativ zur Fahrzeugkontur.

Wenn die Eintrittspupille nicht durch das Objekt abgeschattet wird, ist der Fotodiodenstrom konstant und wird auf 100 % normiert, vgl. Teilbild *A*. In Teilbild *B*
berührt das Laserlichtbündel gerade die Fahrzeugkontur, die Eintrittspupille wird
fast zur Hälfte abgeschattet, das beleuchtende Laserlichtbündel jedoch noch nicht.
Bei weiterer Annäherung (Teilbild *C*) streift die Achse des Laserlichtbündels gerade
die Fahrzeugkontur. Dann ist die ringförmige Eintrittspupille zur Hälfte
abgeschattet, das beleuchtende Laserlichtbündel ebenfalls; der Fotodiodenstrom
beträgt 25 % seines Maximalwertes. In Teilbild *D* wird das Laserlichtbündel total
abgeblendet, der Fotodiodenstrom ist nahezu Null, obwohl die Eintrittspupille noch
nicht ganz abgeschattet ist.

Fotodetektorstrom als Meßgröße

Abb. 3.19 zeigt den so erhaltenen, normierten Fotodetektorstrom als Funktion der
Lage der Objektkontur relativ zur optimalen Zielachse, Lage *0* entspricht Teilbild *C*
in Abb. 3.18.

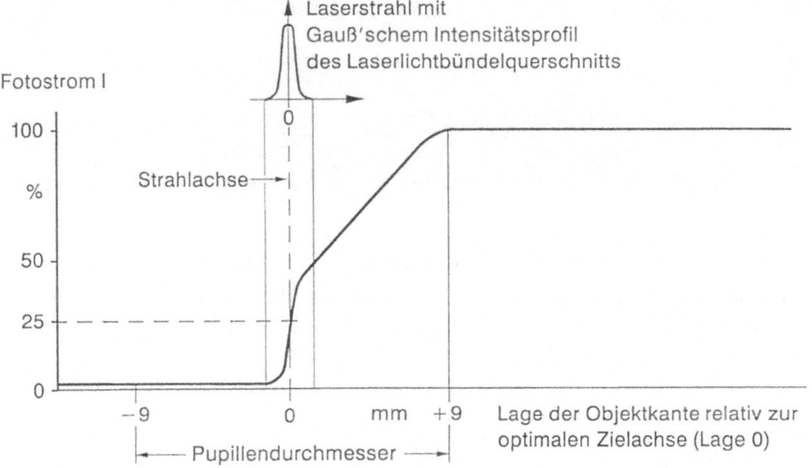

Abb. 3.19: Normierter Fotostrom in Prozent als Funktion der Lage der Objektkante

Von der Position *0* aus ergeben geringe Verschiebungen des Objekts relativ zur
Laserlichtbündelachse große Änderungen des Detektorstroms. Das wird zur
Regelung der Abtastung ausgenutzt, wobei der Meßkopf sinusförmig um die Lage
mit dem Sollwert des Fotostroms von 25 % bewegt wird. Wegen der Rotations-
symmetrie von Laserlichtbündel und Eintrittspupille ist die Richtung der
Annäherung an die Fahrzeugkontur ohne Einfluß auf die in Abb. 3.19 gezeigte
Charakteristik des Detektorstroms. Der Fehler der Flächenmessung beträgt 10^{-3}.

Ansicht des Meßsystems

Abb. 3.20 zeigt ein Foto des Meßsystems. Der Meßkopf ist an der vertikalen
Traversiersäule der 2D-Meßmaschine befestigt.

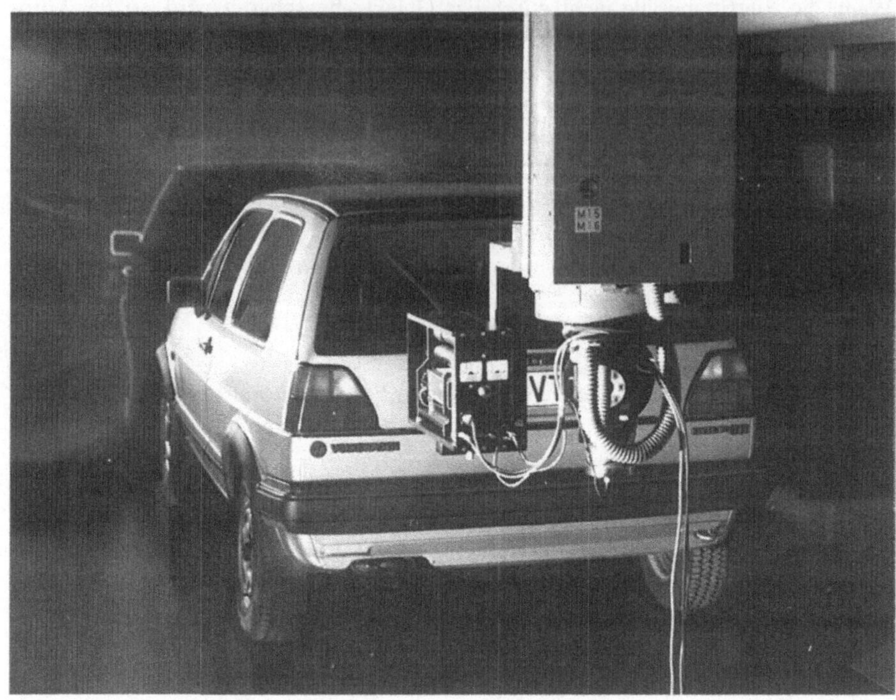

Abb. 3.20: Ansicht des Laser-Reflexions-Meßgerätes zur Querschnittsmessung, hier aufgenommen in Langzeitbelichtung, so daß ein Ausschnitt der Querschnittskontur eines Fahrzeugs hinten auf der Reflexionswand sichtbar wird (Volkswagen AG)

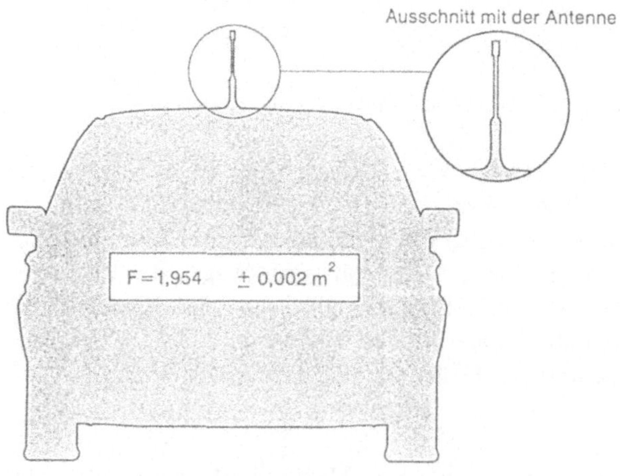

Abb. 3.21: Querschnittsfläche eines Fahrzeugs

Meßergebnis
Abb. 3.21 zeigt als ein Meßergebnis die Größe der Querschnittsfläche F eines
Fahrzeugs mit dem zugehörigen Fehler.

3.4.2 Laser-Lichtschnittverfahren zur Strömungsmessung

3.4.2.1 Laserlichtschnitt

Ein Lichtschnitt ist eine ebene Fläche im Raum, die durch ein einseitig
aufgeweitetes, flaches Lichtbündel tangential beleuchtet wird.

Eine Anordnung der optischen Komponenten zur Erzeugung eines Lichtschnittes
zeigt schematisch Abb. 3.22.

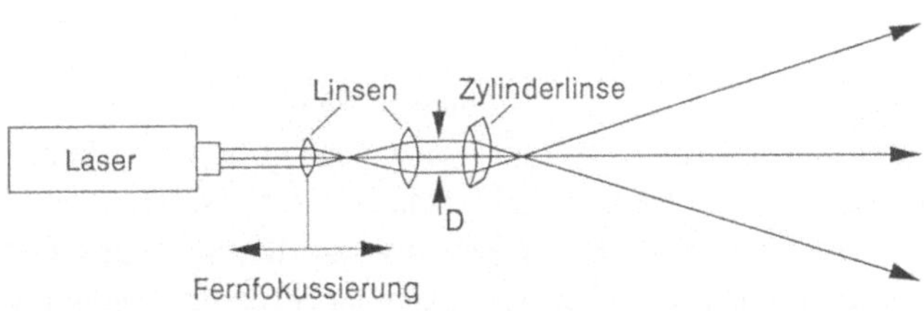

Abb. 3.22: Schema der optischen Anordnung zur Erzeugung eines Laser-Lichtschnittes

Das Laserlichtbündel wird mittels zweier Linsen unterschiedlicher Brennweite auf
den Durchmesser D verbreitert und dann mittels der Zylinderlinse in eine ebene
Fläche in einer Raumrichtung auseinandergezogen. Durch Drehung der Zylinderlinse wird die Orientierung der Lichtebene eingestellt. Die Schichtdicke ist im
Nahbereich durch die Aufweitung des Lichtbündels auf den Durchmesser D
bestimmt. Die beiden sphärischen Linsen bilden ein telezentrisches Linsensystem
und erlauben die Einstellung der Divergenz des Lichtbündels durch Verschieben des
Linsenabstandes und damit die Einstellung der Schichtdicke im Fernbereich.

Abb. 3.23 bietet eine Ansicht einer vielseitig einsetzbaren Laser-Lichtschnitt-
anordnung mit über Lichtleiter angeschlossenem Zoomobjektiv. Alle optischen
Komponenten sind in einem Tubus zusammengefaßt, der mit dem Laser fest
verschraubt ist. So ergibt sich eine kompakte optische Einheit, die rasch
betriebsbereit aufgebaut werden kann.

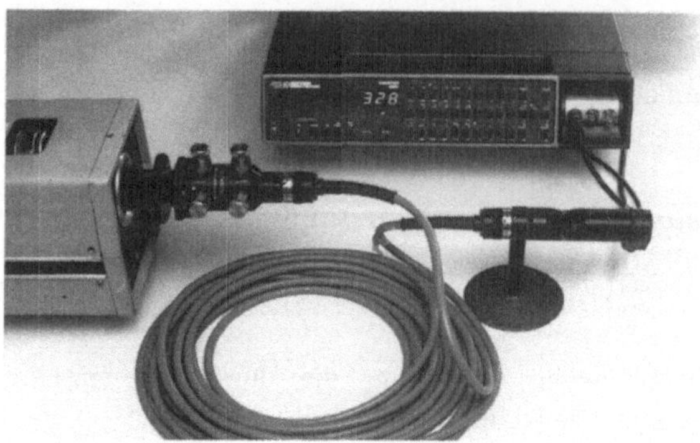

Abb. 3.23:   Ansicht einer kompakten optischen Einrichtung für die Laser-Lichtschnitt-erzeugung

3.4.2.2 Versuchsanordnung

Den prinzipiellen Aufbau beim Einsatz im Windkanal zeigt Abb. 3.24. Das Fahrzeug wird von vorne angeblasen. Der anströmenden Luft wird Rauch zugesetzt, der der Strömung folgt und im Laserlicht sichtbar wird. Mit Hilfe eines Lichtschnitts wird aus dem dreidimensionalen mit Rauch versetzten Strömungsfeld gezielt eine Ebene sichtbar gemacht, fotografiert und dann der Strömungsverlauf in dieser Ebene analysiert.

Der Laser kann außerhalb der Strömung stehen, wenn das Laserlicht mittels eines Spiegels in die ausgewählte Ebene gelenkt wird. Eine hohe Beleuchtungsstärke in der ausgewählten Ebene ermöglicht kurze Belichtungszeiten bei der fotografischen Registrierung, so daß auch Details der Turbulenz- und Wirbelstrukturen erkennbar werden.

Als Lichtquelle werden z.B. Argon-Ionen-Hochleistungslaser verwendet, die in mehreren Moden für verschiedene Wellenlängen Lichtleistungen zwischen 5 und 20 W ermöglichen. Für aerodynamische Strömungsmessungen im Windkanal sollten die Lichtleistungen bei ca. 20 W liegen, um eine ausreichend große Fläche ausleuchten zu können.

Für die verschiedenen Aufgabenstellungen werden unterschiedliche Lichtschnitte im Windkanal erzeugt. Drei sind in Abb. 3.25 schematisch dargestellt.

Laser und Aufweitungsoptik sind hier ortsfest außerhalb der Meßstrecke aufgebaut; durch Kippen eines kleinen Spiegels im Strahlengang hinter der Aufweitungsoptik kann zwischen den drei gezeigten Lichtschnittanordnungen umgeschaltet werden.

Für die Strömungssichtbarmachung in Längsrichtung, d.h. parallel zur Anströmung, verwendet man zwei zusätzliche Spiegel, einen ca. 3 m hinter dem Fahrzeug in der Strömung zur Beleuchtung der Heckpartie (Abb. 3.25 *A*), einen über der Düsen-öffnung zur Beleuchtung der Frontpartie (Abb. 3.25 *B*). Die Ausleuchtung einer Ebene quer zur Hauptströmungsrichtung ist in Abb. 3.25 *C* skizziert.

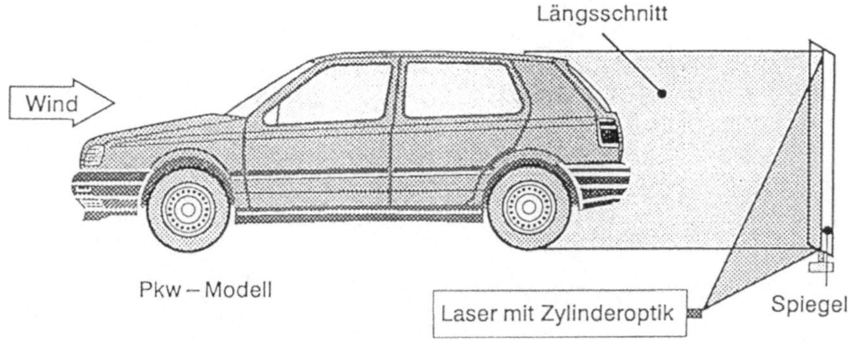

Abb. 3.24: Prinzip-Skizze des Aufbaus zur Strömungssichtbarmachung im Windkanal

Die beleuchtete Ebene kann visuell betrachtet werden, möglichst senkrecht zu der beleuchteten Ebene. Die Dokumentation der Ergebnisse erfolgt aber überwiegend fotografisch, sowohl auf Schwarz/Weiß- als auch auf Farbfilm. Zusätzlich können Szenen mit Filmkameras bzw. mit Videokameras oder CCD-Kameras aufgenommen werden. Oft tritt erst in der Bildfolge die lokale Dynamik von Wirbelstrukturen deutlich hervor.

Werden Rauchsonden zur Sichtbarmachung der Strömung verwendet, so kommen sowohl zeilenförmige Multisonden unterschiedlicher Größe für großflächige Untersuchungen als auch Einzelsonden zum Hervorheben besonders interessierender Stellen der Strömung zum Einsatz. Werden Einzelsonden von einem Meßroboter geführt, so kann die Sondenspitze als Rauchquelle sehr exakt in der Ebene des Lichtschnittes gehalten oder geführt werden. Die Erzeugung von Rauchstrukturen ausreichender Dichte ist eine wesentliche Voraussetzung für die Anwendung der Lichtschnitt-Technik und ist für die Qualität und Aussage der Strömungsbilder von ausschlaggebender Bedeutung. Bei der Ausleuchtung von Querebenen hinter Originalfahrzeugen oder 1:1-Modellen reicht - im Gegensatz zur Anwendung auf verkleinerte Modelle - die Rauchdichte oft nicht aus, so daß die charakteristischen Strömungsstrukturen auf Fotos nur schwer erkennbar sind, der visuelle Eindruck ist aber dann noch ausreichend.

Die Anströmgeschwindigkeit auf das Fahrzeug wird im allgemeinen zu 10-20 km/h für die 1:4- und 1:2,5-Modelle und zu 20-40 km/h für die Originalfahrzeuge und 1:1-Modelle gewählt. Bei diesen Windgeschwindigkeiten ist einerseits das Strömungsfeld schon voll ausgebildet, andererseits wird der Rauch noch nicht zu sehr zerblasen. Um eine möglichst gute Sichtbarkeit des Rauches zu gewährleisten, sollte die Luft im Windkanal auf 17 °C abgekühlt werden.

Eine weitere Möglichkeit der Strömungssichtbarmachung besteht darin, dem Luftstrom statt Rauch kleine, mit Helium gefüllte Seifenblasen beizumengen.

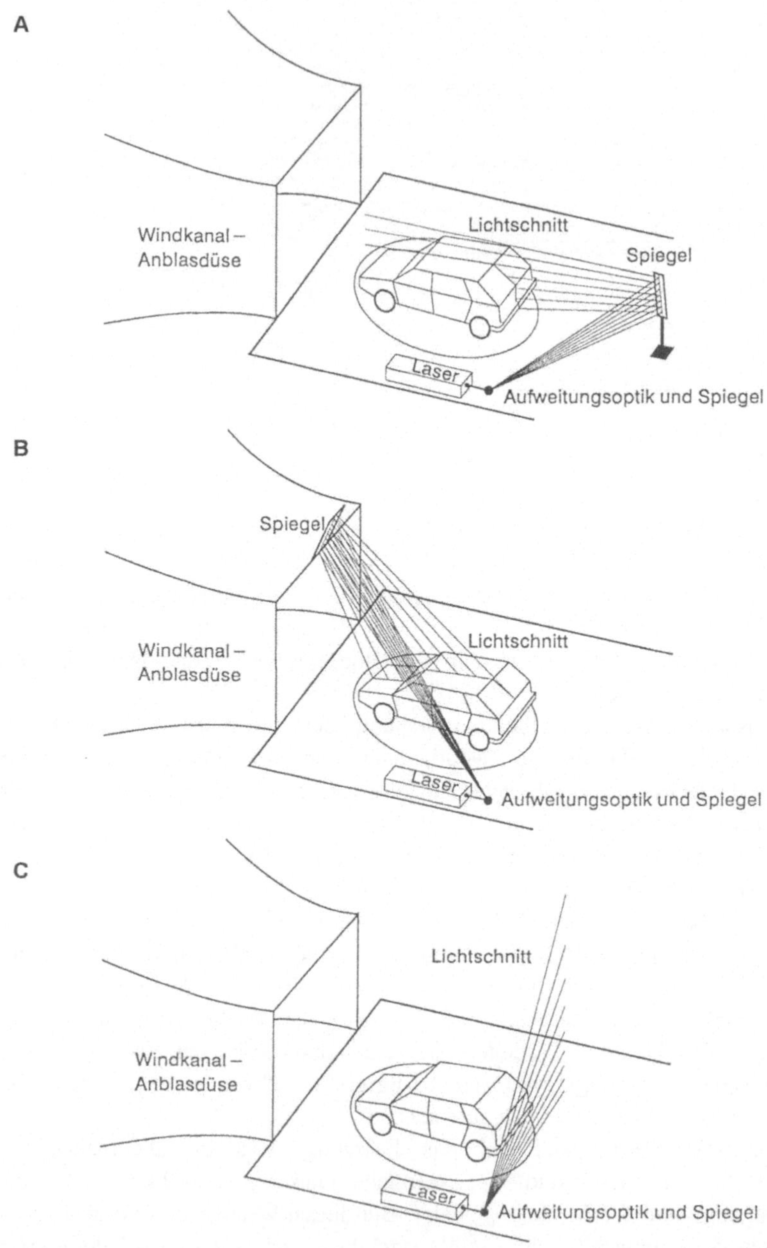

Abb. 3.25: Drei Anordnungen für Laser-Lichtschnitt-Aufnahmen im Windkanal. Teilbilder *A-C*: Längsschnitt von hinten, Längsschnitt von vorn oben und Querschnitt im Nachlauf der Strömung

3.4.2.3 Ergebnisse

In der Praxis werden mit dieser Methode viele Detailerkenntnisse über das Strömungsverhalten gewonnen. Beispiele sind zwei Aufnahmen an einer Fahrzeug-Designstudie. Hier wurde der Einfluß der Heckunterkante auf die Ausdehnung des Nachlaufgebietes untersucht. Die Abb. 3.26 zeigt, wie durch eine geringfügige Änderung der unteren hinteren Abströmkante die Nachlaufströmung verändert wird.

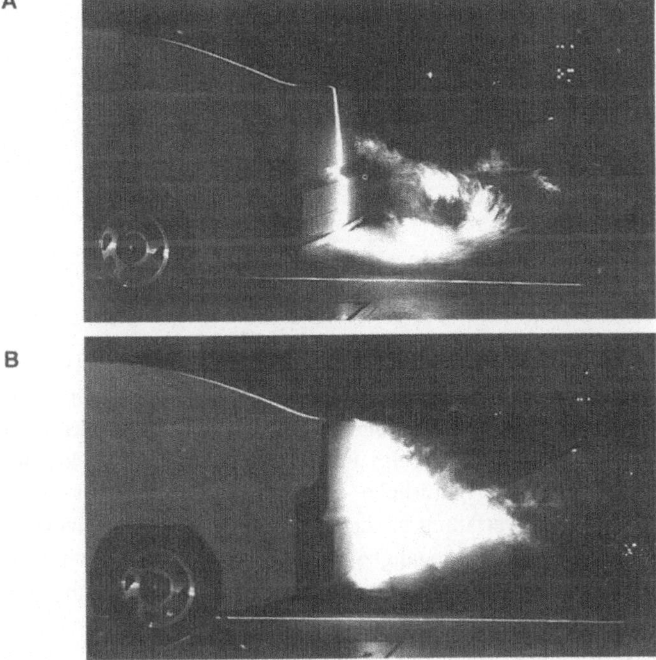

Abb. 3.26: Einfluß der hinteren unteren Abströmkante auf die Ausbildung des Nachlaufes bei einer Designstudie.

A : Heckunterkante zu tief $\rightarrow$ großes Totwasser

B : Heckunterkante hochgezogen $\rightarrow$ kleines Totwasser

Im oberen Teilbild ist die Heckunterkante zu tief, der untere Abströmwirbel wird nach unten gedrückt und vergrößert das Totwasser. Im unteren Teilbild ist die Heckunterkante nach oben gezogen; im Gegensatz zum oberen Teilbild wird hier der Rauch ins Totwasser eingeblasen. Man erkennt, daß der untere Abströmwirbel nach oben gezogen wird, was zu einer deutlichen Verkleinerung des Totwassers und damit des c_W-Wertes führt.

    Ein weiteres Beispiel ist die in Abb. 3.27 dargestellte Längsströmung an einem Fahrzeug.

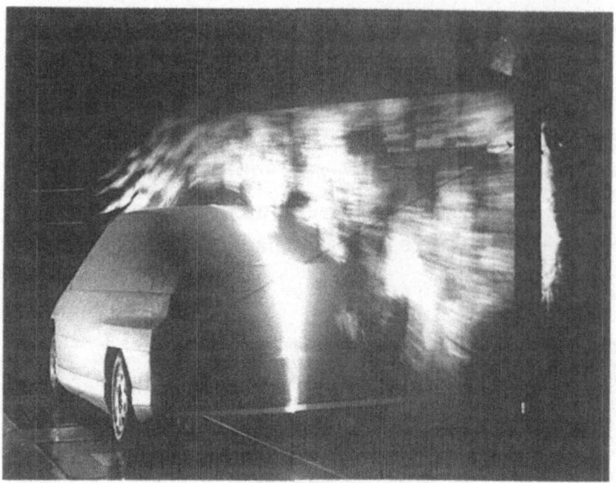

Abb. 3.27: Strömungsverlauf im Längsschnitt

3.4.3 Laser-Doppler-Anemometrie (LDA) zur Messung der lokalen Strömungsgeschwindigkeit

Die Laser-Doppler-Anemometrie (LDA) beruht darauf, daß kohärente Lichtwellen, die von bewegten Teilchen oder Objekten gestreut werden, eine Doppler-Verschiebung aufweisen und somit Informationen über die Geschwindigkeit der bewegten Teilchen oder Objekte enthalten. Im Falle einer Luftströmung können suspendierte Teilchen, Tröpfchen, natürliche Verunreinigungen, aber auch mitgeführte Bläschen für das Meßverfahren genutzt werden. Sind die Streuzentren hinreichend klein, so kann davon ausgegangen werden, daß durch die Laser-beleuchtung keine Rückwirkung auf die Strömung eintritt und aufgrund des ausreichenden Folgevermögens der Partikel in einer Strömung die Strömungs-geschwindigkeit richtig bestimmt wird.

3.4.3.1 Dopplereffekt

Der für die Laser-Doppler-Anemometrie (wie auch für das Laser-Vibrometer, vgl. Abschn. 3.6.2) benutzte Dopplereffekt der Wellenausbreitung (Ch. Doppler, 1842) tritt bei jeder Art von Wellen auf, falls sich Beobachter und Quelle gegeneinander bewegen.

Der Dopplereffekt in der Akustik ist wohlbekannt. Bewegt sich z.B. ein Beobachter relativ zum Medium (z.B. Luft) auf eine (darin ruhende) Schallquelle zu, dann treffen je Zeiteinheit mehr Wellenlängen bei ihm ein, als wenn er ruht, da er den Wellen "entgegengeht". Bewegt er sich von der Quelle weg, dann treffen weniger Wellenlängen bei ihm ein. Er hört im ersten Fall einen höheren Ton, im zweiten Fall einen tieferen als im Fall der Ruhe. Der akustische Dopplereffekt zeigt bei bewegtem Beobachter ein etwas anderes Ergebnis als bei bewegter Quelle.

Für die Optik hängt der Dopplereffekt nach der Relativitätstheorie von der Relativbewegung von Beobachter und Lichtquelle ab. Als Medium sei hier Vakuum als Grenzfall für die Ausbreitung in Luft angenommen.

Das Licht einer mit der Relativgeschwindigkeit $\vec{v}$ gegen den Beobachter bewegten Lichtquelle treffe bei diesem ein. Der Beobachter registriert dann Licht der Frequenz v, die mit der Frequenz v_0 der Lichtquelle durch die Beziehung

$$v = v_0 \frac{\sqrt{1 - \left(\frac{v}{c_0}\right)^2}}{\sqrt{1 - \frac{\vec{s}\vec{v}}{c_0}}} \tag{3.7}$$

verknüpft ist, wobei $\vec{s}$ den Einheitsvektor der Strahlrichtung von der Lichtquelle zum Beobachter bedeutet (c_0 ist wieder die Vakuum-Lichtgeschwindigkeit).

Für geringe Geschwindigkeiten $\vec{v}$ mit

$$|\vec{v}| << c_0 \tag{3.8}$$

gilt

$$v \approx \frac{v_0}{\sqrt{1 - \frac{\vec{s}\vec{v}}{c_0}}} \tag{3.9}$$

und bei Reihenentwicklung des Wurzelausdruckes und linearer Näherung (Vernachlässigung höherer Terme)

$$v \approx \frac{v_0}{1 - \frac{\vec{s}\vec{v}}{c_0}} \quad . \tag{3.10}$$

Mit der bekannten Reihenentwicklung für $|x| < 1$,

$$\frac{1}{1-x} = 1 + x + x^2 + \dots \quad , \tag{3.11}$$

erhält man in weiterer Näherung den linearen, longitudinalen Dopplereffekt

$$v = v_0 \left(1 + \frac{\vec{s}\vec{v}}{c_0}\right) \quad . \tag{3.12}$$

3.4.3.2 Lichtstreuung am bewegten Teilchen

Bei einer Lichtwelle, die - wie in Abb. 3.28 gezeigt - von der ruhenden Lichtquelle
L ausgeht, dann von einem bewegten Teilchen P (oder einem Punkt P auf der
reflektierenden Oberfläche eines sich bewegenden Objekts) reflektiert und
schließlich mit einem ruhenden Fotodetektor D empfangen wird, sind zwei
Dopplereffekte zu berücksichtigen.

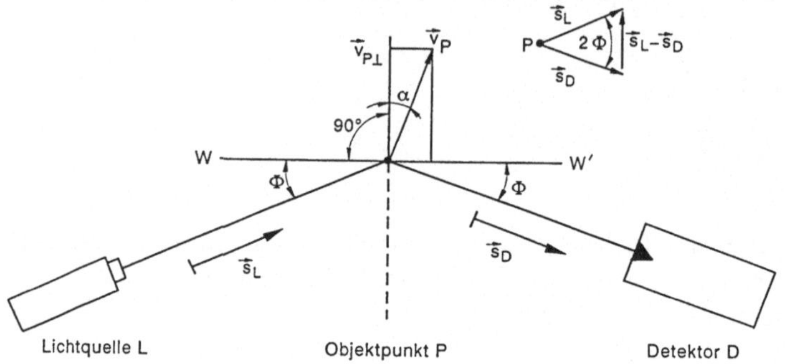

Abb. 3.28: Dopplereffekt an einem bewegten Teilchen

Beim ersten Dopplereffekt ist die Lichtquelle L mit der Frequenz $\nu = \nu_L$ der Sender
und P der Empfänger. Bewegt sich das Teilchen P mit der Geschwindigkeit $\vec{v}_P$ von
der Lichtquelle weg, so empfängt es nach (3.12) Licht der Frequenz ν_P

$$\nu_P \approx \nu_L\left(1 - \frac{\vec{s}_L \cdot \vec{v}_P}{c_0}\right) \; , \qquad (3.13)$$

wobei sich - anders als bei (3.12) - der Empfänger statt der Quelle bewegt und
dadurch das Vorzeichen umgekehrt ist. $\vec{s}_L$ bezeichnet den Einheitsvektor der
Strahlrichtung von der Lichtquelle L zum Teilchen P.

Beim zweiten Dopplereffekt, d.h. bei der Reflexion, wird P zum Sender und der
Fotodetektor D zum Empfänger. Dieser empfängt aufgrund des zweiten Doppler-
effekts nach (3.12) Licht der Frequenz

$$\nu_D \approx \nu_P\left(1 + \frac{\vec{s}_D \cdot \vec{v}_P}{c_0}\right) \; , \qquad (3.14)$$

wobei $\vec{s}_D$ der Einheitsvektor der Strahlrichtung vom Teilchen P zum Fotodetektor
D ist.

Der zweimalige Dopplereffekt ergibt nach (3.13) und (3.14) für ν_D:

$$\nu_D \approx \nu_L \left(1 + \frac{\vec{s}_D \cdot \vec{v}_P}{c_0}\right)\left(1 - \frac{\vec{s}_L \cdot \vec{v}_P}{c_0}\right)$$

$$= \nu_L \left(1 + \frac{\vec{v}_P \cdot (\vec{s}_D - \vec{s}_L)}{c_0} - \frac{(\vec{s}_D \cdot \vec{v}_P)(\vec{s}_L \cdot \vec{v}_P)}{c_0{}^2}\right) \quad . \tag{3.15}$$

Der dritte Term entfällt bei der hier betrachteten linearen Näherung, vgl. (3.9 und 3.10), so daß man damit

$$\nu_D \approx \nu_L \left(1 + \frac{1}{c_0} \vec{v}_P \cdot \left[\vec{s}_D - \vec{s}_L\right]\right) \tag{3.16}$$

erhält.

Die gesamte Dopplerverschiebung $\Delta \nu$ ist dann

$$\Delta \nu = \nu_D - \nu_L \approx \nu_L \frac{1}{c_0} \vec{v}_P \cdot (\vec{s}_D - \vec{s}_L) \quad . \tag{3.17}$$

Der Differenzvektor $\vec{s}_D - \vec{s}_L$ steht parallel zur Winkelhalbierenden WW' der beiden Strahlen, vgl. Abb. 3.28. Deshalb führt nur die Komponente $\vec{v}_{P\perp}$ der Teilchenbewegung $\vec{v}_P$, die senkrecht zu WW' ist, zu einem Dopplereffekt. Man entnimmt der Darstellung in Abb. 3.28

$$\left|\vec{s}_D - \vec{s}_L\right| = 2 \sin \Phi \quad , \tag{3.18}$$

wobei 2Φ der Winkel zwischen Beleuchtungs- und Beobachtungsstrahl ist. Damit wird aus dem Skalarprodukt in (3.17)

$$\vec{v}_{P\perp} \cdot (\vec{s}_D - \vec{s}_L) = v_P \cos \alpha \cdot 2 \sin \Phi \quad . \tag{3.19}$$

Mit (3.17) ergibt sich daraus die Dopplerverschiebung

$$\Delta \nu \approx \nu_L \frac{2}{c_0} v_P \cos \alpha \sin \Phi = \frac{2}{\lambda_L} v_{P\perp} \sin \Phi \tag{3.20}$$

Die senkrechte Komponente der Geschwindigkeit des Partikels $\vec{v}_{P\perp}$ und der Ablenkwinkel 2Φ zwischen dem Beleuchtungsstrahl $\overline{LP}$ und dem Beobachtungsstrahl $\overline{PD}$ bestimmen also die Gesamt-Dopplerverschiebung.

3.4.3.3 Interferenzstreifenverfahren

Wegen der hohen, nicht ohne weiteres meßbaren Laserlichtfrequenz wird bei der Laser-Doppler-Anemometrie eine Interferenzerscheinung ausgenutzt, indem man das Teilchen mit zwei zueinander kohärenten Lichtwellen aus etwas unterschiedlichen Richtungen beleuchtet. Dann treten an dem Detektor zwei reflektierte Lichtwellen mit Dopplerverschiebungen Δv_1 und Δv_2 auf. Durch Überlagerung erhält man eine Interferenz, so daß die Differenzfrequenz $\Delta v_2 - \Delta v_1$ im Intensitätssignal des Detektors meßbar ist.

Zur Durchführung wird meist der Lichtstrahl eines Lasers durch eine geeignete Strahlteilungsoptik in zwei Teilstrahlen aufgespalten. Die beiden Teilstrahlen werden mit einer Konvexlinse fokussiert und im Meßvolumen zum Schnitt gebracht. Dort bildet sich bereits ein Interferenzstreifensystem aus, wie Abb. 3.29 verdeutlicht. Die Strömungsrichtung ist hier im Bild senkrecht zum Streifensystem.

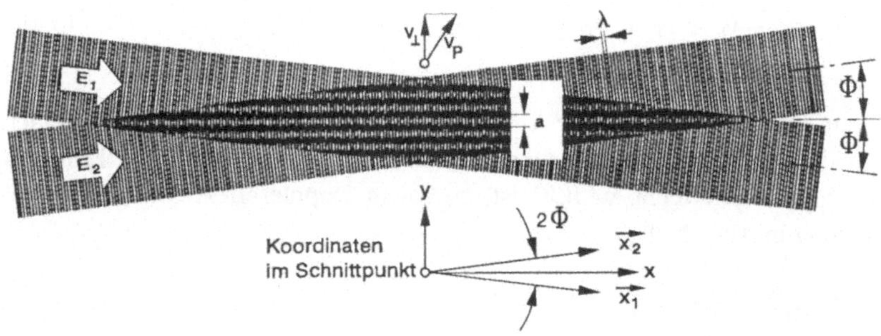

Abb. 3.29: Laser-Doppler-Anemometrie nach dem Interferenzstreifenmodell

Den Abstand a der Interferenzstreifen kann man aus Abb. 3.29 entnehmen:

$$a = \frac{\lambda}{2 \sin \Phi} \ . \tag{3.21}$$

Zur analytischen Ableitung dieser Gleichung betrachtet man die Überlagerung zweier in x_1- bzw. x_2-Richtung fortschreitender, ebener Wellen gleicher Frequenz ω und Amplitude E_0 ohne gegenseitige Phasenverschiebung.

$$E_1 = E_0 \sin\left(\omega t - k |\vec{x}_1|\right) \tag{3.22}$$

und

$$E_2 = E_0 \sin\left(\omega t - k |\vec{x}_2|\right) \tag{3.23}$$

mit $\omega = 2\pi v$ und $k = 2\pi / \lambda$ (vgl. Abb. 3.29). Im Überlagerungsbereich wird die dortige Interferenz (vgl. Abschn. 2.2.5.1) aus der Summe $E_1 + E_2$ bestimmt zu

$$E = E_1 + E_2 = 2E_0 \cos\left(\frac{k}{2}\left(|\vec{x}_2| - |\vec{x}_1|\right)\right) \sin\left(\omega t - \frac{k}{2}\left(|\vec{x}_2| + |\vec{x}_1|\right)\right) \quad , \qquad (3.24)$$

vgl. (2.39).

Die Intensität I berechnet sich aus dem Integral von E^2 über eine Periode $T = 2\pi / \omega = 1 / v$ zu

$$I = \frac{1}{Z}\frac{1}{T}\int_0^T E^2 dt \quad . \qquad (3.25)$$

Mit (3.24) erhält man

$$I = \frac{2}{Z}E_0{}^2 \cos^2\left(\frac{1}{2}\left(k|\vec{x}_2| - k|\vec{x}_1|\right)\right) \quad . \qquad (3.26)$$

Mit der Koordinatentransformation (vgl. Abb. 3.29)

$$|\vec{x}_1| = x\cos\Phi - y\sin\Phi \qquad (3.27)$$

und

$$|\vec{x}_2| = x\cos\Phi + y\sin\Phi \qquad (3.28)$$

erhält man

$$|\vec{x}_2| - |\vec{x}_1| = 2y\sin\Phi \quad , \qquad (3.29)$$

und aus (3.26) folgt

$$I = \frac{2}{Z}E_0{}^2 \cos^2(ky\,\sin\Phi) \qquad (3.30)$$

die Intensität weist also in y-Richtung eine Periodizität auf.

Intensitätsmaxima in (3.30) treten auf, wenn das Argument der Kosinusfunktion ein ganzes Vielfaches von π ist, also an den Stellen

$$y_m = \frac{m\pi}{k\,\sin\Phi} = \frac{m\lambda}{2\,\sin\Phi} \quad , m = 0, 1, 2, \ldots \quad . \qquad (3.31)$$

Der Abstand zweier benachbarter Interferenzmaxima beträgt dann

$$a = y_{m+1} - y_m = \frac{\lambda}{2 \, \sin \Phi} \, ,$$
(3.32)

was zu zeigen war, vgl. (3.21).

Teilchen in der Strömung passieren die Hell-Dunkel-Abschnitte im Abstand a (Interferenzstreifen) im Meßvolumen und streuen Licht. Ein Detektor empfängt so Streulichtfrequenzverschiebungen, die der Geschwindigkeitskomponente $v_\perp$ des Teilchens senkrecht zum Interferenzstreifenmuster proportional sind.

$$\Delta \nu_D = \frac{v_{P\perp}}{a} = v_{P\perp} \frac{2 \, \sin \Phi}{\lambda}$$
(3.33)

bzw.

$$v_{P\perp} = \frac{\Delta \nu_D \, \lambda}{2 \, \sin \Phi} \, .$$
(3.34)

Der Interferenzstreifenabstand a ist also eine wesentliche Kenngröße des LDA-Systems. Sind der (Halb)winkel Φ der sich überkreuzenden Laserstrahlen und die Wellenlänge λ des Laserlichts bekannt, so kann sehr einfach durch Messung der Signalfrequenz $\Delta \nu_D$ die Geschwindigkeit $v_{P\perp}$ direkt bestimmt werden. Die lineare Abhängigkeit der Geschwindigkeitsreferenzgröße, also der Frequenz $\Delta \nu_D$, von der Strömungsgeschwindigkeit $v_{P\perp}$ erweist sich in der Praxis als äußerst vorteilhaft und einfach.

Abb. 3.30 zeigt ein typisches LDA-Signal, wie es z.B. mit einem Speicheroszillographen registriert werden kann. Der einhüllende Kurvenverlauf wird durch die Gaußsche Intensitätsverteilung über den Laserstrahlquerschnitt bestimmt.

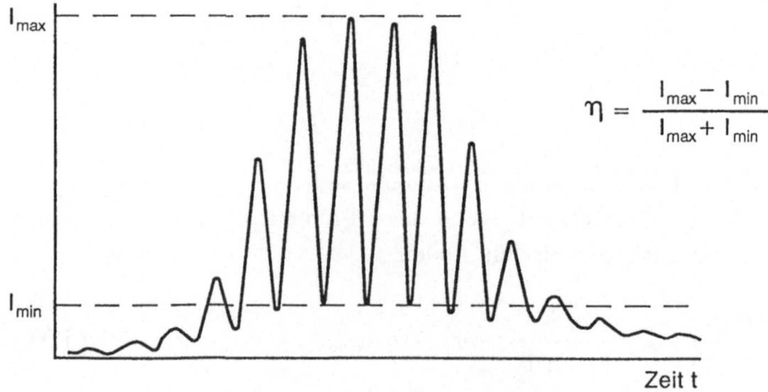

$$\eta = \frac{I_{max} - I_{min}}{I_{max} + I_{min}}$$

Abb. 3.30: Typisches LDA-Signal; Modulationstiefe η

Die im Englischen auch als "visibility" bezeichnete Größe η (Abb. 3.30) hängt von einer Vielzahl von Parametern ab. Als wichtigste Einflußgrößen seien hier nur die Teilchengröße, die Anzahl der Teilchen im Meßvolumen, der optische Systemaufbau und die Intensität des Hintergrundstreulichtes genannt.

Üblicherweise werden für die Laser-Doppler-Anemometrie Dauerstrichlaser im Bereich von einigen Milliwatt bis wenigen Watt Lichtleistung verwendet, die in einer bestimmten Mode arbeiten und damit eine Gaußsche Intensitätsverteilung über den Strahlquerschnitt aufweisen.

Die Fotodetektion des Streulichtsignals kann auf verschiedene Arten erfolgen. Es werden überwiegend Fotodioden oder Fotomultiplier verwendet, die entsprechend der Lichtleistungserfordernis und des erforderlichen Frequenzbereichs ausgewählt sind. Besondere Sorgfalt ist auf die Abbildung des Meßvolumens auf die Blende des Fotodetektors zu verwenden. Es muß sichergestellt werden, daß der Detektor nur Streulicht aus dem Überlagerungsbereich beider Laserstrahlen erhält. Die Auswahl des Blendendurchmessers vor der Öffnung des Fotodetektors kann unter Berücksichtigung der Linsenbrennweite und der Meßvolumengröße nach den Gesetzmäßigkeiten der geometrischen Optik (Abschn. 2.3) ermittelt werden.

Ein Laser-Doppler-Anemometer stellt also ein optisches Meßsystem zur lokalen, berührungslosen Geschwindigkeitsmessung in Gasen und Flüssigkeiten dar.

3.4.3.4 Anwendungsbeispiel

Die Laser-Doppler-Anemometrie wird in der Automobilmeßtechnik schwerpunktmäßig für Windkanaluntersuchungen und Untersuchungen der Motorströmung (vgl. Abschn. 3.5.5) eingesetzt.

Als Beispiel eines Meßergebnisses ist in Abb. 3.31 die Umströmung eines Fahrzeugs mit Geschwindigkeitsvektoren (Pfeile) dargestellt. Die Lage des oberen Pfeiles mit $v = 31{,}5$ m/s gibt die Anströmgeschwindigkeit an. Die Richtung der Pfeile entspricht der Strömungsrichtung, ihre Länge der Strömungsgeschwindigkeit.

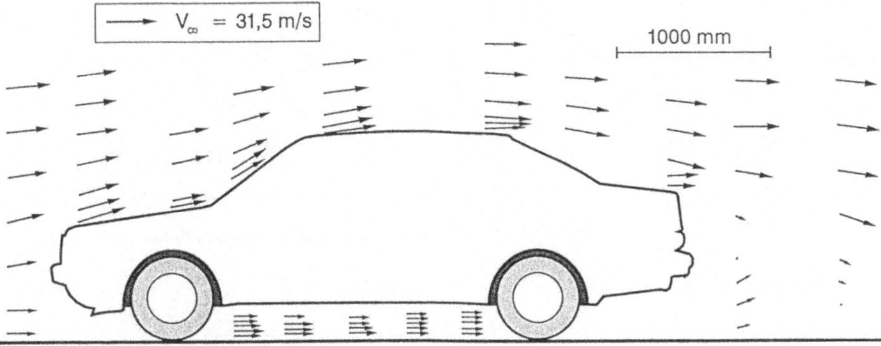

Abb 3.31: Ergebnisse einer Laser-Doppler-Anemometrie (LDA)-Messung. Stufenheckfahrzeug (Original) im Windkanal. Umströmung des Fahrzeugs im Längsmittelschnitt

3.5 Untersuchungen im Motorbrennraum

3.5.1 Einführung

Für die Optimierung der Arbeitsverfahren von Otto- und Dieselmotoren ist die genaue Kenntnis der im Brennraum ablaufenden Vorgänge hilfreich. Die besonderen Vorzüge optischer Verfahren bei der Untersuchung von Luftströmung, Gemischbildung und Entflammung im Brennraum sind, daß sie das Geschehen nicht beeinflussen und daß man einen unmittelbaren, bildhaften Eindruck von den Verhältnissen im Brennraum erhält. Außerdem können die Zustandsgrößen in Abhängigkeit vom Ort im Brennraum und vom Zeitpunkt im Verbrennungszyklus mit hoher Auflösung gemessen werden.

Die Anwendung laseroptischer Meßtechniken einschließlich spektroskopischer Verfahren für Untersuchungen im Motorbrennraum erlaubt insbesondere die

- qualitative Darstellung der Strömungsverteilung,
- quantitative punktweise Bestimmung der Strömungsgeschwindigkeit,
- Sichtbarmachung von Einspritzstrahlen und deren Ausbreitung,
- Beobachtung der Wechselwirkung von Grundströmung und Entflammung,
- Sichtbarmachung der Flammenausbreitung und der Flammenfrontstruktur,
- Bestimmung der lokalen Temperaturen,
- Bestimmung der lokalen Konzentration von Abgaskomponenten.

3.5.2 Optischer Zugang zum Motorbrennraum

Der Einsatz optischer Meßverfahren im Verbrennungsmotor erfordert optische Fenster zum Brennraum. Sie befinden sich je nach Art des Meßverfahrens seitlich in der Zylinderwand, oberhalb im Zylinderkopf oder unterhalb im Kolben, vgl. Abb. 3.32. Die Fenster können einzeln oder kombiniert verwendet werden.

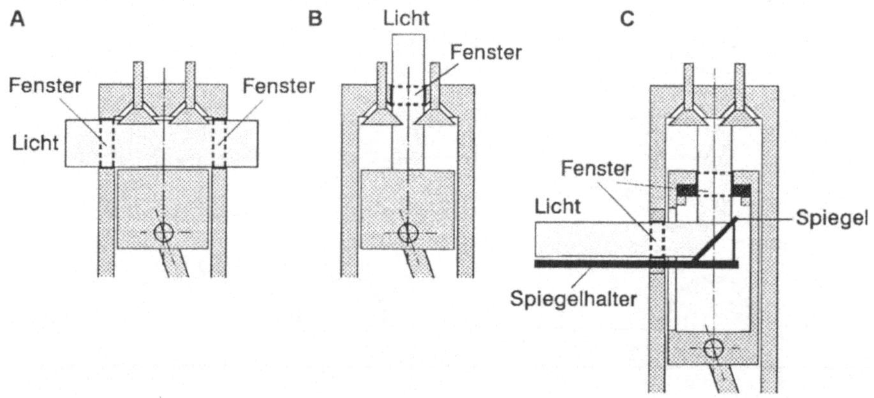

Abb. 3.32: Optischer Zugang zum Brennraum durch Fenster in der Zylinderwand (*A*), im Zylinderkopf (*B*) und im Kolben (*C*)

Ein Fenster im Kolbenboden erlaubt zu allen Zeiten des Verbrennungszyklus einen großflächigen optischen Zugang zum Brennraum, ohne daß in dem für Strömung und Verbrennung empfindlichen Bereich des Zylinderkopfes Änderungen erfolgen müssen. Es erfordert eine Verlängerung des Kolbens und des Zylinders. Der Kolben mit verlängertem Schaft enthält seitlich eine Langloch-Öffnung, durch die ein ortsfester Spiegel in den Raum unterhalb des Kolbenfensters hineinragt. Der um 45° geneigte Spiegel lenkt den Strahlengang um 90° um, so daß die Vorgänge oberhalb des Kolbenbodenfensters durch ein Loch in der Zylinderwand beobachtet werden können.

Die anderen Komponenten des Triebwerks können ihre Abmessungen beibehalten (Pleuellänge, Kurbelwellenhub). Der Kolben muß ein starkes Glasfenster (20 bis 30 mm) sowie dessen Befestigung aufnehmen, so daß die oszillierende Masse erhöht wird.

Abb. 3.33 zeigt eine Ansicht eines solchen Transparentmotors auf der Basis eines Vierzylinder-Serienmotors. Er kann auf einem konventionellen Motorprüfstand betrieben werden.

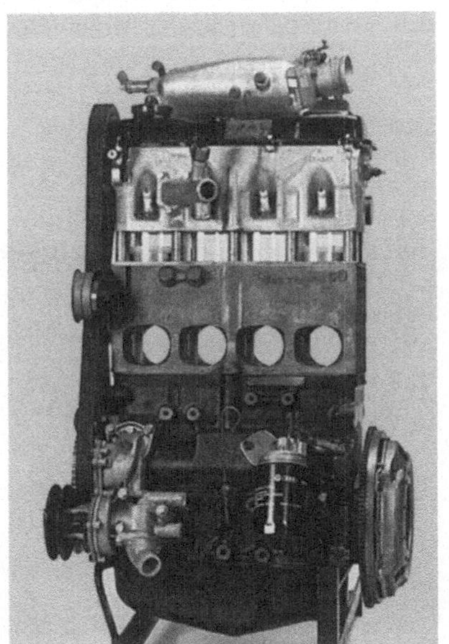

Abb. 3.33: Transparentmotor als Vierzylindermotor (Volkswagen AG)

3.5.3 Anwendung des Laser-Lichtschnitt-Verfahrens

Für die Sichtbarmachung von Einströmvorgängen im Motorbrennraum bietet sich das bereits in Abschn. 3.4.2 beschriebene Laser-Lichtschnitt-Verfahren an.

Die Beleuchtung erfolgt durch das seitliche Fenster parallel zum Zylinderkopf und die Beobachtung durch das Fenster im Kolbenboden, vgl. Abb. 3.32. Die fotografische Aufnahme erfolgt exakt senkrecht zur beleuchteten Ebene mittels einer Hochgeschwindigkeitskamera.

Der hierfür präparierte Transparentmotor saugt Luft ohne Kraftstoff an und wird vom Prüfstand angetrieben. Als Streuteilchen werden Bärlappsamen verwendet. Sie sind leicht und haben eine diffus streuende Oberfläche und recht einheitliche Durchmesser von 36 µm. Bärlappsamen sind groß genug, so daß die Bahnlinien einzelner Teilchen auf dem Film klar unterschieden werden können.

Abb. 3.34 zeigt zwei Einzelbilder, aufgenommen mit einer Belichtungszeit von 0,1 ms und mit 2000 Bildern pro Sekunde. Die Lichtschnittebene verläuft hier im Abstand von 10 mm parallel zum Zylinderkopf, so daß bei voller Ventilöffnung das Laserlicht gerade nicht von den Ventilen abgedeckt wird, vgl. Abb. 3.32 links. Die erste Aufnahme (Abb. 3.34 links) entstand in der Stellung 26° Kurbelwinkel (KW) nach dem oberen Totpunkt (OT) (vgl. "Automobil-Meßtechnik", Band A: Akustik). Sie zeigt die beginnende Einlaßströmung. Zum Zeitpunkt der zweiten Aufnahme (rechts), 78° KW nach OT, ist die Einlaßströmung voll ausgebildet. Es ist gut zu erkennen, daß der größte Teil der Einströmung, bedingt durch die Lage des Einlaßkanals, durch einen begrenzten Bereich des Ventilspaltes in den Brennraum eintritt.

A   B

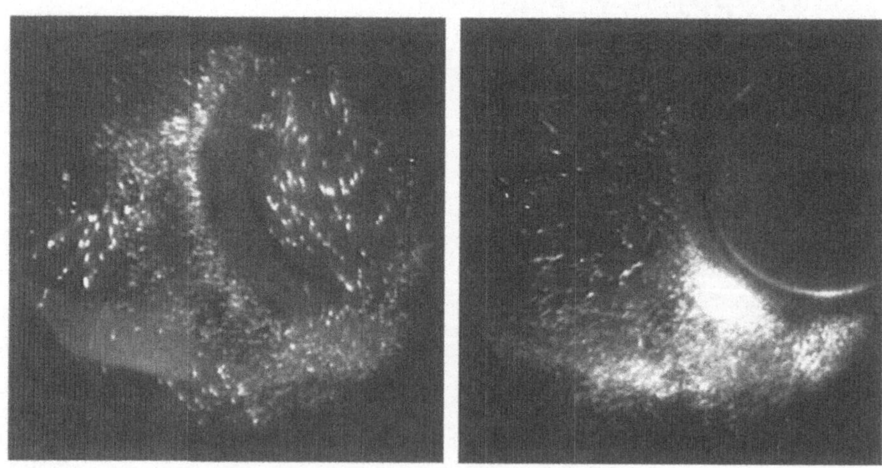

Abb. 3.34:   Instationäre Einlaßströmung bei beginnender Ventilöffnung (*A*) und voller Ventilöffnung (*B*), beobachtet an einem unbefeuerten Transparentmotor mit dem Laser-Lichtschnitt-Verfahren bei einer Motordrehzahl um 1030 min^{-1}

3.5.4 Die Particle-Image-Velocimetry

Bei dem zur Strömungsdarstellung eingesetzten Laser-Lichtschnitt-Verfahren kann aus der Länge der Bahnlinien nicht abgeleitet werden, ob sich das Streuteilchen langsam in der beleuchteten Schicht oder schnell schräg durch die Lichtschnittebene bewegt hat.

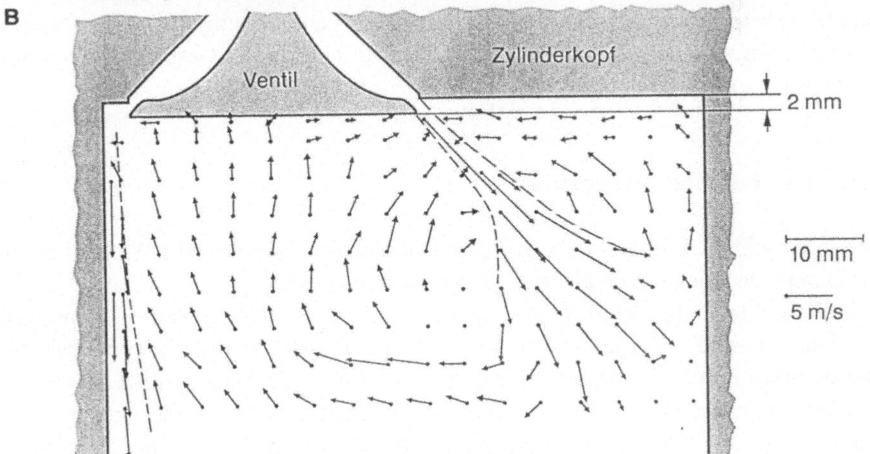

Abb. 3.35: Strömungsfeldanalyse der stationären Einlaßströmung mit der Particle-Image-Velocimetry (PIV). Fotografische Registrierung (*A*) und Strömungsfeldauswertung (*B*)

Wird aber das Laserlicht gepulst, so erscheint die Bahn eines jeden Teilchens auf dem Film als eine unterbrochene Linie. Die Richtung dieser Linie gibt die Richtung der Bewegung, der Abstand der hellen Punkte auf der Linie die Geschwindigkeit der Strömungskomponente in der jeweils ausgewählten Ebene und die Anzahl der Punkte in einigen Fällen die Verweilzeit im Lichtschnitt wieder. Die Pulsperiode T und die Pulsdauer τ sind dabei so zu wählen, daß im interessierenden Geschwindigkeitsbereich deutlich getrennte Punkte-Ketten auf dem Film abgebildet werden.

Für niedrige Pulsfrequenzen sind mechanische Chopper geeignet, für hohe Pulsfrequenzen muß auf elektro-optische bzw. akusto-optische Modulatoren zurückgegriffen werden. In vielen Experimenten wird eine akusto-optische Bragg-Zelle, vgl. Abschn. 3.3.2, eingesetzt, mit der wegen der sehr einfachen elektrischen Ansteuerung nahezu beliebige Tastverhältnisse τ/T einstellbar sind. Bei einem Tastverhältnis von 20 % sind die Punkte-Ketten gut erkennbar.

Die Bilder können entweder auf fotografischem Film oder mit einer Videokamera aufgezeichnet werden. Da zur Bestimmung der Strömungsgeschwindigkeit das Bild des Teilchens auf dem Film ausgewertet wird, ist das Verfahren unter dem Namen "Particle-Image-Velocimetry" (PIV) in der Literatur bekannt geworden.

Man erhält mit Hilfe des Auswerteverfahrens der Particle-Image-Velocimetry aus einer einzigen fotografischen Aufnahme eine vollständige, quantitative Darstellung der Strömungsverteilung in der Ebene des Laser-Lichtschnitts in zwei Komponenten, d.h. die Projektion der im allgemeinen 3-dimensionalen Strömungs-vektoren auf diese Ebene.

Abb. 3.35 zeigt ein Beispiel für eine Strömungsfeldaufnahme (oben) und zugleich die quantitative Auswertung des Strömungsfeldes (unten). In diesem Fall wurde ein parallel zur Zylinderachse stehender Lichtschnitt seitlich in den Brennraum geführt, und die Beobachtung erfolgt senkrecht dazu, ebenfalls seitlich. Das Strömungsexperiment ist hier stationär mit einer Ventilöffnung von 2 mm, wobei die Strömungsgeschwindigkeit im Zylinder im Mittel etwa der Geschwindigkeit des Kolbens entspricht.

3.5.5 Laser-Doppler-Anemometrie

Die in Abschn. 3.4.3 beschriebene Laser-Doppler-Anemometrie (LDA) wird auch für Untersuchungen im unbefeuerten Brennraum eingesetzt.

Soll der Strömungsvektor im Brennraum in allen drei Komponenten vermessen werden, so sind zwei unterschiedliche Meßaufbauten erforderlich, wobei die Beleuchtung durch ein seitliches Fenster (vgl. Abb. 3.32 links) erfolgt. Zunächst werden durch das Fenster im Kolbenboden die beiden Strömungskomponenten in einer Ebene parallel zum Zylinderkopf an mehreren Orten im Brennraum vermessen. Anschließend erfolgt die Bestimmung der axialen Komponente, die senkrecht auf dem Zylinderkopf steht, durch ein zweites seitliches Fenster in der Zylinderwand an den gleichen Orten im Brennraum.

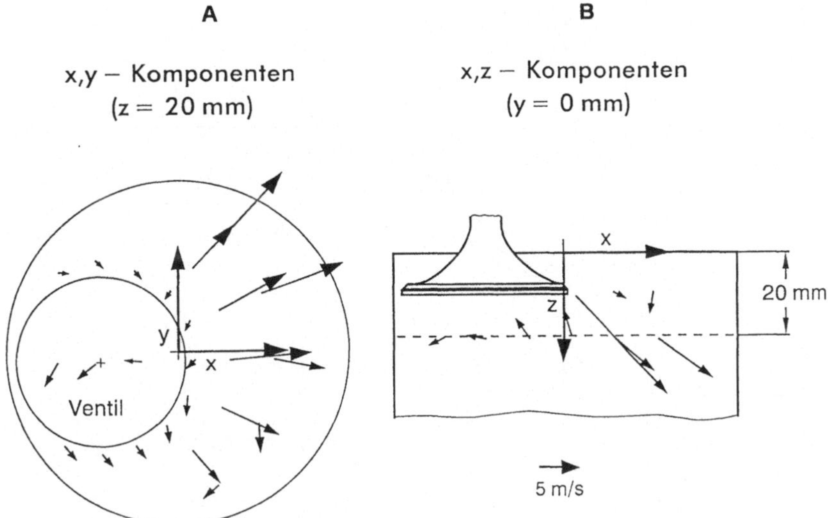

Abb. 3.36: Messung des Strömungsfeldes im Brennraum bei stationärer Einlaßströmung. Die Meßorte liegen in 20 mm Abstand in einer Ebene parallel zum Zylinderkopf. Die Strömungspfeile sind in Ebenen parallel (*A*) bzw. senkrecht zum Zylinderkopf (*B*) dargestellt

Ein Beispiel für Ergebnisse der LDA-Messungen im stationären Strömungsexperiment zeigt Abb. 3.36.

Zur Anwendung am laufenden Transparentmotor wurde zusätzlich eine elektronische Einheit entwickelt, die in bestimmten Kurbelwinkelintervallen den Laserstrahl abdunkelt und die Signalverarbeitung blockiert. Dadurch wird verhindert, daß der Fotomultiplier beim Durchgang von Grenzflächen (Ventile oder Kolben) durch das Meßvolumen zuviel Streulicht empfängt und fehlerhafte Meßdaten erfaßt werden.

Für jedes beobachtete Einzelereignis, d.h. Flug eines Teilchens durch das Meßvolumen, vgl. Abb. 3.29, wird zusätzlich zur Teilchen-Geschwindigkeit der Kurbelwinkel zum Zeitpunkt der Einzelmessung aufgezeichnet. Bei der Auswertung der Daten werden dann alle Einzelmessungen in äquidistanten Kurbelwinkelklassen zusammengefaßt und gemittelt. Die Klassenbreite wird mit z.B. 10° KW so gewählt, daß einerseits genügend Einzelereignisse zur Mittelung vorliegen und sich andererseits die Strömung nicht wesentlich verändert hat. Die Mittelung in diesen Klassen wird über viele Arbeitszyklen durchgeführt, wobei vorausgesetzt wird, daß die Schwankungen zwischen den Arbeitszyklen bei geschleppt betriebenem Motor gering sind.

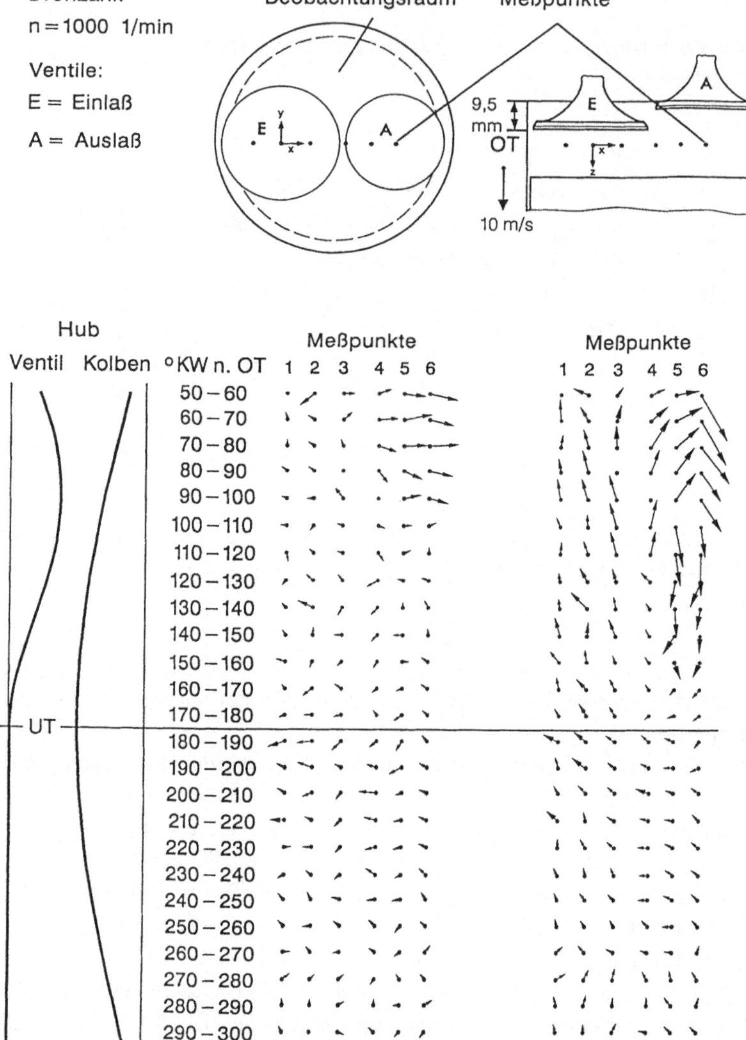

Abb. 3.37: Zeitliche Entwicklung des Strömungsfeldes längs einer Linie im Brennraum

Eine zeitabhängige, dreidimensionale Vermessung des Geschwindigkeitsfeldes längs einer Linie im Brennraum zeigt Abb. 3.37. Die Lage der Meßpunkte 20 mm unterhalb des Zylinderkopfes ist oben skizziert. Die Darstellung der drei Geschwindigkeitskomponenten erfolgt in zwei Projektionen parallel (x-y, links) und senkrecht (x-z, rechts) zum Zylinderkopf. Die zeitliche Entwicklung der Strömung ist von oben nach unten in Kurbelwellenbereichen von jeweils 10° Breite dargestellt, wobei der Kolben im oberen Bereich vor 80° und nach 310° in die Meßlinie hinein ragt. In der x-z-Projektion erkennt man bei 100° KW eine plötzliche Änderung der Strömungsrichtung für den fünften Meßpunkt.

Die Anwendung der Laser-Doppler-Anemometrie im Transparentmotor ist selbst bei Betrieb ohne Befeuerung nicht problemlos, dies gilt insbesondere für die Messungen durch das bewegte Kolbenfenster hindurch. Sowohl am bewegten Kolbenfenster als auch am Zylinderkopf tritt zusätzliches Streulicht auf, das sich sehr störend auf das Meßsignal auswirkt. Deshalb sind Fenster mit hoher optischer Oberflächengüte eine Voraussetzung für erfolgreiche LDA-Messungen am Motor. Da ferner für die Bestimmung der Geschwindigkeitsverteilung im Strömungsfeld das Meßvolumen zeitlich nacheinander an verschiedene Orte positioniert werden muß, sind die Meßzeiten sehr lang. Die Teilchenzugabe führt außerdem zur Verschmutzung der Fenster. Zum Reinigen der Fenster muß die Messung häufig unterbrochen werden.

3.5.6 Laser-Schlieren-Verfahren

Unter dem Begriff "Schlieren-Verfahren" werden im allgemeinen Sprachgebrauch alle diejenigen Verfahren zusammengefaßt, bei denen örtliche Brechzahlschwankungen in einem transparenten Medium sichtbar gemacht werden.

Eine seit langem bekannte Methode zur Sichtbarmachung von Brechzahlgradienten ist das Toeplersche Schlierenverfahren. Hier nehmen nur solche Strahlen an der Bildentstehung teil, die im Strahlengang durch Brechzahlgradienten abgelenkt worden sind; das nicht abgelenkte Licht wird durch die sogenannte Schlierenblende ausgeblendet, vgl. Abb. 3.38.

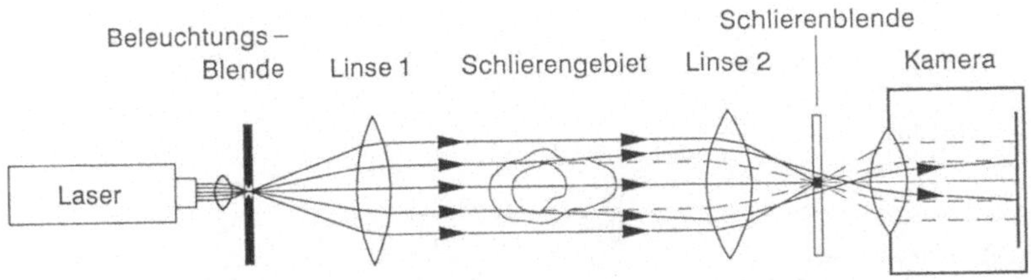

Abb. 3.38: Prinzip des Toeplerschen Schlierenverfahrens

Das Schlierengebiet wird mit einem parallelen Lichtbündel beleuchtet. Die Schlierenblende ist ein lichtundurchlässiger Fleck im Bild der (möglichst punktförmigen) Beleuchtungsblende. Abgelenkte Strahlen gehen an der Schlierenblende vorbei. Die rechten beiden Linsen bilden die Schlieren auf die Filmebene ab.

Da sich die Strukturen hell vor einem dunklen Hintergrund abheben, wird dieses Verfahren "Dunkelfeldverfahren" genannt. Eine wellenoptische Betrachtung ergibt, daß die Intensität proportional zum Quadrat der Phasenverschiebung Φ durch die Brechungsindexabweichung im Schlierengebiet ist

$$I(x, y) \sim \Phi^2(x, y) \ . \tag{3.35}$$

Eine Verfeinerung dieser Technik ist das Farbschlierenverfahren. Dabei werden weißes Licht und eine Schlierenblende benutzt, die innen dunkel und nach außen hin aus verschiedenen Farbfiltern aufgebaut ist. Damit werden Bereiche mit unterschiedlichen Brechzahlgradienten verschiedenfarbig getönt.

Mit Hilfe des Laser-Schlieren-Verfahrens können Dichtegradienten des Gases im Brennraum direkt sichtbar gemacht werden. Es eignet sich daher gut zur Messung im Brennraum, da verbranntes und unverbranntes Gas aufgrund der sehr verschiedenen Temperaturen eine unterschiedliche Dichte haben. Insbesondere bei magerer Verbrennung, bei der nur schwach fahlblaue Leuchterscheinungen den Hintergrund aufhellen, kann die Ausbreitung der Flammenfront im Detail untersucht werden.

Für den experimentellen Aufbau eines Laser-Schlieren-Verfahrens im befeuerten Transparentmotor werden die Unterseiten des Zylinderkopfes und der darin befindlichen Ventile verspiegelt. Das Licht eines Hochleistungs-Argon-Ionen-Lasers wird über einen Strahlteiler als paralleles Bündel von unten in den Brennraum eingeführt, am Zylinderkopf und an den Ventilen reflektiert und dann der Schlierenblende mit nachfolgender Aufnahmekamera zugeführt, vgl. Abb. 3.39.

Das Schlierengebiet im Brennraum wird hier also zweimal durchlaufen und Beleuchtungs- und Beobachtungsstrahlengänge werden durch den Strahlteiler getrennt.

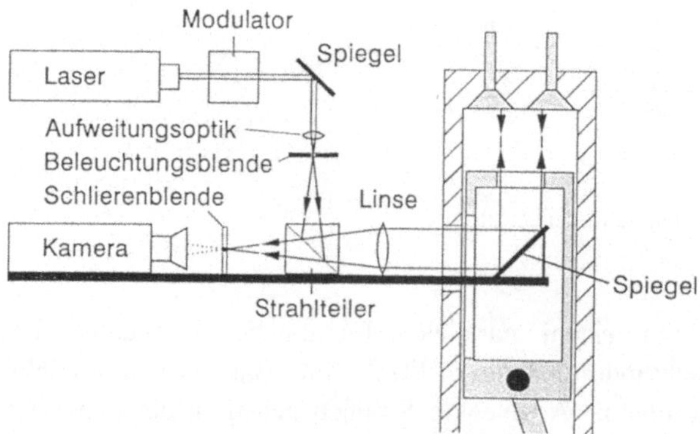

Abb. 3.39: Aufbau eines Laser-Schlieren-Verfahrens am Transparentmotor.

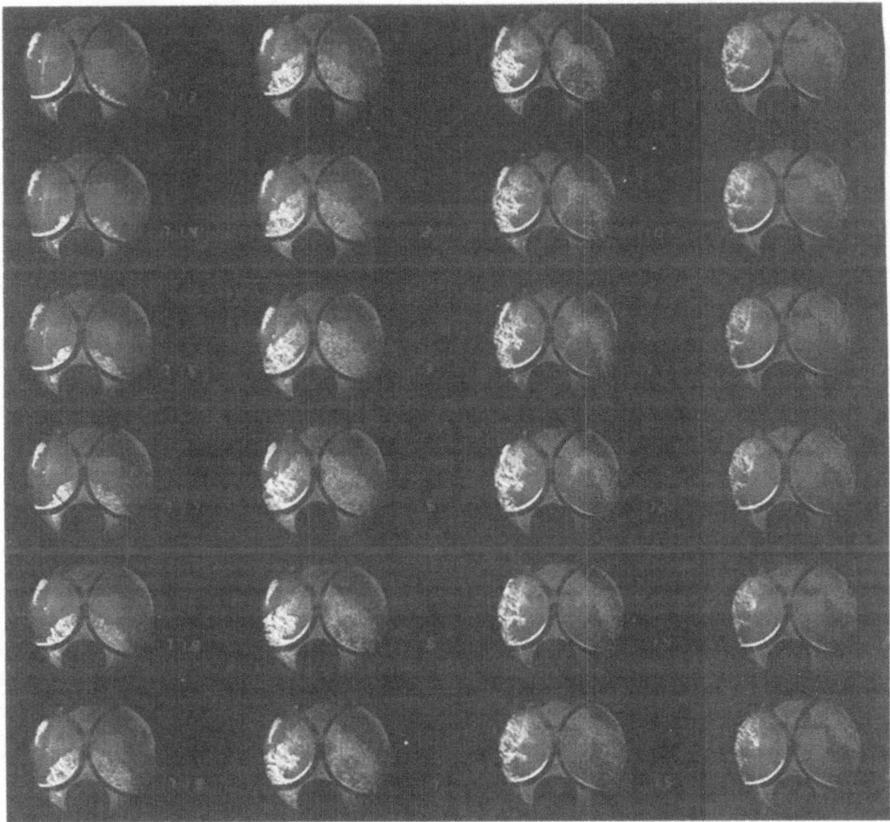

Abb. 3.40: Ausbreitung der Flammenfront im Laser-Schlieren-Verfahren. Drehzahl 1500 min^{-1}, Bildabstand ca. 1,2 °KW

Da die Spiegelrichtungen von Zylinderkopf und Ventilen etwas von einander abweichen, erhält man auch ohne Brechungsindexgradienten in der Ebene der Schlierenblende mehrere und zum Teil unscharfe Abbildungen der Lichtquelle, die aufgrund der Schwingungen des Motors oszillieren und damit verwaschen sind. Zur Verminderung von Bewegungsunschärfen werden Laserlichtpulse von 2-5 µs Dauer verwendet. Die Schlierenblende, die das von den Dichtegradienten des Objekts nicht abgelenkte Licht ausblenden soll, muß deshalb mindestens die Größe dieses Verwaschungsbereichs haben (ca. 5 mm Durchmesser bei einer Brennweite von 600 mm). Dadurch ist die Empfindlichkeit dieses Verfahrens stark eingeschränkt und der Anwendungsbereich ist auf die Sichtbarmachung der Flammenfront beschränkt. Die Dichtegradienten in der Einströmphase (kalte Frischluft in heiße Restgasströme) sind zu gering, um sichtbar zu werden.

A

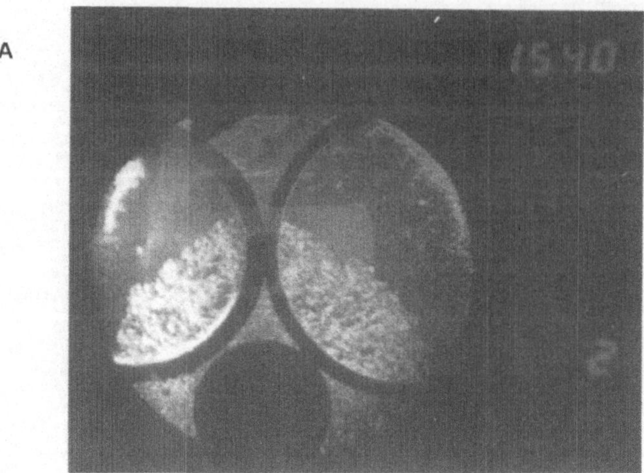

B

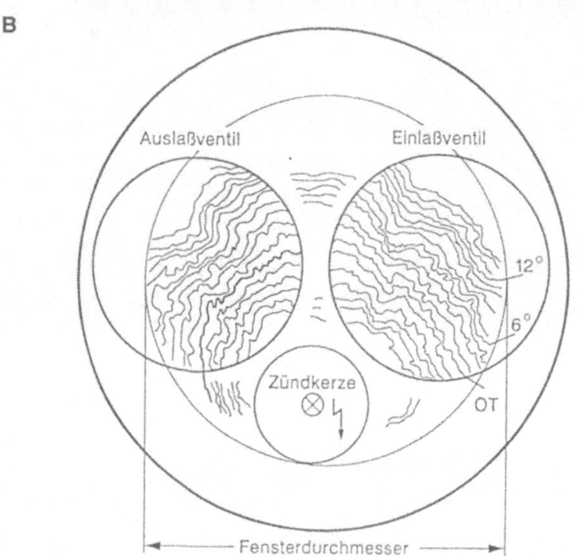

Abb. 3.41: Einzelfoto der turbulenten Flammenfrontstruktur bei 2° Kurbelwinkel nach oberem Totpunkt (*A*) und zeichnerische Konstruktion der Entwicklung der Flammenfrontausbreitung bei n = 1500 min^{-1} (*B*)

In Abb. 3.40 ist ein Ausschnitt aus einem Hochgeschwindigkeitsfilm von Schlieren-aufnahmen wiedergegeben, der mit ca. 7500 B/s aufgenommen wurde. In jedem Bild sind deutlich die beiden Ventile und der unverspiegelte kreisförmige Bereich um die Zündkerze zu erkennen. Die Bildsequenz zeigt jeweils von oben nach unten in 4 Spalten die Ausbreitung der Flammenfront für eine vorgemischte Verbrennung bei 1500 min^{-1}. Der Abstand von Bild zu Bild entspricht ca. 1,2 °KW. Der Betrieb des Motors erfolgte mit Gas, um die Fensterverschmutzung gering zu halten; der Zündzeitpunkt lag bei 25 °KW vor OT.

Abb. 3.41 zeigt oben ein vergrößertes Einzelbild. Die feinen Turbulenzerscheinungen in der Flammenfront sind deutlich erkennbar. Eine Abschätzung der Flammenfrontdicke ist aber nicht möglich, da deren Lage im Brennraum nicht bekannt ist und beim Schlierenverfahren die Dichte über die Brennraumhöhe integriert wird.

Um eine quantitative Auswertung der Filmaufnahmen zu ermöglichen, werden die Flammenfrontpositionen aufeinanderfolgender Einzelbilder des Hochgeschwindigkeitsfilms zeichnerisch in einem Bild zusammengefaßt (Abb. 3.41 unten) und daraus z.B. die Flammenfrontgeschwindigkeiten in Abhängigkeit von den Motorparametern Drehzahl, Lastzustand, Luftzahl etc. bestimmt. Im vorliegenden Beispiel beträgt die mittlere Geschwindigkeit der Flammenfront 10,8 m/s bei einer Drehzahl von 1500 min^{-1}.

3.5.7 Laser-Schatten-Verfahren

Der Meßaufbau beim Schattenverfahren ähnelt prinzipiell dem Aufbau bei dem im vorigen Abschnitt beschriebenen Schlierenverfahren, s. Abb. 3.39; lediglich die Schlierenblende entfällt, und anstelle von $\Phi^2(x, y)$ bewirkt die Transmission $T(x, y)$ im Meßgebiet die Filmschwärzung.

$$I\,(x, y) \sim T\,(x, y) \quad . \tag{3.36}$$

Für die Untersuchung der Kraftstoffausbreitung beim direkt-einspritzenden (DI) Dieselmotor hat es sich als vorteilhaft erwiesen, den Brennraum von unten diffus durch eine Mattscheibe hindurch mit blauem Laserlicht zu beleuchten. Man erkennt so den Kraftstoffstrahl als dunkle Struktur vor einem einheitlich hellen Hintergrund.

Wird der Laser z.B. mittels eines akustisch-optischen Modulators gepulst betrieben, so daß jedes Bild des Hochgeschwindigkeitsfilms nur mit einem Lichtblitz von wenigen Mikrosekunden Dauer belichtet wird, erhält man trotz hoher Geschwindigkeit des Einspritzstrahls ein scharfes Bild der Tröpfchenverteilung. Bei einsetzender Verbrennung hebt sich die gelbe Flamme vom blauen Hintergrund deutlich ab. Bei Aufnahmefrequenzen bis zu 8000 B/s ergibt sich für Drehzahlen um 1000 min^{-1} ein zeitliches Auflösungsvermögen von mehr als einem Bild je Grad Kurbelwinkel.

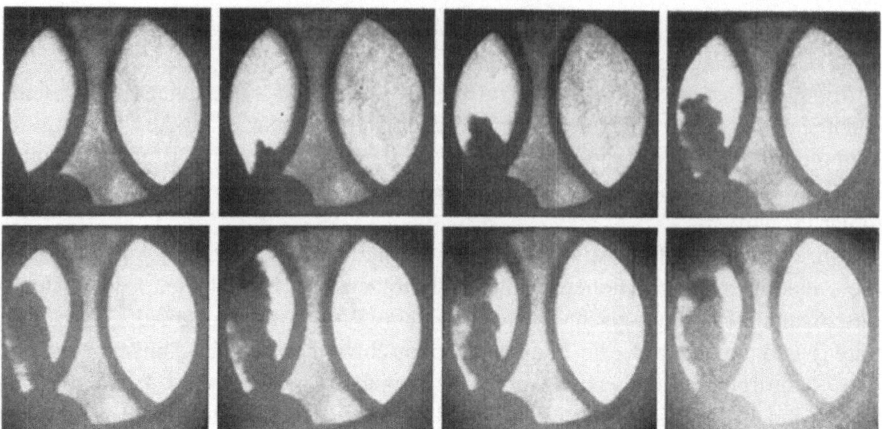

Abb. 3.42:   Ausbreitung des Kraftstoffes bei direkter Einspritzung in die Brennraummulde.
Laser-Schatten-Verfahren, Bildabstand 125 µs

Abb. 3.42 zeigt als Beispiel in zwei Bildzeilen von links nach rechts die Ausbreitung
eines direkt in den Brennraum eingespritzten Kraftstoffstrahles beim DI-Diesel-
motor. Im zweiten Teilbild ist die Spitze des Kraftstoffstrahles gerade vor dem
Auslaßventil (links) sichtbar und breitet sich im Verlauf von 0,5 ms durch die
gesamte Brennraummulde aus. Die Einspritzung erfolgt hier tangential, d.h. nahezu
parallel zur Wand der Brennraummulde in eine Drallströmung mit hoher
Geschwindigkeit. Selbstzündung und Verbrennung schließen sich an, sind aber hier
nicht mehr dargestellt.

Aufgrund der diffusen Beleuchtung des Brennraumes wird das Schattenverfahren
in weit geringerem Maße von den Vibrationen des Motors beeinflußt als das
Schlierenverfahren.

3.5.8 Spektroskopische Verfahren

Experimentelle Untersuchungen der Reaktionskinetik während der Verbrennungs-
vorgänge im laufenden Motor beruhen auf quantitativen Messungen der Dichte-
verteilung von speziellen Gaskomponenten und der Temperatur, und zwar
möglichst berührungslos und zeitlich sowie räumlich aufgelöst. Dies ist heute mit
spektroskopischen Verfahren möglich, wobei der Einsatz von durchstimmbaren
Farbstofflasern und von im UV arbeitenden Pulslasern mit sehr guter Strahlqualität
und enger spektraler Bandbreite neue Möglichkeiten in der Verbrennungsdiagnostik
eröffnet haben.

Durch den Einsatz linearer und nichtlinearer laserspektroskopischer Techniken
wie

- Spontane Raman-Streuung (SRS)
- Coherent Anti-Stokes Raman Spectroscopy (CARS)
- Laser Induzierte Fluoreszenz (LIF)
- Laser-Induzierte-Prädissoziations-Fluoreszenz (LIPF)

können Konzentrationen und Temperaturen mit hoher zeitlicher Auflösung sowohl punktuell als auch flächenhaft gemessen werden.

Der apparative Aufwand für diese Verfahren ist im allgemeinen sehr hoch und die Verfahren selbst sind noch Gegenstand intensiver Forschungsarbeiten.

Wegen der starken zyklischen Schwankung im Verbrennungsablauf im Motor ist eine wesentliche Anforderung an alle Meßverfahren dieser Art, daß die vollständige Information zu einem Beobachtungszeitpunkt gewonnen wird, ohne daß eine Mittelung über viele Zyklen erforderlich ist.

3.5.8.1 Chemisch-thermische Fluoreszenz

Eine im Vergleich zu den modernen Laser-Meßverfahren einfache Möglichkeit zur Analyse des Verbrennungslichtes bietet die klassische Emissionsspektroskopie. Die Gasmoleküle werden durch chemische Reaktionen und durch die hohe Temperatur im Brennraum in einen energetisch höherwertigen Zustand überführt (thermische Anregung der Elektronenhülle). Beim Übergang des angeregten Moleküls in einen tieferen Zustand, z.B. den Grundzustand, wird Licht der Frequenz ν abgestrahlt gemäß der Energiedifferenz der beiden Molekülzustände $\Delta E = h\nu$ (vgl. Abschn. 2.4.1.1). Die Frequenzen des bei den Übergängen eines Moleküls abgestrahlten Lichts sind charakteristisch für jede Molekülsorte. Das erhaltene Spektrum besteht aus der Überlagerung des von allen im Brennraum vorkommenden Gasen emittierten Lichts.

3.5.8.2 Laser-Induzierte Fluoreszenz

Das spektroskopische Meßprinzip "Laser-Induzierte-Fluoreszenz" (LIF) und das verwandte Verfahren "Laser-Induzierte-Prädissoziations-Fluoreszenz" (LIPF) beruhen auf folgender Idee: Die Elektronenhüllen der Gasmoleküle im Brennraum werden durch einen sehr kurzen Lichtblitz von ca. 15 ns Dauer, z.B. eines abstimmbaren Excimer Lasers (vgl. Tabelle 2.1), von ihrem Grundzustand in einen angeregten Zustand überführt. Durch Feinabstimmung der Laserwellenlänge kann dabei selektiv ein charakteristischer Übergang einer Molekülart ausgewählt werden. Die angeregten Moleküle fallen dann unter Aussendung von Fluoreszenzlicht in den Grundzustand zurück.

Die Intensität des Fluoreszenzlichtes ist ein direktes Maß für die Konzentration der ausgewählten Gassorte. Der Zeitraum, in dem das Fluoreszenzlicht gemessen wird, ist mit Meßzeiten unter 200 ns so kurz, daß das Eigenleuchten der Verbrennung (chemische Fluoreszenz, vgl. Abschn. 3.5.8.1) die Messung nicht stört. Die beiden Verfahren LIF und LIPF unterscheiden sich nicht im Meßaufbau, sondern in den Kalibrierfaktoren zur Berechnung der Partialdichten aus den Linienintensitäten. Bei der LIF-Messung sind sie druck- und temperaturabhängig, während sie bei der LIPF-Messung reine Molekülkonstanten sind.

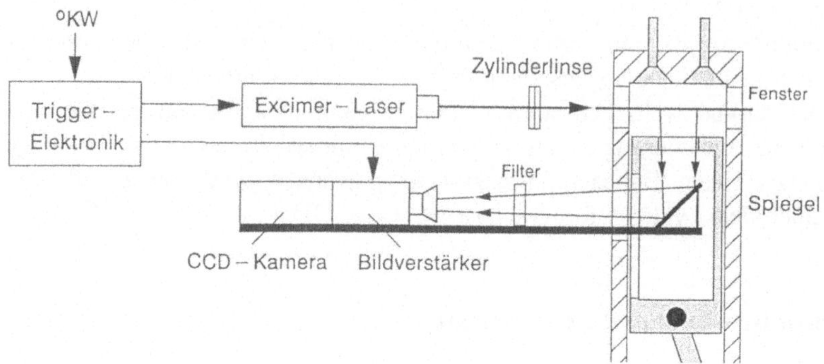

Abb. 3.43: Versuchsanordnung zur flächenhaften Konzentrationsmessung im Transparentmotor mit Laser-Fluoreszenz-Verfahren

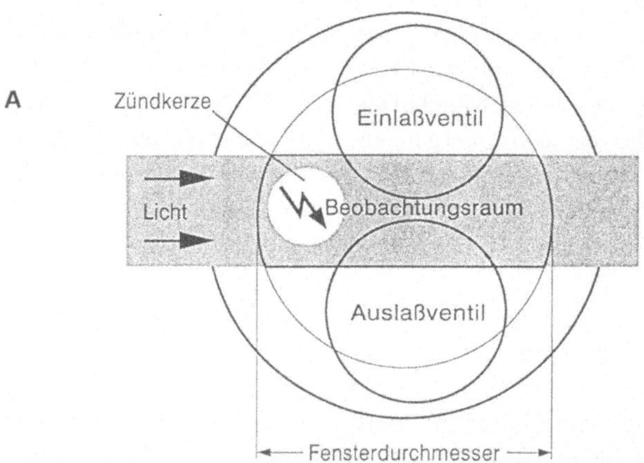

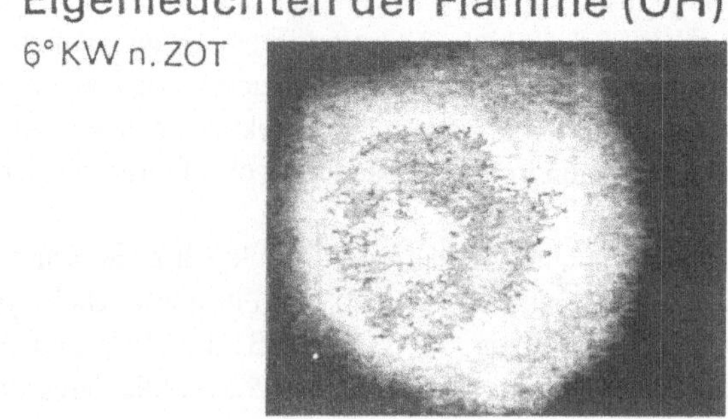

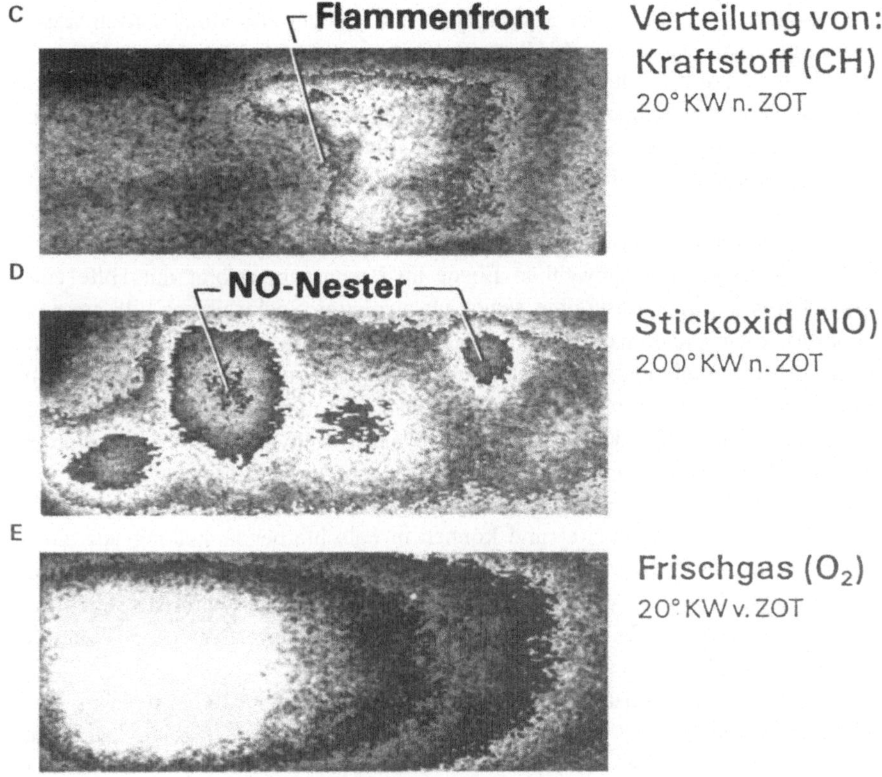

Abb. 3.44: Zweidimensionale Messungen im Brennraum des Transparentmotors mit Hilfe von Laser-Fluoreszenz-Verfahren.

A: Skizze der betrachteten Meßfläche im Brennraum

B: Eigenleuchten der Flamme, 6 °KW nach dem oberen Totpunkt (OT)

C: Konzentrationsverteilung von Kohlenwasserstoffen (CH), 20 °KW nach OT

D: Konzentrationsverteilung von Stickoxid (NO), 200 °KW nach OT

E: Konzentrationsverteilung von Frischgas (O$_2$), 20 °KW vor OT

Eine LIF-Messung liegt vor, wenn die mittlere Lebensdauer des angeregten Zustandes größer als die mittlere Zeitspanne zwischen dem Zusammenstoß von zwei Molekülen ist. Dann wird die Anregungsenergie häufig an das gestoßene Molekül abgegeben, und aus der Intensität des beobachteten Fluoreszenzlichtes kann nicht mehr sicher auf die absolute Konzentration geschlossen werden, vor allem dann, wenn Druck- und damit Dichteschwankungen im Gasgemisch vorliegen.

Zerfallen (prädissoziieren) die meisten angeregten Moleküle jedoch, noch bevor sie mit anderen Molekülen zusammengestoßen sind, so kann die LIPF-Auswertung eingesetzt werden. Im Unterschied zu LIF verfälschen bei LIPF die hohen Drücke im Brennraum des Motors das Meßergebnis nicht. Nicht alle Molekülarten weisen aber geeignete prädissoziierende Übergänge auf.

Da das Fluoreszenzlicht der Moleküle und das anregende Laserlicht unterschiedliche Wellenlängen haben (vgl. Abb. 2.38), kann Streulicht von Partikeln, die sog. Mie-Streuung, und von anderen Molekülen, die Rayleigh-Streuung, durch optische Filter zwischen Motor und Kamera wirksam unterdrückt werden.

Das Prinzip der Meßanordnung ist in Abb. 3.43 dargestellt.

Die Beleuchtung der ausgewählten Ebene im Brennraum erfolgt mit Hilfe eines abstimmbaren Excimer-Lasers mit seinen ultravioletten Spektrallinien 248 nm bzw. 193 nm als Lichtschnitt parallel zum Kolbenboden durch ein seitliches Fenster im oberen Teil des Zylinders. Das Fluoreszenzlicht wird senkrecht zur Lichtschnitt-ebene durch das Fenster im Kolbenboden und den in den Kolben eingeschobenen Spiegel mit einer CCD-Kamera mit schaltbarem Bildverstärker aufgenommen, wobei der Bildverstärker zeitgleich mit der Laseranregung getriggert wird.

Die von der CCD-Kamera aufgenommenen Bilder werden in einem Bild-verarbeitungssystem aufbereitet und können in Falschfarbendarstellung auf einem Monitor nahezu in Echtzeit dargestellt werden. Es kann jeweils eine Aufnahme im Verbrennungszyklus erfolgen, wobei der Kurbelwinkel frei wählbar ist. Man erhält so "on-line" eine bildhafte Darstellung der Konzentrationsverteilung und kann die Wirkung von Änderungen am Motor sofort beurteilen.

Abb. 3.44 zeigt eine Zusammenstellung von Ergebnissen der Experimente.

Die Zündkerze befindet sich jeweils links im Bild. Teilbild B zeigt das Eigen-leuchten der Flamme. Die Verteilung der Kraftstoffkonzentration nach Teilbild C vor (rechts) und hinter (links) der Flammenfront wird bei nichtresonanter Anregung der CH-Moleküle sichtbar. Die Lage der Flammenfront läßt sich deutlich aus dem Abfall der CH-Konzentration beim Übergang vom unverbrannten zum verbrannten Bereich im Bild bestimmen.

Die Bildung von NO_x-Nestern kann durch Messung der NO-Verteilung nach Beendigung der Verbrennung beobachtet werden, s. Teilbild D. Es zeigt sich, daß die Lage der Bereiche mit hoher NO-Konzentration starken zyklischen Schwankungen unterworfen ist.

Nach Abschluß der Verbrennung wird wiederum anhand der CH-Verteilungs-messung das Abdampfen von Kraftstoffresten von der Zylinderwand zurück in den Brennraum beobachtet (hier nicht gezeigt). Teilbild E zeigt die Konzentrations-verteilung von Frischgas.

3.5.8.3 Ramanspektroskopie

Während bei der in den letzten beiden Abschnitten beschriebenen Fluoreszenz-Spektroskopie unterschiedliche Molekülsorten im Motorbrennraum anhand ihrer atomaren Spektren, also von Eigenschaften ihrer Elektronenhüllen, unterschieden werden, beruht die Raman-Spektroskopie auf Schwingungs- und Rotationsspektren, also auf den mechanisch-elastischen bzw. quantenmechanischen Eigenschaften der Moleküle als Mehrkörpersysteme.

Jedes Molekül besteht aus einer Verbindung von Atomen, die räumlich zueinander angeordnet sind und Bindungen aufweisen. Die Atome des Moleküls können gegeneinander schwingen, und das Molekül als Ganzes kann um seine Achsen rotieren. Außerdem treten Translationen auf. Für die Schwingungs- und Rotationsfrequenzen schreibt die Quantenmechanik vor, daß nur diskrete Werte angenommen werden können. Dies ergibt für die Molekülsorten charakteristische Spektren in der Emission bzw. Absorption, vgl. "Automobilmeßtechnik", Band C: Abgas.

Schwingt ein Molekül mit der Frequenz v_r bzw. der Kreisfrequenz $\omega_r = 2\pi v_r$, so ist seine Geometrie und damit seine elektrische Polarisierbarkeit α (Verschiebung der elektrischen Ladung unter dem Einfluß eines elektrischen Feldes $\vec{E}$) zeitabhängig. In guter Näherung gilt

$$\alpha(t) = \alpha_0 + \alpha_1 \cdot \cos\omega_r t \quad . \tag{3.37}$$

Dabei ist α_0 die Polarisierbarkeit des starren Moleküls, und α_1 berücksichtigt die Änderung der Polarisierbarkeit durch Schwingungen.

Fällt nun eine Lichtwelle

$$E = E_0 \cos\omega_0 t \tag{3.38}$$

mit der Frequenz v_0 bzw. der Kreisfrequenz $\omega_0 = 2\pi v_0$ auf ein Molekül, so wird die Elektronenhülle entsprechend der Polarisierbarkeit $\alpha(t)$ deformiert, und es entsteht ein induziertes Dipolmoment

$$\mu(t) = \alpha(t) \cdot E(t) \quad . \tag{3.39}$$

Einsetzen von (3.37) und (3.38) in (3.39) liefert nach kurzer Rechnung

$$\mu(t) = \alpha_0 E_0 \cos\omega_0 t + \frac{1}{2}\alpha_1 E_0 \cos((\omega_0 + \omega_r)\,t) + \frac{1}{2}\alpha_1 E_0 \cos((\omega_0 - \omega_r)\,t) \tag{3.40}$$

Das durch den oszillierenden Dipol wiederum abgestrahlte Licht enthält nach dieser nicht-quantenmechanischen Betrachtung somit die 3 Kreisfrequenzen:

ω_0 - Rayleighstrahlung,

$\omega_0 + \omega_r$ - Ramanstrahlung (Anti-Stokes) und

$\omega_0 - \omega_r$ - Ramanstrahlung (Stokes).

In der quantenmechanischen Betrachtung ist der Raman-Effekt ein Übergang zwischen Schwingungsbanden.

Die abgestrahlten Lichtfrequenzen (Emission) sind charakteristisch für eine Molekülsorte, und bei spektraler Zerlegung erhält man unter bestimmten Bedingungen deutlich differenzierte Linien für verschiedene Moleküle.

Die Ramanspektroskopie erlaubt es also, verschiedene Moleküle zu identifizieren und aus der Intensität der einzelnen Spektrallinien Rückschlüsse auf ihre Volumenkonzentrationen im Meßvolumen zu ziehen.

Die Ramanspektroskopie ist in der Verbrennungsforschung zum Beispiel zur Ermittlung des lokalen Brennstoff-Luft-Verhältnisses in Einspritzstrahlen geeignet.

Abb. 3.45 zeigt ein typisches einzelnes Ramanspektrum aus dem Einspritzstrahl.

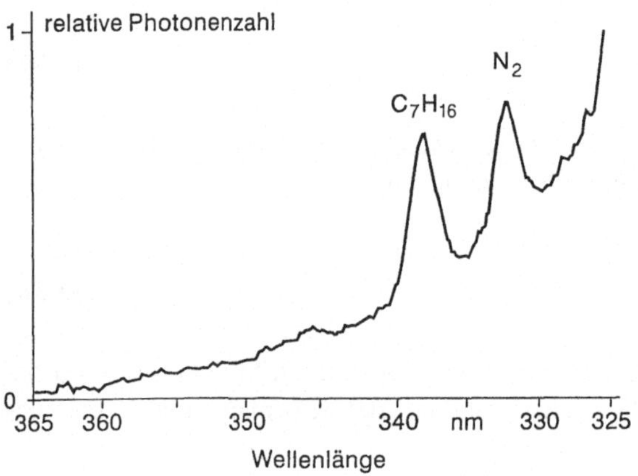

Abb. 3.45: Typisches Raman-Einzel-Spektrum aus dem Einspritzstrahl (Heinze et. al.)

Die spektralen Maxima von n-Heptan (C_7H_{16}) und Stickstoff (N_2) heben sich deutlich von einem kontinuierlich ansteigenden Untergrund ab. Dieser Untergrund wird hervorgerufen durch laserinduzierte Fluoreszenzen von n-Heptan. Außerdem ist die Streulichtunterdrückung begrenzt, so daß auch Photonen der Rayleigh-Streuung im Bereich des Ramanspektrums erfaßt werden. Nach rechnerischer Korrektur der Störungen wird die Gesamtphotonenzahl der Spektren der einzelnen Komponenten ermittelt; und in diesem Fall ergibt sich hier das lokale stöchiometrische Verhältnis zu $\lambda = 1$.

Das Hauptproblem bei der Anwendung der Ramanspektroskopie sind die außerordentlich schwachen Nutzsignale, bedingt durch die geringen Wirkungsquerschnitte der spontanen Ramanstreuung. Zur Anregung des Ramanprozesses wird deshalb ein leistungsstarker Excimerlaser eingesetzt. Er liefert ca. 100 mJ-Impulse unpolarisierter Strahlung mit einer Wellenlänge von 308 nm. Die Laserpulsdauer von 28 ns bestimmt die Zeitauflösung des Experiments. Das

Meßvolumen wird durch Fokussierung auf eine Größe von $1 \times 1 \times 0{,}3$ mm^3 eingeengt.

Durch Verschiebung des Meßvolumens kann nacheinander die räumliche Verteilung des Kraftstoff-Luft-Gemisches bei stationärem oder zeitlich reproduzierbarem Verhalten bestimmt werden.

3.5.8.4 Coherent Anti-Stokes Raman Spectroscopy (CARS)

CARS ist ein Verfahren der nichtlinearen Ramanspektroskopie mit Laseranregung und erlaubt die Messung von Temperatur und Konzentration ramanaktiver Moleküle mit hoher zeitlicher, räumlicher und spektraler Auflösung.

Wie Abb. 3.46 schematisch zeigt, ist CARS ein Vier-Photonen-Prozeß (Vier-Niveau-Prozeß). CARS-Signale werden beobachtet, wenn zwei Laserstrahlen, Pump- und Stokesstrahl, mit den Frequenzen ν_p und $\nu_s < \nu_p$ über die elektrische Suszeptibilität 3. Ordnung $\chi^{(3)}$ des Mediums wechselwirken. Die elektrische Suszeptibilität bestimmt den Anstieg der elektrischen Polarisation mit der Feldstärke.

A Energieerhaltung

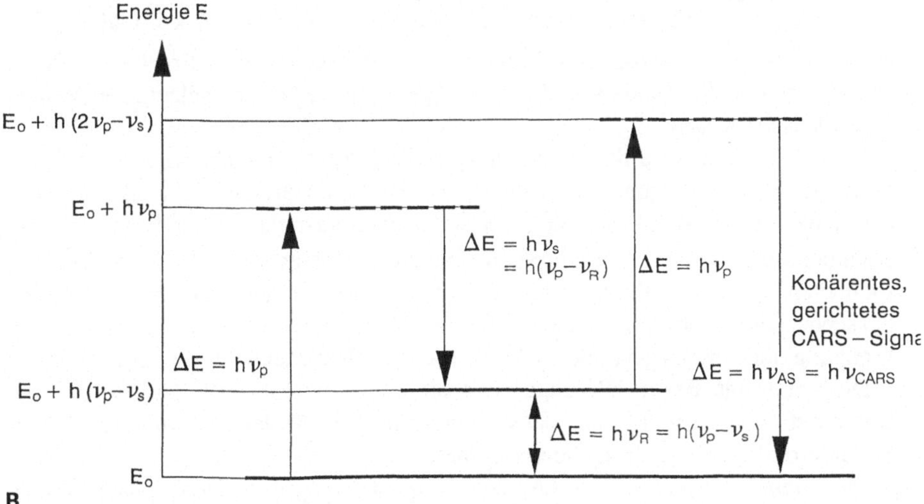

B

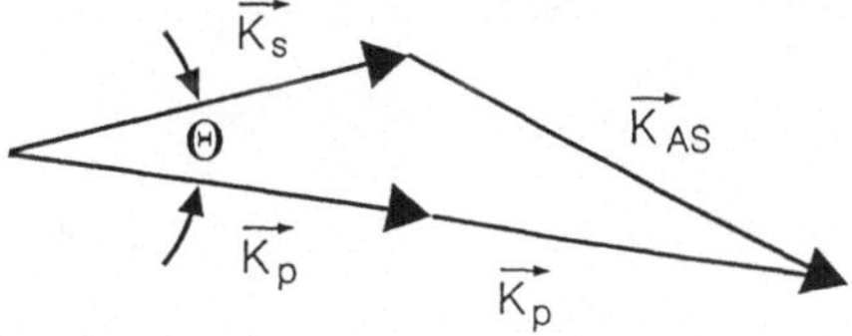

Abb. 3.46: Prinzip von CARS (Wolfrum); Energie- (*A*) und Impulserhaltung (*B*) in einem Vier-Photonen-Prozeß

Hierbei gilt der Energieerhaltungssatz für die induzierte Stokes-Raman-Strahlung

$$h\nu_R = h\left(\nu_p - \nu_s\right) \tag{3.41}$$

wie auch für die Anti-Stokes-Raman-Strahlung

$$h\nu_{AS} = h\left(\nu_p + \nu_R\right) \quad . \tag{3.42}$$

Insgesamt fordert die Energieerhaltung für diesen 4-Photonen-Prozeß demnach

$$h\nu_{CARS} = h\nu_{AS} = 2h\nu_p - h\nu_s \quad . \tag{3.43}$$

Ferner gilt der Impulserhaltungssatz (Abb. 3.46 B)

$$\vec{K}_{AS} = 2\vec{K}_p - \vec{K}_s \tag{3.44}$$

mit den Wellenvektoren vom Betrag $\left|\vec{K}_X\right| = 2\pi\nu_X n_X / c_0$, wobei $X{=}AS$, p, s und n_X der Brechungsindex in dispersiven Medien sowie c_0 die Vakuumlichtgeschwindigkeit sind. Daraus ergibt sich, daß die Wellenvektoren $\vec{K}_p$ und $\vec{K}_s$, der zur Erzeugung der Anti-Stokes-Welle in das Medium mit dem Brechungsindex n einlaufenden Wellen einen von den jeweiligen Lichtfrequenzen abhängigen Winkel Θ aufweisen müssen.

Ist dies der Fall, wird durch Mischung dreier kohärenter Lichtwellen, von denen zwei die gleiche Frequenz ν_p haben, eine vierte kohärente Lichtwelle mit der Frequenz $\nu_{AS} = 2\nu_p - \nu_s$ erzeugt, deren Ausbreitungsrichtung durch den Impulserhaltungssatz über das Wellenvektorgramm bestimmt ist. Im Gegensatz zur spontanen Raman-Strahlung, die in alle Raumrichtungen und mit regelloser Phasenbeziehung erfolgt, ist die CARS-Strahlung also eine gerichtete kohärente Strahlung und tritt als gebündelter Laserstrahl aus dem Meßvolumen aus.

Die Intensität des CARS-Signals steigt dabei resonanzartig an, sobald die Differenzfrequenz ν_p-ν_s mit einer Raman-aktiven Molekülschwingungs- oder Molekülrotationsfrequenz ν_R übereinstimmt.

Die Signalintensität I_{CARS} bei der Frequenz $\nu_{CARS} = 2\nu_p$-ν_s hängt dabei einerseits quadratisch von der Intensität I_p des Pumplasers und der Intensität I_s der Stokes-Linie, andererseits vom Betragsquadrat der elekrischen Suszeptibilität χ ab.

$$I_{CARS} \sim I_p^{2} I_s \left|\chi^{(3)}\right|^{2} \tag{3.45}$$

Bei festgehaltener Pumplaserfrequenz lassen sich durch Veränderung der Stokes-Laserfrequenz verschiedene Rotations-/Schwingungsübergänge eines Moleküls abtasten. Temperatur und Konzentration werden durch Berechnung der elektrischen Suszeptibilität 3. Ordnung ermittelt. Die komplexe elektrische Suszeptibilität eines beobachteten Übergangs hängt u.a. von der Besetzungszahldifferenz der beteiligten Molekülzustände ab.

CARS-Strahlung ist somit im Vergleich zur spontanen Raman-Strahlung (vgl. Abschn. 3.5.8.3) intensiver, leichter zu erfassen und wird kaum von anderen Effekten, z.B. Fluoreszenz, gestört. Hieraus resultiert die Möglichkeit, auch dann noch deutliche Signale zu empfangen, wenn ein starkes Eigenleuchten des zu untersuchenden Objekts, z.B. einer Flamme, andere Meßverfahren behindert oder sogar ausschließt.

Da nur die Form, nicht aber die absoluten Intensitäten der CARS-Spektren ausgewertet werden, wird das Ergebnis nicht durch Schwankungen z.B. der Laserintensitäten oder durch Absorption der Strahlung an den Fenstern oder im Medium selbst verfälscht.

Leider stehen diesen Vorzügen auch gravierende Nachteile gegenüber: CARS-Spektren sind wesentlich schwieriger auszuwerten als Raman-Signale. Im allgemeinen ist es nämlich erforderlich, die experimentell gewonnenen Spektren mit theoretisch berechneten zu vergleichen und durch Variation der zu messenden Größen eine bestmögliche Übereinstimmung zu erzielen. In die Berechnung fließen als molekulare Daten die genauen Energieniveaus, Linienbreiten und Wirkungsquerschnitte aller betrachteten Übergänge ein. Die so erhaltene spektrale Form hängt auf komplizierte Weise von Temperatur, Druck, Konzentration und Zusammensetzung ab.

In Abb. 3.47 ist der optische Aufbau einer Versuchsanordnung dargestellt.

Ein Nd-YAG-Laser mit Frequenzverdoppler liefert den Pumpstrahl mit einer Wellenlänge von 532 nm. Ein Teil dieses Strahls dient zum Pumpen eines Farbstoff-(Dye-) Lasers, welcher einen breitbandigen Stokes-Strahl erzeugt. Durch verschiedene optische Elemente werden beide Strahlen laufzeitgleich und geometrisch möglichst optimal im Meßpunkt im Motor fokussiert und überlagert. Die aus dem Motor austretenden Strahlen mit den Frequenzen ν_p, ν_S und ν_{AS} werden durch ein Prisma vorzerlegt. Der Anti-Stokes-Strahl ν_{AS} wird schließlich in einem Polychromator spektral zerlegt und mit einer digitalen Kamera aufgezeichnet. Die digitalen Werte des Spektrums werden in einem Rechner verarbeitet. Um zu einem gewünschten Zeitpunkt innerhalb des Motorzyklus ein CARS-Spektrum erzeugen und aufzeichnen zu können, ist wegen der Vielzahl der Anlagenkomponenten und deren unterschiedlichen Zeitverhalten eine komplexe Ablaufsteuerung notwendig.

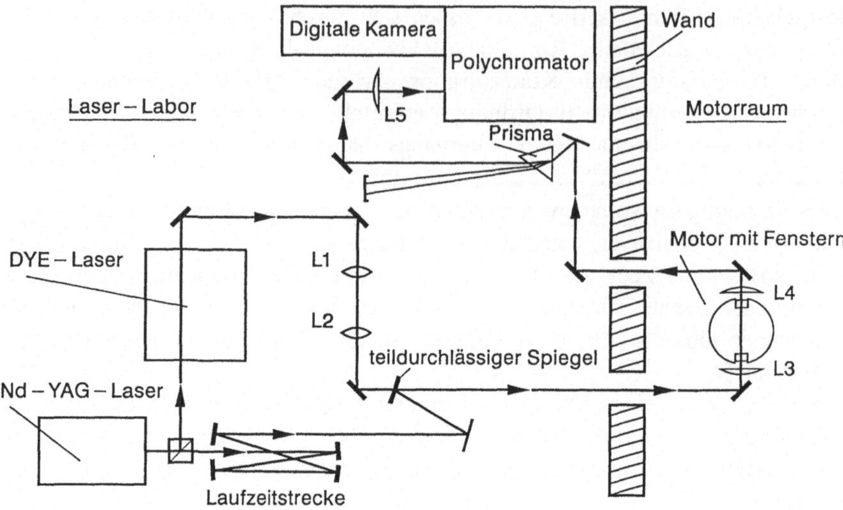

Abb. 3.47: Schema der Versuchsanordnung zur Temperaturmessung im Motorbrennraum mit CARS (Brüggemann et. al.)

Die hohe Intensität der CARS-Strahlung erlaubt beispielsweise die Ausmessung der temperaturabhängigen Besetzung der Rotationsniveaus des Stickstoffmoleküls und damit eine berührungslose Temperaturmessung im Bereich hoher Temperaturen.

Ein Beispiel der Ergebnisse einer Temperaturmessung im Motorbrennraum zeigt Abb. 3.48. Aufgenommen wurde ein Einzelspektrum von Stickstoff, die Messung erfolgte 26 °KW nach der Zündung des Gemisches.

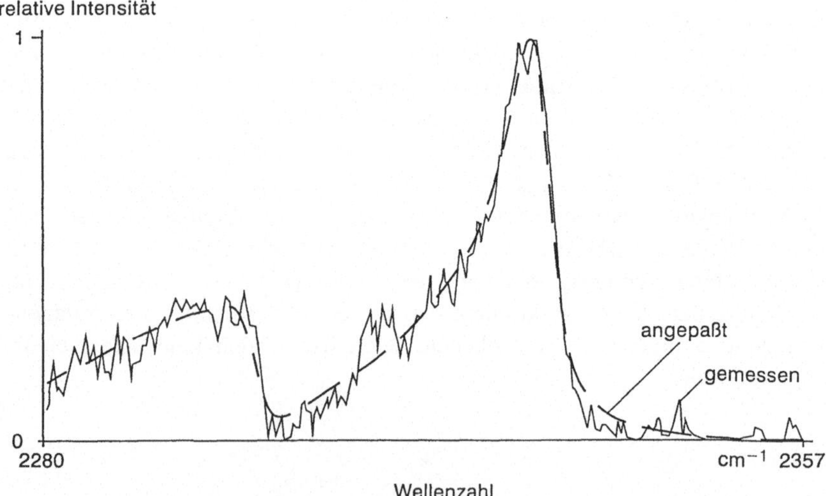

Abb. 3.48: Einzelspektrum von Stickstoff am normal betriebenen Ottomotor (Brüggemann et. al.); die angepaßte Kurve ergibt T = 2377 ± 40 K

Grundsätzlich werden alle Spektren einzeln ausgewertet. Zwar erhält man dadurch ein im Vergleich zur Addition mehrerer Spektren schlechteres Signal-Rausch-Verhältnis, jedoch vermeidet man Verfälschungen durch eine unzulässige Mittelung über verschiedene Gaszustände, wie sie wegen der Zyklus-zu-Zyklus-Schwankungen zu erwarten sind.

Die Ergebnisse, also jeweils Temperatur und Konzentration, werden durch Anpassung theoretisch berechneter Spektren an die experimentellen gewonnen. In Abb. 3.48 ist der sog. "best fit" für eine Temperatur am Meßort von 2377 K gestrichelt eingezeichnet. Die Meßungenauigkeit beträgt ca. ± 40 K.

Da je Verbrennungszyklus nur ein Temperaturwert gewonnen wird, werden zur Ermittlung des zeitlichen Temperaturverlaufs viele aufeinanderfolgende Zyklen vermessen, in Kurbelwinkelklassen zusammengefaßt und gemittelt.

Abb. 3.49 zeigt einen so erhaltenen Temperaturverlauf für einen Ort im Brennraum. Die einhüllende Linie gibt das Schwankungsband an, die Kreise stellen die Temperaturmittelwerte dar. Die zyklischen Schwankungen der Verbrennung führen ab ca. 190° KW zu einer größeren Schwankungsbreite der Gastemperatur.

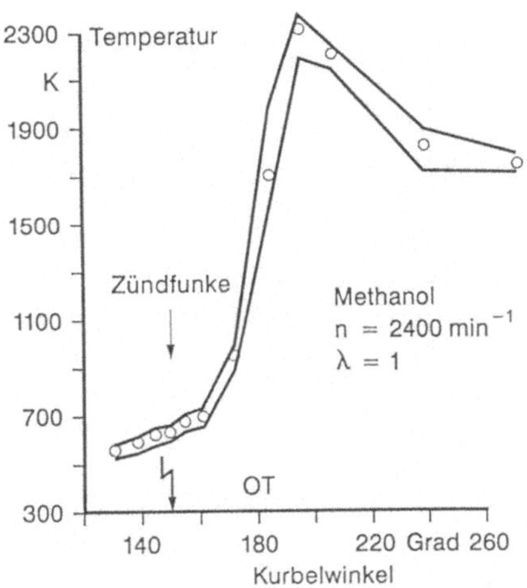

Abb.   3.49:   Temperaturverlauf im Brennraum des normal betriebenen Ottomotors (Knoche et. al.)

3.6 Untersuchungen am Fahrzeug und an Fahrzeugbauteilen

Lasermeßverfahren sind geeignet, um vielfältige Probleme der Fahrzeug-entwicklung zu lösen. Im folgenden werden Anwendungsbeispiele für Problem-stellungen bezüglich Festigkeitsanforderungen und akustisch-schwingungs-technischer Anforderungen an einzelne Bauteile und an das Fahrzeug beschrieben.

3.6.1 Speckle-Analyse für Dehnungsmessungen an Oberflächen

3.6.1.1 Speckles

Speckles entstehen in diffus an einer rauhen Oberfläche reflektiertem, kohärenten Licht, vgl. Abschn. 2.2.10. Wird ein mit hinreichend kohärentem Laserlicht beleuchteter, rauher Gegenstand abgebildet, so ist auch das entstehende Bild mit einer Speckle-Struktur überzogen, falls die Abbildung die mikroskopische Oberflächenrauhigkeit nicht auflöst. Dieser Speckle-Effekt kann durch "Defokussierung" stärker ausgeprägt werden, d.h. man fokussiert auf eine Speckle-Beobachtungsebene vor dem Objekt. Dort überlagern sich - und damit auch in jedem Bildpunkt - viele Elementarwellen mit statistisch verteilter Phase (Abb. 3.50).

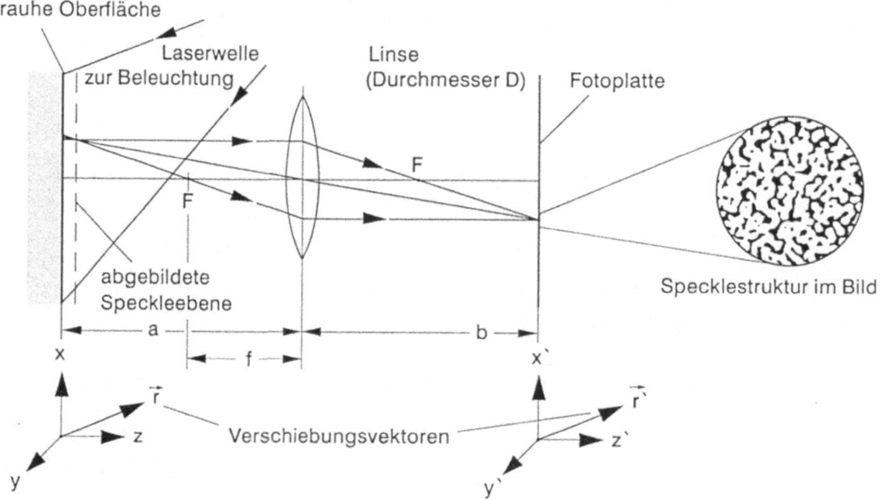

Abb. 3.50: Speckles bei der Abbildung 1:1

Der Durchmesser $2\sigma'$ der Speckles im Bild hängt von den Eigenschaften des abbildenden Systems ab. Hat dieses die Brennweite f, den Durchmesser D, und ist $M = b/a$ die Vergrößerung der Abbildung, so erhält man

$$2\sigma' = 1,2(1+M)\lambda\frac{f}{D} \ .$$

$$(3.46)$$

Der Speckledurchmesser ist gleich dem Durchmesser des Beugungsscheibchens bei der Abbildung einer Punktlichtquelle.

Für die fotografische Registrierung eines Specklebildes muß die Fotoplatte fein-körnig genug sein, um die Speckle-Struktur auflösen zu können.

<u>Beispiel:</u>
Für

$$\frac{b}{a} << 1 \quad ; \quad \frac{f}{D} = 8 \ (\text{"Blende 8"}) \quad ; \quad \lambda = 0,5\,\mu m$$

erhält man

$$2\sigma' = 4,8\,\mu m \quad .$$

Verschiebt sich die Oberfläche des Objekts, so verschiebt sich mit ihr das Speckle-muster in der Bildebene. Auf diese Weise werden lokale Verschiebungen und Dehnungen in der Oberfläche meßbar, wie im nächsten Abschnitt ausgeführt wird.

3.6.1.2 Speckle-Fotografie

<u>Specklegramm-Aufnahmen</u>
Bei der Speckle-Fotografie wird das mit Laserlicht beleuchtete Objekt mit und ohne Belastung fotografiert (zweifache Belichtung). Das Prinzip der Aufnahme-Anordnung ist schon in Abb. 3.50 wiedergegeben. Die bei der Belastung entstehenden Verschiebungen $\vec{s}(x,y)$ in der Objektoberfläche erzeugen eine örtliche Verschiebung des Specklemusters

$$\vec{s}'(x',y') = -\frac{a}{b}\,\vec{s}(x,y) , \tag{3.47}$$

so daß zwei lokal gegeneinander verschobene Specklemuster mit den Intensitäten I_1 und I_2 auf der Fotoplatte als Specklegramm registriert werden. Zwischen ihnen besteht die Beziehung

$$I_2(\vec{r}') = I_1(\vec{r}' - \vec{s}') \quad . \tag{3.48}$$

Nach Entwicklung der Fotoplatte (des Planfilms) erhält man unter Berück-sichtigung des Schleiers T_0 und der Schwärzung η als Transmission

$$T(\vec{r}') = T_0 - \eta\left[I_1(\vec{r}') + I_1(\vec{r}' - \vec{s}')\right] \quad . \tag{3.49}$$

<u>Specklegramm-Auswertung</u>
Zur Bestimmung des Verschiebungsvektors $\vec{s}'$ wird in einem zweiten Schritt das Specklegramm Punkt für Punkt mit einem dünnen Laserstrahl durchstrahlt (Abb. 3.51).

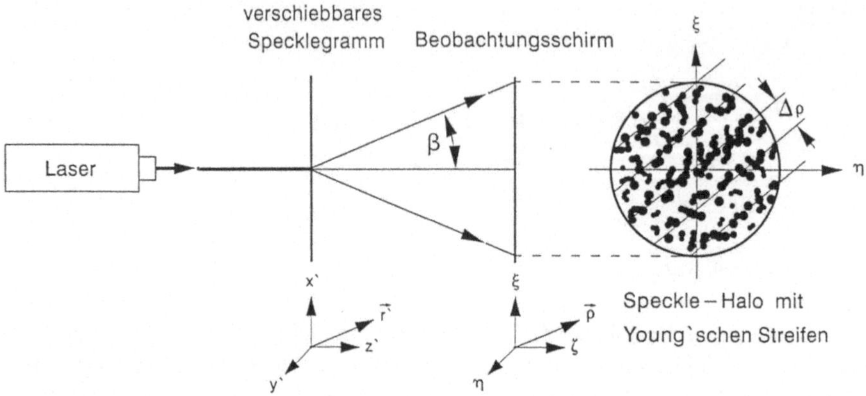

Abb. 3.51: Specklegramm und Beugungshalo

Durch Beugung des Laserstrahls an der doppelten Speckle-Struktur (Überlagerung von zwei Aufnahmen, s.o.) entsteht auf dem Beobachtungschirm ein Beugungshalo, vgl. Abb. 2.18, das jedoch wegen der Überlagerung zweier Beugungsbilder mit sogenannten Youngschen Interferenzstreifen in der Intensität moduliert ist. Diese enthalten die Information über den Verschiebungsvektor $\vec{s}$.

Die Entstehung der Youngschen Streifen ist vergleichbar mit der Beugung an einem Doppelspalt, vgl. Abschn. 2.2.7. Quantitativ kann man sie folgendermaßen ableiten:

Die vom Laser ankommende, auf das Specklegramm fallende Lichtwelle $\underline{E}_0(\vec{r}')$ wird um die Transmission (3.49) geschwächt, so daß vom Specklegramm die Lichtamplitude

$$\underline{E}(\vec{r}') = \underline{E}_0(\vec{r}')\left(T_0 - \eta\left[I_1(\vec{r}') + I_1(\vec{r}' - \vec{s}')\right]\right) \tag{3.50}$$

ausgeht.

Die Lichtamplitude auf dem Beobachtungsschirm kann als Fernfeldbeugung berechnet werden. Man erhält sie durch zweidimensionale Fourier-Transformation von $\underline{E}(\vec{r}')$ in der Ebene des Beobachtungsschirms mit dem Abstand L vom Specklegramm als

$$\underline{E}(\vec{\rho}) = C \iint \underline{E}(\vec{r}') \cdot e^{j2\pi\frac{\vec{r}'\vec{\rho}}{\lambda L}} dx' dy' \quad . \tag{3.51}$$

Betrachtet man nur den Speckle-Anteil aus (3.50), dann erhält man nach Rechnung unter Vernachlässigung von T_0 und Einbeziehen von η in die Konstante C

$$\underline{E}(\vec{\rho}) = C \iint \underline{E_0}(\vec{r}\,') \cdot I_1(\vec{r}\,') e^{j2\pi\frac{\vec{r}\,'\vec{\rho}}{\lambda L}} dx' dy' \left(1 + e^{-j2\pi\frac{\vec{s}\,'\vec{\rho}}{\lambda L}}\right) . \qquad (3.52)$$

Für die Intensität der Youngschen Streifen auf dem Beobachtungsschirm erhält man durch Multiplizieren mit der konjugiert komplexen Größe $\vec{\underline{E}}^*(\vec{\rho})$ den Ausdruck

$$\left|\underline{E}(\vec{\rho})\right|^2 = C^2 \left|\iint \underline{E_0}(\vec{r}\,') \cdot I_1(\vec{r}\,') e^{j2\pi\frac{\vec{r}\,'\vec{\rho}}{\lambda L}} dx' dy'\right|^2 \left[1 + \cos\left(2\pi\frac{\vec{s}\,'\vec{\rho}}{\lambda L}\right)\right] . \qquad (3.53)$$

Die cos-Funktion beschreibt die Youngschen Streifen im Beugungshalo. Die Periodenlänge erhält man aus der Bedingung

$$\frac{\vec{s}\,'\vec{\rho}}{\lambda L} = 1 . \qquad (3.54)$$

Für $(\vec{s}\,' \cdot \vec{\rho}) = |\vec{s}\,'|\,|\vec{\rho}|$, d.h. die Richtung von $\vec{s}\,'$ ist senkrecht zu den Youngschen Streifen, erhält man für den Abstand $\Delta\rho$ zweier Intensitätsmaxima der Youngschen Streifen

$$\Delta\rho = \frac{\lambda L}{|\vec{s}\,'|} . \qquad (3.55)$$

Bei der Specklegramm-Auswertung mißt man den Abstand $\Delta\rho$ und erhält mit der Lichtwellenlänge λ und dem Abstand L des Specklegramms vom Beobachtungsschirm den Betrag des Verschiebungsvektors $\vec{s}\,'$ in der Bildebene

$$|\vec{s}\,'| = \frac{\lambda L}{\Delta\rho} . \qquad (3.56)$$

Die Rückrechnung auf den Verschiebungsvektor $\vec{s}$ in der Objektebene ergibt sich aus den geometrisch-optischen Aufnahmebedingungen für das Specklegramm. Für den Idealfall - keine Defokussierung, keine Objektrotation und keine Objektverkippung - gilt (3.46), und man erhält damit für den Betrag des Verschiebungsvektors $\vec{s}$ auf dem Objekt

$$|\vec{s}| = \frac{a}{b}\frac{L}{\Delta\rho} . \qquad (3.57)$$

Die Interferenzstreifen im Beugungshalo entsprechen genau denen einer Zweistrahlinterferenz von zwei Elementarwellen, deren Ursprungspunkte um den Verschiebungsvektor $\vec{s}\,'$ in der Specklegrammebene von einander getrennt sind. Der Streifenabstand ist umgekehrt proportional zum Betrag des Verschiebungsvektors $\vec{s}'$. Die Streifenrichtung ist senkrecht zur Richtung des Verschiebungsvektors $\vec{s}'$. Damit erhält man Betrag und Richtung des Verschiebungsvektors $\vec{s}'$ bzw. von $\vec{s}$ in der Objektebene, nicht jedoch das Vorzeichen.

Rechnergestützte Auswertung

Eine genaue Bestimmung des Streifenabstands im Beugungshalo erreicht man nach Digitalisierung des Bildes mittels einer zweidimensionalen Fouriertransformation. Dabei geht die Intensitätsverteilung (3.53) in die zweidimensionale Autokorrelationsfunktion des lokal beleuchteten Ausschnitts im Specklegramm (3.50) über.

Abb. 3.52 zeigt einen Beugungshalo mit der zugehörigen Fouriertransformierten, rechts im Bild. Der Abstand d zwischen den Maxima der Fouriertransformierten ist umgekehrt proportional zum Streifenabstand $\Delta\rho$ im Beugungshalo,

$$d \sim \frac{1}{\Delta\rho} \ . \tag{3.58}$$

Die Richtung des Verschiebungsvektors $\vec{s}'$ ist gleich der Richtung der Verlängerung durch die drei Bildpunkte der Fouriertransformierten in Abb. 3.52, rechts. Sein Betrag ist nach (3.57) wiederum umgekehrt proportional zum Streifenabstand $\Delta\rho$ und damit proportional zum Abstand d in Abb. 3.52, rechts.

Die Bilder wurden mit dem nachfolgend beschriebenen Auswertesystem erzeugt.

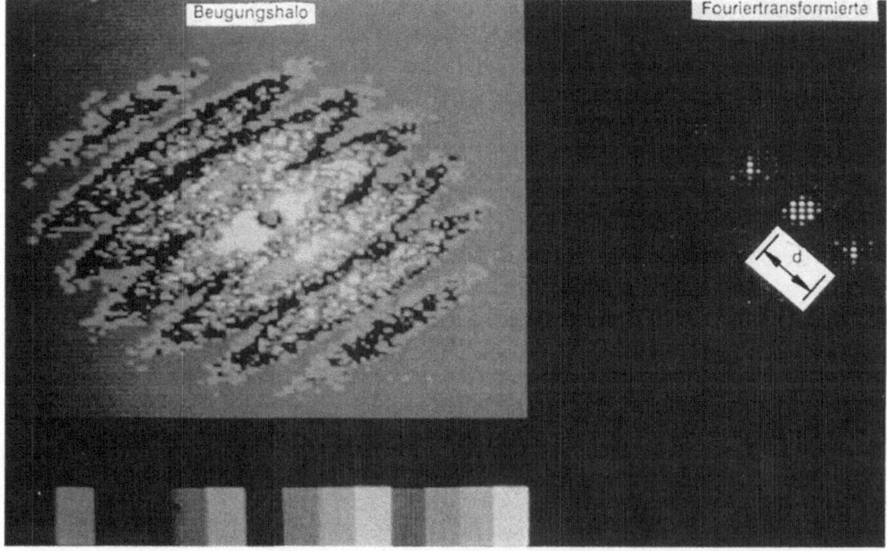

Abb. 3.52: Beugungshalo und zugehörige Fouriertransformierte

3.6.1.3 Vollautomatisches Specklegramm-Auswertegerät

Abb. 3.53 veranschaulicht den Aufbau eines vollautomatisch arbeitenden Speckle-gramm-Auswertegerätes. Als Lese-Laser dient ein He-Ne-Laser, rechts oben im Bild, mit 180°-Umlenkoptik. Dahinter erkennt man das Specklegramm in einem speziellen Plattenhalter, der an einem x-y-Verschiebetisch-System befestigt ist und damit verschoben wird. Der Laser durchstrahlt den ausgewählten Ort des Speckle-gramms von rechts nach links und erzeugt auf der Mattscheibe oben in der Bild-mitte ein Beugungsbild mit Youngschen Interferenzstreifen. Es wird von einer Videomeßkamera (links davon) aufgenommen und auf dem Videobildschirm links oben dargestellt. Durch die Bildverarbeitung im Rechner darunter können wahl-weise der Beugungshalo oder seine Fouriertransformierte dargestellt werden.

Abb. 3.53: Ansicht des Specklegramm-Auswertesystems

Zur automatischen Auswertung verschiebt man rechnergesteuert den x-y-Verschiebetisch und damit das Specklegramm in kleinen Schritten und berechnet jedesmal aus dem fouriertransformierten Bild den Verschiebungsvektor $\vec{s}$. Die Auswertezeit je Meßpunkt beträgt weniger als 1/4 Sekunde.

3.6.1.4 Zwei Anwendungsbeispiele der Speckle-Meßtechnik

Deformation einer Pleuelstange

In diesem Versuch der statischen Deformationsuntersuchung an einer Pleuelstange ging es darum festzustellen, ob bei bestimmten Zuglasten das Pleuellager auseinanderklafft, was letztlich im tatsächlichen Motorbetrieb zum Reißen des Schmierfilms zwischen Lagerschale und Kurbelwellenzapfen führen würde. Die Untersuchungen wurden an einer in eine Zugkraftmaschine eingespannten Pleuelstange durchgeführt. Die Specklegramme wurden mit einem Rubinlaser aufgenommen und mit dem beschriebenen automatischen Auswertesystem ausgewertet.

Abb. 3.54 zeigt in Teilbild A das Feld der gemessenen Verformungsvektoren auf einer Darstellung des Pleuelauges und in den Teilbildern B, C Ausschnittsvergrößerungen des linken Lagerspalts mit Verformungsvektoren (B) und daraus berechneten Dehnungen (C).

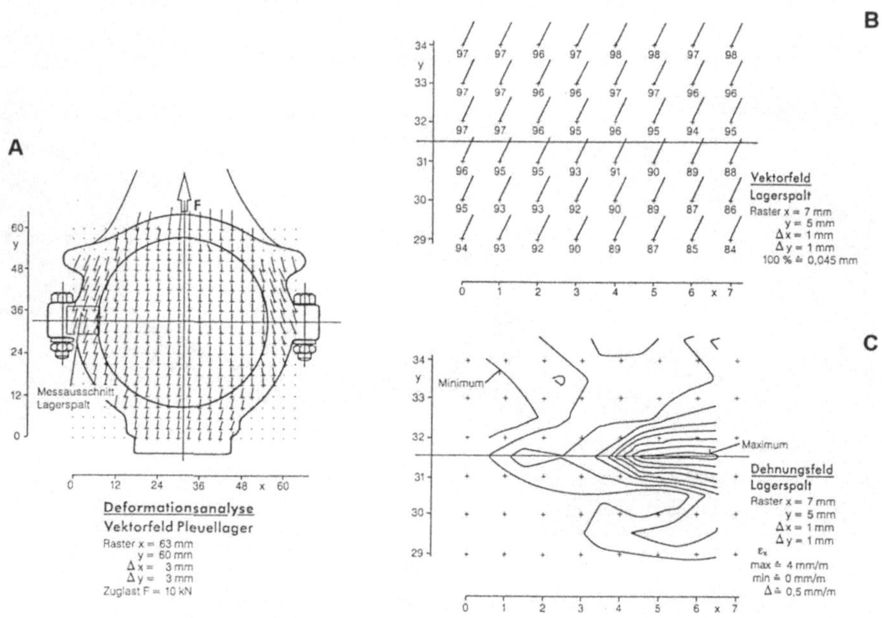

Abb. 3.54: Verformungsbild am großen Pleuelauge (A) und Vektor- bzw. Dehnungsfeld um die Lagerspaltzone des Pleuelauges vergrößert dargestellt (B, C)

An die Vektorpfeile in der Ausschnittsvergrößerung sind die gemessenen Beträge in %, bezogen auf einen Dehnungsvektor der Länge 45 µm, geschrieben. Größter Wert ist 98 % oben rechts, kleinster Wert 84 % unten rechts. Aus dem Vektorfeld geht eine Klaffung am Spalt noch nicht eindeutig hervor; dies vermittelt erst die Analyse des Dehnungsfeldes, in dem die Linien gleicher Dehnung in Schritten von 0,5 mm/m zwischen dem Minimum (0 mm/m = neutrale Faser) und dem Maximum (4 mm/m) gezeichnet sind.

Die ausgezogene Linie maximaler Dehnung (4 mm/m) liegt exakt parallel zu der Trennlinie auf beiden Bauteilen, wodurch die nicht kraftschlüssige Bewegung nachgewiesen ist.

Verformungsmessungen an einem Scheibenrad

Abb. 3.55 zeigt als weiteres Beispiel das Deformationsfeld einer Radfelge bei einer stationären Radaufstandskraft von $F = 1780$ N. Dargestellt ist hier die vertikale Verschiebungskomponente entlang von 5 Auswertelinien.

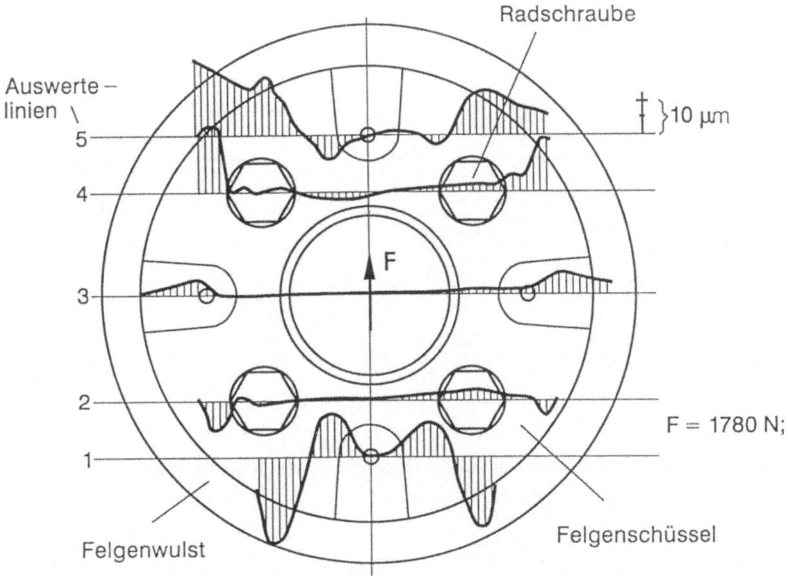

Abb. 3.55: Deformation eines Scheibenrades

Im Bereich des Flansches innerhalb des Radschraubenkreises verlaufen die Verformungskurven nahezu konstant. Große örtliche Verzerrungen treten im Bereich der Felgenschüssel und der Felgenwulst auf.

3.6.2 Laser-Doppler-Vibrometrie für Schwingungsmessungen

3.6.2.1 Prinzip

Der Dopplereffekt wurde in Abschn. 3.4.3.1 für den Fall der Streuung von Laserlicht an bewegten Objekten beschrieben. Er bildet die Grundlage für eine Reihe von Verfahren zur berührungslosen Geschwindigkeitsmessung an Oberflächen fester Körper.

Dazu gehört auch die zeitaufgelöste punktweise Messung der Schwinggeschwindigkeit.

Da eine direkte Bestimmung der Dopplerfrequenz bei den hohen Laserlichtfrequenzen von ca. 10^{14} Hz nicht möglich ist, wird auf ein optisches Heterodynverfahren zurückgegriffen. Das Prinzip ist in Abb. 3.56 skizziert.

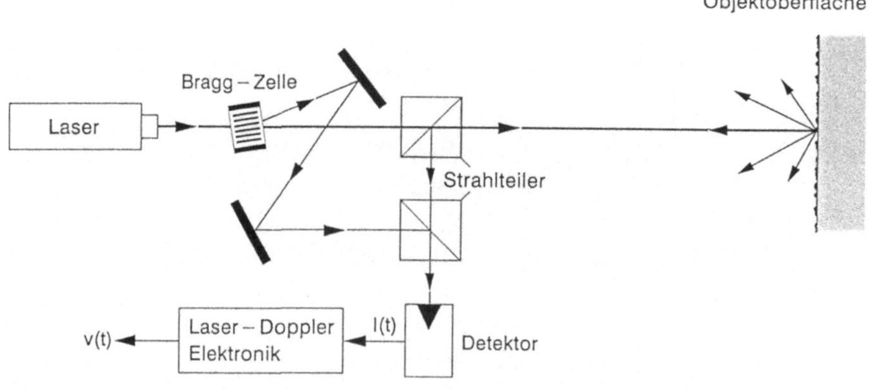

Abb. 3.56: Referenzstrahl-Verfahren für die Laser-Doppler-Schwingungsmessung.

Ein Laserstrahl mit der Frequenz ν_L von $5 \cdot 10^{14}$ Hz ist auf das schwingende Objekt fokussiert; das in Einfallrichtung zurückgestreute Licht erfährt eine Frequenzverschiebung

$$\Delta \nu = \nu_D(t) = \frac{2\,v(t)}{\lambda}\cos\alpha \quad , \tag{3.59}$$

die proportional zur Geschwindigkeitskomponente $v(t) \cos \alpha$ des Objekts in Strahlrichtung ist und z.B. 10^7 Hz betragen kann.

Zur Messung dieser, gegenüber den hohen Lichtfrequenzen von 10^{14} Hz geringfügigen Frequenzverschiebung ν_D überlagert man dem Laserlicht einen Referenzstrahl, der gegenüber der Frequenz ν_L eine definierte Frequenzverschiebung von z.B. $v_0 = 40$ MHz besitzt (Heterodyn-Verfahren). Die Erzeugung des Referenzstrahls sowie seine Trennung von dem zum Objekt gehenden Signalstrahl erfolgt durch eine Bragg-Zelle; ihre 0. Beugungsordnung ergibt den zum Objekt gehenden Signalstrahl und ihre 1. Beugungsordnung den frequenzverschobenen Referenzstrahl (vgl. Abschn. 3.3.2). Der schnelle Fotoempfänger, eine PIN- oder Avalanche-Diode, registriert die Intensität I des Schwebungssignals zwischen Signalstrahl (s) und Referenzstrahl (r).

Es gilt, ausgehend von (2.39),

$$I = I_s + I_r + 2\sqrt{I_s I_r} \cos \left(2\pi \left(v_D - v_0\right) t\right) \quad . \tag{3.60}$$

Dieses Signal muß analysiert und in ein Geschwindigkeitssignal v(t) umgesetzt werden. Das geschieht mittels Signalanalyse mit Hilfe eines Frequenzfolgedemodulators (Tracker). Die Gleichanteile I_s und I_r lassen sich wegfiltern. Die Meßinformation ist im Cosinus-Term enthalten, wobei $v_0 = 40$ MHz bekannt ist und der Geschwindigkeit 0 m/s entspricht.

Mit einem so ausgeführten, handelsüblichen Vibrometer lassen sich akustische Schwingungen in fast allen interessierenden Frequenz- und Amplitudenbereichen punktweise messen.

Für den praktischen Einsatz der Laser-Doppler-Vibrometrie wurden verschiedene Varianten und Hilfseinrichtungen entwickelt, darunter:

- das faseroptische Vibrometer für Differenzmessungen,
- die automatische Flächenabtastung und
- die Derotation bei sich drehenden Meßobjekten.

3.6.2.2 Faseroptisches Vibrometer

Das faseroptische Vibrometer enthält Lichtleiter, um das Meßobjekt zu beleuchten und das reflektierte, dopplerverschobene Licht aufzunehmen. Es bietet darüber hinaus die Möglichkeit, auch den Referenzstrahl über einen zweiten Lichtleiterkanal an anderer Stelle auf das Meßobjekt zu richten und so Geschwindigkeitsdifferenzen zu messen (s. Abb. 3.57).

Die vom Laser kommenden Strahlen haben eine feste Polarisationsrichtung, durchlaufen die beiden Polarisations-Strahlteiler 1 und 2 und werden jeweils in einen die Polarisationsrichtung erhaltenden Einmoden-Lichtwellenleiter eingekoppelt.

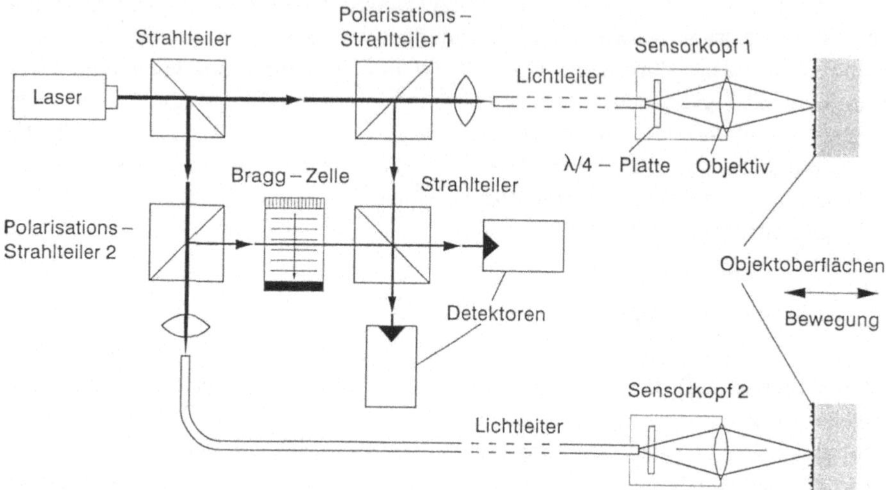

Abb. 3.57:   Optischer Aufbau des faseroptischen Vibrometers mit Laser-Lichtquelle und polarisierenden Strahlteilern

Im jeweiligen Sensorkopf tritt der Strahl als divergentes Lichtbündel aus dem Lichtwellenleiter aus und wird über ein Objektiv auf den zu messenden Objektpunkt fokussiert. Das an der Oberfläche gestreute Licht wird über denselben Weg wieder in die Glasfaser eingekoppelt. Dieser umkehrbare Strahlengang macht die Sensorköpfe justierunempfindlich.

Bei einer differentiellen Messung werden in beiden Zweigen des Interferometers Sensorköpfe benutzt, und es wird die relative Bewegung zwischen zwei Meßoberflächen bzw. Meßpunkten erfaßt. Ersetzt man einen der Sensorköpfe durch einen festen Spiegel, ist eine normale Einpunkt-Messung möglich.

Durch eine λ/4-Platte im Sensorkopf wird eine Trennung des gesendeten und des zurückgestreuten Lichtes erreicht. Die Polarisation des gestreuten Lichtes ist senkrecht zu der des gesendeten Lichtes, wenn es wieder in die Faser eintritt. Die Polarisations-Strahlteiler 1 und 2 reflektieren das aus der jeweiligen Faser austretende zurückgestreute Licht zum Empfänger, da die Beschichtung auf diesen Strahlteilern nur vertikal polarisiertes Licht durchläßt und horizontal polarisiertes Licht reflektiert. Mit einer Bragg-Zelle wird wieder eine Frequenzverschiebung um 40 MHz in einem Lichtkanal erzeugt. Mittels einer geeigneten Elektronik werden die Signale demoduliert, der Schwingungsanteil detektiert und die Differenz gebildet.

Besondere Vorteile bietet diese differentielle Methode, wenn Schwingungsmessungen an rotierenden Bauteilen durchgeführt werden müssen. Zu Messungen von Torsionsschwingungen von Wellen werden die aus den beiden Meßköpfen austretenden Laserstrahlen auf zwei in gleicher Höhe, aber axial versetzte Punkte, über einen Derotator fokussiert.

3.6.2.3 Flächenabtastendes Laser-Doppler-Vibrometer

<u>Verfahren</u>
Zur Erfassung der Schwingungsform auf schwingenden Bauteilen muß ein
Meßkopf nach Abb. 3.56 oder Abb. 3.57 systematisch verschoben und aus Einzelmessungen an vielen Meßpunkten das flächenhafte Schwingungsbild zusammengesetzt werden.

Komfortabler ist ein Schwingungsanalysesystem, mit dem man automatisch die
Fläche abtastet. Seine Grundlage ist ein Meßkopf mit einer speziellen Laserstrahl-
Ablenkeinheit, wie in Abb. 3.58 schematisch skizziert.

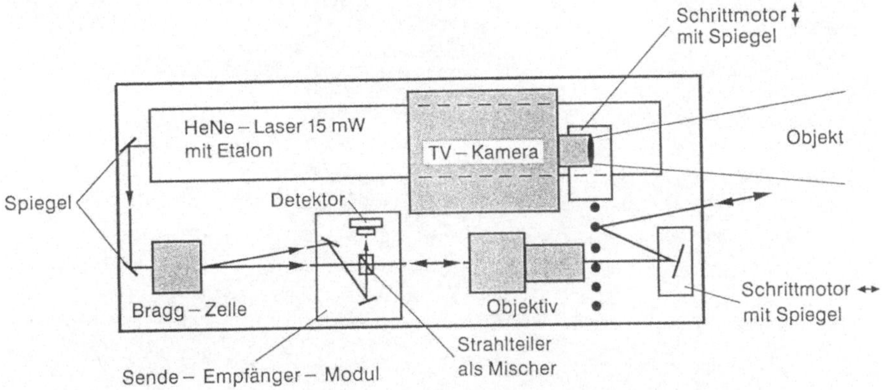

Abb. 3.58: Optischer Meßkopf eines flächenabtastenden Laser-Doppler-Vibrometers

Als Lichtquelle dient ein He-Ne-Laser mit einem Etalon für longitudinalen
Monomode-Betrieb. Wieder wird eine Bragg-Zelle zur Trennung von Objekt- und
Referenzstrahl und zur Frequenzmodulation eingesetzt. Der zum Objekt gerichtete
Strahl durchläuft einen Polarisationsstrahlteiler mit angesetzter λ/4-Platte und eine
Aufweitungslinse und wird vom Objektiv über zwei Ablenkspiegel auf das Objekt
fokussiert. Das zurückgestreute Licht wird auf demselben Wege gesammelt und
gelangt über den Teiler gemeinsam mit dem modulierten Referenzstrahl auf den
Fotodetektor, eine Avalanche-Diode. Die zwei Spiegel werden rechnergesteuert
von Schrittmotoren bewegt, um eine horizontale und vertikale Ablenkung des
Objektstrahls zu erreichen. Zusätzlich zur Laser-Doppler-Optik ist im Meßkopf
eine Fernsehkamera installiert, mit der man ein Bild des abgetasteten Objekts für
eine Ergebnisdarstellung aufnimmt.

Abb. 3.59 zeigt eine Ansicht des am Motorprüfstand aufgebauten gesamten
Meßsystems, links den Meßkopf und rechts das rechnergestützte Auswertesystem
zur Sofortdarstellung von Meßergebnissen.

Mit Hilfe der Steuereinheit des Meßsystems wird mit dem Laserstrahl punktweise ein vorgegebenes Meßfeld abgetastet. Es wird vor der Messung auf dem Monitor-Bild des Objekts mit Cursorlinien eingegrenzt. Die Schrittmotorsteuerung wird durch Anfahren der Eckpunkte auf das Meßfeld abgestimmt. Innerhalb des rechteckigen Meßfeldes ist die Zahl der Abtastpunkte in x- und y-Richtung frei wählbar bis zur Maximalzahl von 30x30 Punkten.

Abb. 3.59:   Gesamtansicht des flächenabtastenden Laser-Doppler-Vibrometers vor einem Motorprüfstand (Volkswagen AG)

Meßdatenverarbeitung

Die Meßdatenverarbeitung bis zum fertigen Schwingungsbild zeigt Abb. 3.60 an einem Beispiel. An jedem Meßpunkt gewinnt man mit der Laser-Doppler-Elektronik aus dem Signal des Fotoempfängers das Geschwindigkeitssignal und liest es digitalisiert in den Rechner ein. Mit Hilfe eines Array-Prozessors wird daraus laufend blockweise ein komplexes Schwingungsspektrum mit 512 Linien berechnet und, wenn erforderlich, in ein Schwingweg- oder Beschleunigungsspektrum umgerechnet.

Aus jedem dieser Einzelspektren können für wählbare Frequenzbereiche die Pegelwerte (Maximal-, Integral- oder Mittelwert) abgespeichert werden, um auch später aus den abgespeicherten Daten jedes Frequenzbereichs ein Schwingungsbild rekonstruieren zu können.

Außerdem ist die Darstellung einzelner oder gemittelter Spektren möglich, um interessante Frequenzbereiche festlegen zu können, vgl. "Automobil-Meßtechnik", Band A: Akustik.

Das Verfahren eignet sich für reproduzierbare Schwingungen in Eigen- oder Fremdanregung.

Da die Datenaufnahme an den verschiedenen Meßpunkten nicht gleichzeitig, sondern nacheinander erfolgt, ist die Messung der relativen Phase in den Schwingungssignalen nur bei Berücksichtigung eines zusätzlichen Referenzsignals möglich. Es kann durch einen Schwingungsaufnehmer an einem beliebigen Ort des Objekts erzeugt werden und triggert für jeden Meßpunkt den Beginn der Datenaufnahme.

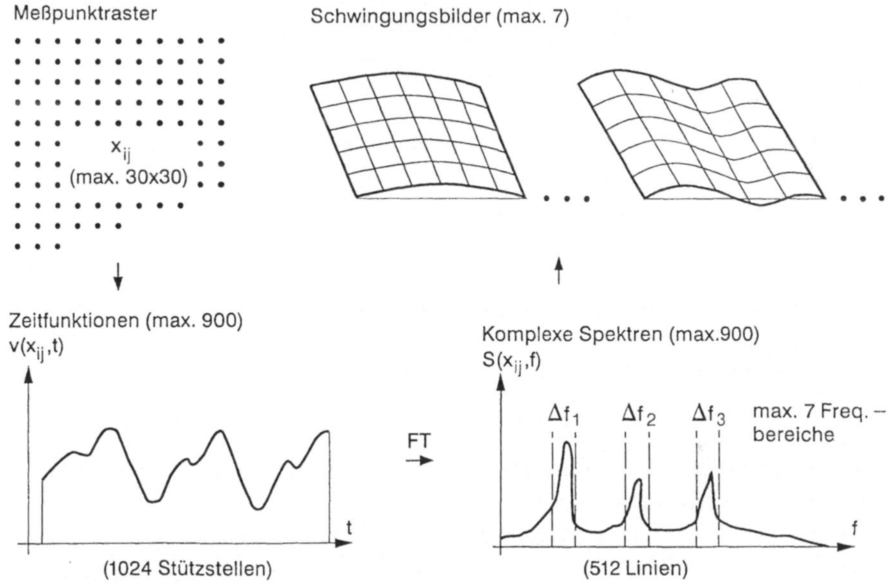

Abb. 3.60: Meßdatenverarbeitung im flächenabtastenden Laser-Doppler-Vibrometer-System

Die Meßzeit für das Abtasten von 900 Punkten liegt je nach Meßbereich in der Größenordnung von 20 s bis zu einigen Minuten. Die Zeit für die Datenverarbeitung beträgt nur wenige Millisekunden.

Für die Veranschaulichung von gemessenen Schwingungsverteilungen eignet sich die "Netzdarstellung" als perspektivisches Bild der Amplitudenverteilung auf dem liegenden Meßpunktraster (Abb. 3.61).

In Abb. 3.61 ist das Ergebnis der Abtastung eines gesamten Fahrzeugbodens wiedergegeben. Die Rohkarosserie wurde mit Rauschen im Frequenzbereich 20-200 Hz angeregt, so daß mehrere Eigenschwingungen gleichzeitig auftraten. Das Bild zeigt die Pegelverteilung im Bereich einer Resonanz, hier bei 120 Hz.

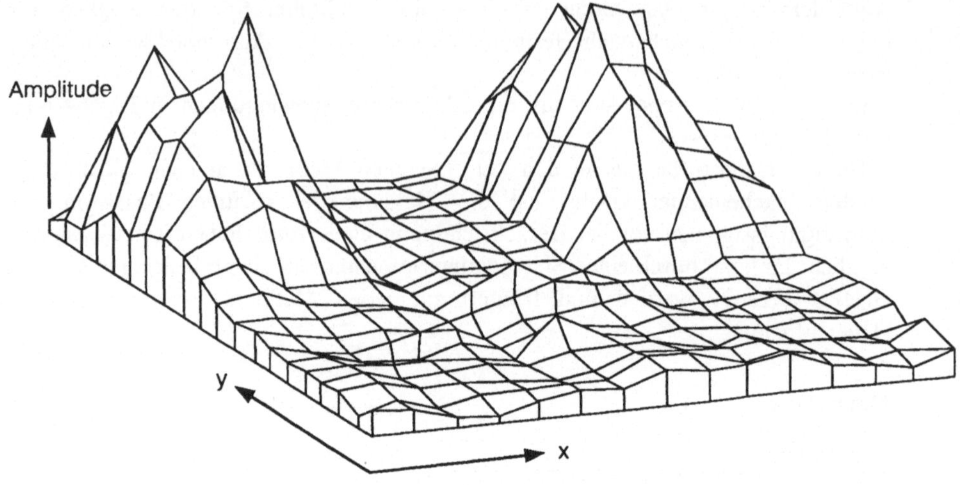

Abb. 3.61: Resonanzschwingung eines Fahrzeugbodens, angeregt mit Bandpaß-Rauschen (20-200 Hz) über Luftschall mit einem Lautsprecher im Motorraum und analysiert bei 120 Hz (vgl. "Automobil-Meßtechnik", Band A: Akustik)

3.6.3 Untersuchungen mittels holografischer Interferometrie

3.6.3.1 Allgemeines

<u>Prinzip</u>

Interferometrie ist die Ausnutzung der Interferenz kohärenter Wellen (s. Abschn. 2.2.4) für Meßzwecke.

Ein Beispiel für ein Interferometer zur Wegmessung wurde bereits in Abschn. 3.2.5 beschrieben. Ersetzt man in der dortigen Abbildung 3.5 Teile durch geeignete andere, so kommt man zu einer flächenhaften Wegmessung, s. Abb. 3.62.

Ein aufgeweitetes Laserlichtbündel wird an einer diffus reflektierenden Objekt-Oberfläche reflektiert, ebenso wie der Referenzstrahl an einer ebenen, diffus reflektierenden Fläche in etwa gleichem Abstand vom Strahlteiler wie das Objekt. Mit einer Kamera, deren Abbildungslinse auf das Meßobjekt und die Referenzfläche scharf eingestellt ist, werden beide Flächenbilder als Interferogramm überlagert. Damit erhält man eine interferometrische Wegmessung über die ganze Fläche; denn die Abweichung $x\,(y, z)$ der Objektoberfläche vom Spiegelbild der Referenzfläche $(x = 0, y, z)$ geht aus der Phasenverschiebung $\Phi\,(y', z')$ zwischen Meß- und Referenzlicht in der Bildebene $(x' = 0, y', z')$ hervor.

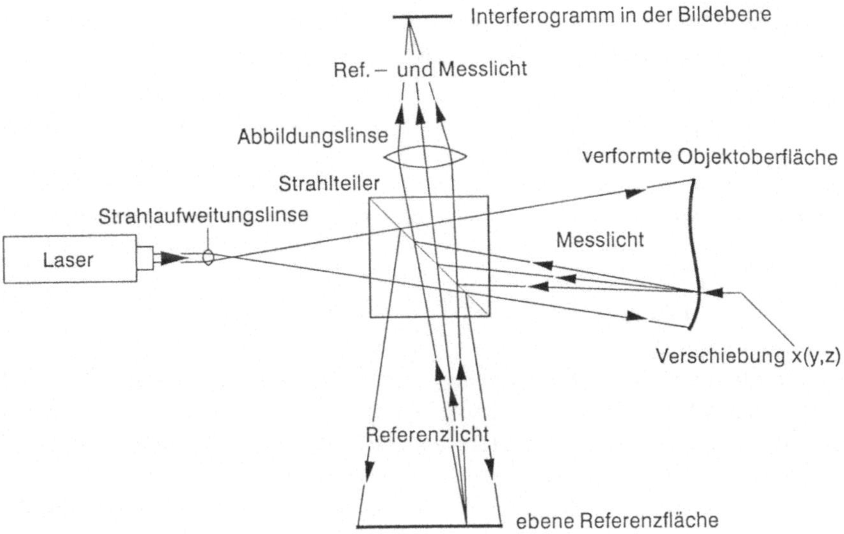

Abb. 3.62: Interferenzverfahren zur flächenhaften Wegmessung

Die Phasenverschiebung beträgt mit λ als Wellenlänge bzw. der Wellenzahl $k = \omega/c = 2\pi/\lambda$ für eine bestimmte Wegänderung x, d.h. einer optischen Weglängenänderung $2x$.

$$\varphi\,(y',z') = 2kx\,(y,z) = \frac{4\,\pi\,x(y,z)}{\lambda} \tag{3.61}$$

wobei y' bzw. z' die Bildkoordinaten zu den Objektkoordinaten y bzw. z sind.

Maßgebend für die Schwärzung der fotoempfindlichen Schicht und damit für die Transmission der entwickelten Fotoplatte ist die Intensität des Interferenzbildes

$$I(y',z') = I_0(y',z')\cdot\left[1+m\ \cos\ (\varphi(y',z'))\right]^2 \tag{3.62}$$

mit der Referenzstrahl-Intensität I_0 und dem Verhältnis m von Meß- zu Referenzlichtamplitude.

Nach dem Entwickeln des Films erhält man mit Konstanten c und τ_0 in linearer Näherung der Schwärzungsfunktion (Gradation des fotografischen Prozesses) die Transmissionsverteilung

$$\tau\,(y',z') = \tau_0 + c\cdot\left[1+m\ \cos\ (\varphi(y',z'))\right]^2 \tag{3.63}$$

In der Praxis wählt man die Referenzlichtintensität mindestens so groß wie die Meßlichtintensität, also

$$m \leq 1 \tag{3.64}$$

Dann ist die Schwärzungsintensität maximal an Orten mit $\cos(\varphi) = 1$, also nach (3.61) mit den Wegänderungen x der zu messenden Oberfläche

$$x_{\text{max}} = 0,\ \frac{\lambda}{2},\ \lambda,\ \frac{3\lambda}{2},\ \dots \quad \text{oder}\quad x_{\text{max}} = n\frac{\lambda}{2},\quad n = 0,\ 1,\ 2,\ \dots \qquad (3.65)$$

und minimal an Orten mit $\cos(\varphi) = -1$, also nach (3.61) mit den Wegänderungen x

$$x_{\text{min}} = \frac{\lambda}{4},\ \frac{3\lambda}{4},\ \frac{5\lambda}{4},\ \dots\ . \qquad (3.66)$$

Man fotografiert also in der Bildebene der Kamera eine Höhenliniendarstellung der zu messenden Oberflächenformänderung $x(y,z)$ in Form von Linien mit einem Linienabstand entsprechend einem Höhenunterschied von $\lambda/2$. Diese Linien heißen Interferenzlinien, das gesamte Linienbild Interferogramm.

Interferogramme lassen sich auf der Grundlage der Formeln (3.65) und (3.66) für eine bestimmte Wegänderung bzw. Verformung der Oberfläche berechnen. Abb. 3.63 zeigt beispielhaft theoretisch berechnete dunkle Interferenzlinien, also Linien minimaler Helligkeit, für eine bestimmte Biegung eines Stabs (links) und für eine bestimmte Auslenkung einer im 2,1-Mode schwingenden Membran (rechts).

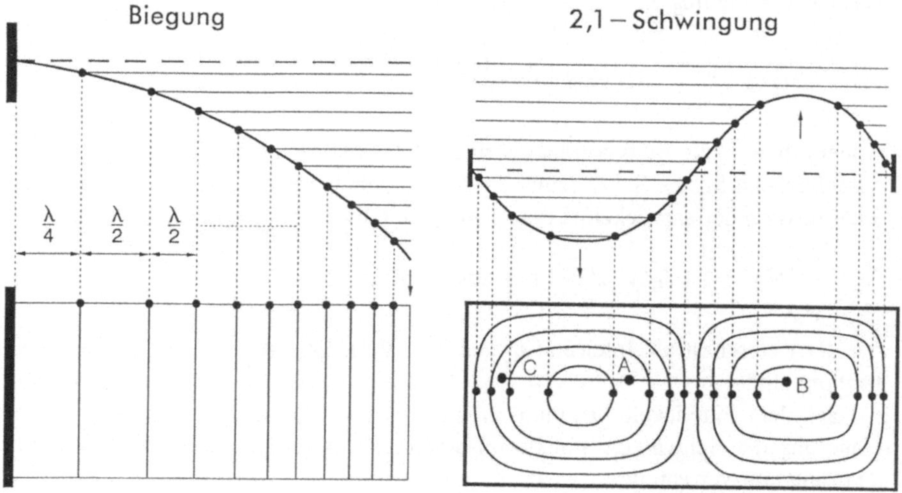

Abb. 3.63: Konstruktion von Interferogrammen aus der Verformung der Oberfläche

Betrachtet sei die Biegung links in Abb. 3.63. Der erste Interferenzstreifen tritt bei $\lambda/4$ auf. Die weiteren Streifen folgen, wenn die Auslenkung jeweils um weitere $\lambda/2$

angewachsen ist. Im Bild sind diese Abstandslinien horizontal gezeichnet. Der erste Abstand von $\lambda/4$ wird von der gestrichelten Nullage aus gerechnet.

Bei flächigen Biegeformen, wie bei der Membran im rechten Teilbild, lassen sich diese Konstruktionen für Schnitte durch die Fläche ausführen. Die Zentren der beiden erhaltenen Ringsysteme liegen hier gegenphasig. Das gilt auch für nebeneinanderliegende Zentren im Interferogramm.

Umgekehrt kann man aus Interferogrammen die Verformung berechnen. Generell lassen sich so statische und dynamische Flächenveränderungen bestimmen.

Im allgemeinen verlaufen die Lichtstrahlen zur Beleuchtung und zur Beobachtung des Meßobjektes nicht parallel zur Verschiebungsrichtung wie in Abb. 3.5 sondern schräg dazu mit dem Einfallswinkel α und dem davon verschiedenen Ausfallswinkel β, s. Abb. 3.64.

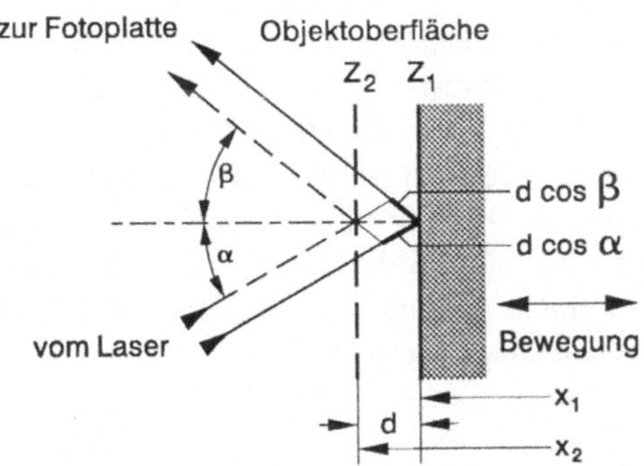

Abb. 3.64: Änderung der optischen Weglänge bei Verschiebung eines Objektpunktes um die Strecke d; α ist der Beleuchtungswinkel, β der Beobachtungswinkel

Die Weglänge des Lichts ändert sich bei Verschiebung des Objekts von x_1 nach x_2 um den Betrag $d \cdot (\cos\alpha + \cos\beta)$. Der Phasenunterschied $\Delta\varphi$ beträgt damit, bezogen auf die Laserlichtwellenlänge λ,

$$\Delta\varphi = \frac{2\pi}{\lambda} d(\cos\alpha + \cos\beta) \quad , \tag{3.67}$$

bzw. die Änderung d zwischen Interferenzstreifen $n=0$ und n nach (2.51)

$$d = \frac{n\lambda}{\cos\alpha + \cos\beta} \quad , \quad n = 0, 1, 2, \ldots \quad . \tag{3.68}$$

Dies ist eine Verallgemeinerung der Formel (3.65), welche für den Fall $\alpha = \beta = 0$ gilt.

Der Auslenkungsunterschied d_0 zwischen zwei benachbarten Interferenzlinien ist entsprechend

$$d_0 = \frac{\lambda}{\cos\alpha + \cos\beta} \quad .$$

(3.69)

Dies muß bei der quantitativen Auswertung von Interferogrammen berücksichtigt werden.

Für zwei beliebige Objektpunkte A und C im Interferogramm von Abb. 3.63 ist durch Abzählen der zwischen ihnen liegenden Interferenzstreifen die relative Auslenkung bestimmbar. Sie beträgt mit n als Streifenzahl

$$d_{12} = x_2 - x_1 = n \cdot d_0 \quad .$$

(3.70)

Probleme beim Abzählen der Streifen gibt es, wenn das Vorzeichen der Phasenänderung von Streifen zur Streifen nicht einheitlich ist, wie in Abb. 3.63 entlang der Auswertelinie zwischen den Punkten A und B, vgl. aber Abschn. 3.6.3.4.

Die oben beschriebene direkte Interferometrie setzt voraus, daß das Meß- und das Referenzlicht gleichzeitig vorhanden sind. Dies erfordert im optischen Aufbau zwei nahezu identische Strahlengänge, die sich während der Messung nicht gegeneinander ändern dürfen. Die erforderliche mechanische Stabilität ist nur mit einem massiven, schwingungsisolierten Meßaufbau erreichbar.

Holografische Interferometrie

Die Holografie (s. Abschn. 2.2.9) bietet die Möglichkeit, mehrere Wellenfelder zu speichern, z.B. die Wellenfelder des Referenzlichts und des Meßlichts. Damit wird es möglich, anstelle einer Referenzfläche die *unverformte* Objektoberfläche als Referenzfläche zu verwenden. Referenz- und verformte Meßflächen werden im Hologramm gespeichert. Die gewünschten Interferenzlinien entstehen dann bei der Rekonstruktion des Hologramms, weil sich dabei die betrachteten Beugungsbilder der beiden gespeicherten Wellenfelder überlagern. Dieses Verfahren heißt "holografische Interferometrie".

In der Praxis der holografischen Interferometrie wird stets so verfahren, daß dasselbe Meßobjekt über denselben Strahlengang in zwei oder mehr Zuständen aufgenommen wird. Es handelt sich also um eine Mehrbild-Holografie. Das für die holografischen Aufnahmen benötigte Referenzlicht wird wie bei der Einzelbildholografie vom Beleuchtungslaser abgezweigt und schräg auf die Fotoplatte geführt, vgl. Abb. 2.15.

Die verschiedenen Varianten der holografisch-interferometrischen Meßverfahren unterscheiden sich hauptsächlich durch die zeitliche Belichtungssteuerung. Hierfür ist in einigen Fällen eine aufwendige Elektronik erforderlich, die ihrerseits von einem Sensorsignal zur Synchronisation ausgelöst wird.

Die wichtigsten Verfahren

- Einzelbelichtung zweier statischer Zustände,
- Doppelpulsholografie,
- Auswertung mit Phasenschieber,
- Zeitmittelungsholografie,
- Stroboskop-Holografie

werden im folgenden beschrieben.

Ein Sondergebiet ist die Echtzeit-Holografie (s. Abschn. 3.6.3.7), bei der nur das Bild des Referenzzustandes allein im Hologramm gespeichert und anschließend auf das reale Objekt projiziert wird, so daß nach dieser Vorbereitung Objektverschiebungen sofort als Interferenzstreifenmuster sichtbar werden.

In der Fahrzeugmeßtechnik wird die holografische Interferometrie hauptsächlich zur Messung der Verformung von Oberflächen bei Belastung durch statische Kräfte oder bei Schwingungen eingesetzt. Beispiele sind in den Abschn. 3.6.3.9 und 3.6.3.10 aufgeführt. An rotierenden Bauteilen kann mittels Derotation des Bildes (s. Abschn. 3.6.3.8) ebenfalls gemessen werden.

3.6.3.2 Doppelbildholografie für statische Messungen

Im einfachsten Fall lassen sich also zwei Verformungszustände der Oberfläche eines Objekts nacheinander als Hologramme auf einer Fotoplatte oder auf einem Thermoplastfilm speichern.

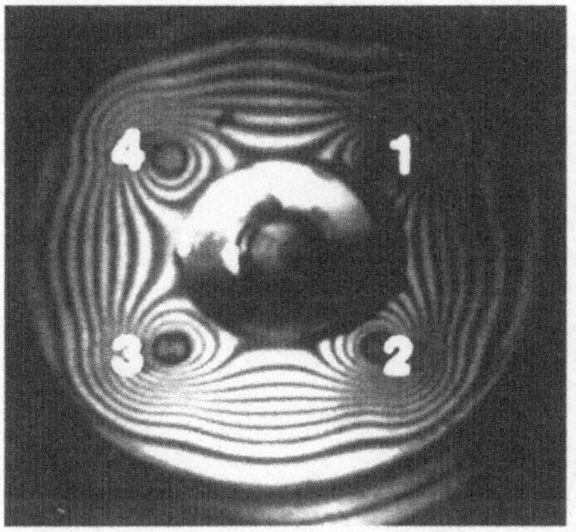

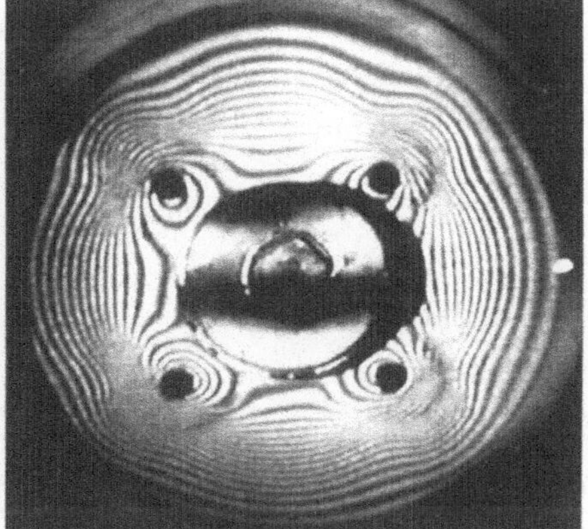

Abb. 3.65: Verformungsverhalten einer Bremstrommel bei Erhöhung der Anzugsmomente der Radschrauben um 5 Nm; von Interferenzstreifen zu Interferenzstreifen beträgt die Verformungsdifferenz 0,257 µm

Nach der Entwicklung und gemeinsamen Rekonstruktion der Hologramme erhält man ein Bild der Objektoberfläche, das mit Interferenzstreifen als Linien gleicher Verformung in Strahlrichtung überzogen ist, wie Abb. 3.65 an einem Beispiel zeigt. Der Abstand der Interferenzstreifen ist ein Maß für diese Deformation in Strahlrichtung, s. (3.69). Die Anordnung der Interferenzstreifen auf dem Bild gibt also das Verformungsbild wieder.

Die statische Doppelbildholografie erfordert ebenfalls einen stabilen, schwingungsisolierten Aufbau.

3.6.3.3 Doppelpulsholografie für Kurzzeit-Messungen

Folgen die beiden Belichtungen als zwei Blitzaufnahmen schnell hintereinander, so können Störungen durch Fremdschwingungseinflüsse vernachlässigt werden. Ein stabiler Aufbau ist dann nicht notwendig. Dieses Verfahren heißt Doppel- oder Mehrfach-Pulsholografie, weil zur Beleuchtung ein Impulslaser eingesetzt wird, der zweimal oder mehrmals kurz hintereinander elektronisch ausgelöst wird, Abb. 3.66.

Mit der Doppelpuls-Holografie mißt man die Verschiebung d_{12} zwischen den beiden Laserblitz-Zeitpunkten t_1 und t_2 und kann außerdem daraus die mittlere Geschwindigkeit zwischen den Blitzen berechnen,

$$v_{12} = \frac{d_{12}}{t_2 - t_1} \ .$$
(3.71)

Dies ist in der Akustik und Schwingungstechnik näherungsweise die momentane Schnelle (vgl. "Automobil-Meßtechnik", Band A: Akustik), wenn die Zeitpunkte der Laserblitze, wie in Abb. 3.66 skizziert ist, in den Bereich des Nulldurchgangs der Schwingung gelegt werden, weil dort die gemessene Geschwindigkeit näherungsweise gleich der Schnelleamplitude ist.

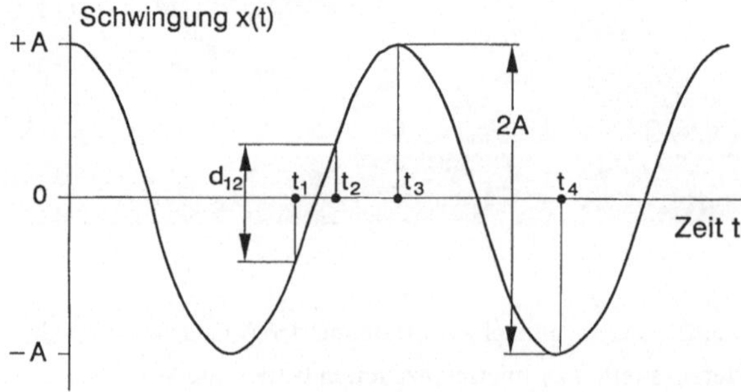

Abb. 3.66: Schwingungsmessung mit Doppelpulsholografie

Zur Positionierung der Blitze in der gewünschten Weise verwendet man ein zusätzliches elektrisches Signal von einem am Objekt angebrachten Schwingungssensor und eine elektronische Verzögerungseinrichtung. Bei der Blitzsteuerung ist zu beachten, daß der Laser für das Pumpen und Invertieren des aktiven Lasermaterials eine Vorlaufzeit benötigt.

Für eine harmonische Schwingung

$$x(t) = A \cdot \cos \omega\, t \tag{3.72}$$

eines Objektpunktes, s. Abb. 3.66, gilt bei entsprechender Triggerung der Laserblitze zu den Zeitpunkten t_1 und t_2 für die Auslenkung zum Zeitpunkt t_1

$$x(t_1) = A \cdot \cos \omega\, t_1 \tag{3.73}$$

und zum frei wählbaren Zeitpunkt t_2

$$x(t_2) = A \cdot \cos \omega\, t_2 \tag{3.74}$$

Daraus berechnet sich die Verschiebung

$$d_{12} = x(t_2) - x(t_1) = A \cdot (\cos \omega\, t_2 - \cos \omega\, t_1) \tag{3.75}$$

Eine andere, besonders für kleine Schwingungsamplituden verwendete Steuerungstechnik besteht darin, die Blitze auf zwei aufeinander folgende Extrema zu positionieren, t_3 und t_4 in Abb. 3.66. Dann ergibt die gemessene Verschiebung d unmittelbar die doppelte Schwingwegamplitude $2A$.

Hologrammkamera

Da die Doppelpulsholografie keinen schwingungsisolierten Aufbau benötigt, kann eine Doppelpuls-Hologrammkamera als kompakte Einheit auf einem Stativ aufgebaut und kurzfristig am Meßobjekt aufgestellt werden.

Abb. 3.67 zeigt die Ansicht einer Hologrammkamera, die mit einem 4-Puls-Hochleistungs- Rubin-Laser (Typ JK 2000) bestückt ist. Die Energie solcher Laser liegt typisch zwischen 0,1 und 3 Joule pro Puls, die Impulsdauer liegt für die Pulse dieser hohen Energie zwischen 5 und 50 ns, so daß Spitzenleistungen bis 100 MW erzielt werden. Ein Objekt von ca. 0,8 m Durchmesser kann im Abstand von einigen Metern entsprechend der Kohärenzlänge aufgenommen werden.

Die kurzen Zeiten werden mit Pockelszellen geschaltet. Für den sicheren Betrieb solcher Hochleistungslaser werden elektronische Regelschaltungen verwendet, die auch die Überschreitung von 3 Joule/cm^2 im Q-Switch-Betrieb verhindern, um innere Zerstörungen zu vermeiden.

Den optischen Teil einer Doppelpuls-Hologrammkamera zeigt Abb. 3.68 schematisch.

Der Rubinlaser (hier vom Typ JK 2000) besteht aus dem Oszillator und zwei Verstärkerstufen. Im Oszillatorzweig (oben zwischen den Spiegeln Sp) befinden sich neben dem blitzlampengepumpten Rubinstab zwei Etalons zur longitudinalen Modenselektion und eine Pockelszelle (PZ) als schneller elektrooptischer Schalter. Für Justierzwecke kann der Strahl eines Helium-Neon-Lasers in den Laserresonator eingespiegelt werden. Der im Oszillator erzeugte Laserstrahl durchläuft ein Polarisationsfilter M_1, wird zweimal umgelenkt und durchläuft dann - leicht divergent nach Durchgang durch Linse L_1 - die beiden Rubin-Laserverstärker, bevor er wieder - fokussiert mit der Linse L_2 - mit einem Teilerspiegel (TS) in Objekt- und Referenzstrahl geteilt wird. Die Objektbeleuchtung erfolgt über einen Kugelspiegel KS, das zurückgestreute Licht gelangt direkt auf die Hologrammplatte. Der Referenzstrahl legt aus Kohärenzgründen über eine Spiegelkombination zum Wegausgleich den gleichen Weg zurück wie das vom Objekt zurückkommende Licht und wird dabei aufgeweitet.

Abb. 3.67: Ansicht einer Hologrammkamera mit Rubinlaser (VW-Entwicklung mit JK 2000-Laser)

Pulshologrammkamera PHK 2000

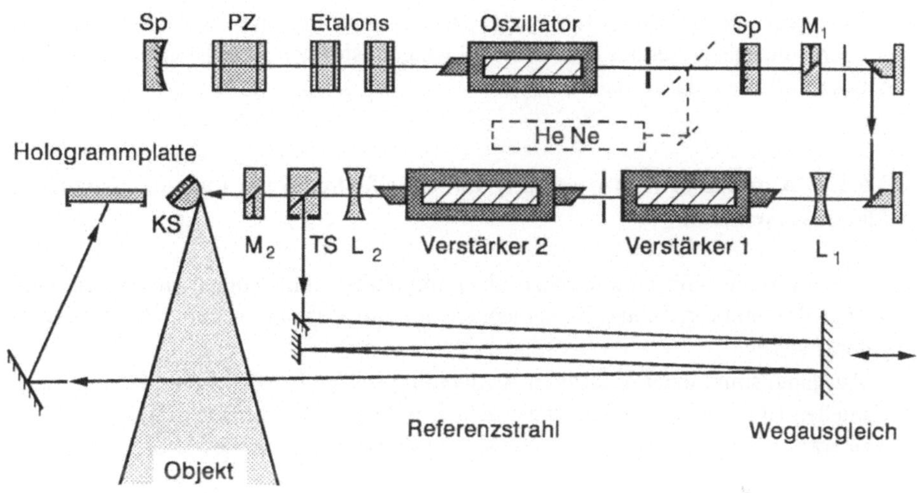

Abb. 3.68: Schema einer Zwei-Puls-Hologrammkamera mit Rubin-Laser (Eigenentwicklung Volkswagen AG)

Die einschlägige Industrie bietet heute vielseitige Pulsholografiesysteme an, die mobil für viele Anwendungszwecke eingesetzt und mit flexiblen optischen Aufbauten jeweils an besondere Probleme angepaßt werden können.

Bei der Doppelpuls-Holografie sind Fremdschwingungseinflüsse bei richtig geplanten Laborstandorten normalerweise vernachlässigbar, da mit dieser Technik nur die während des Pulsabstands vollzogene Schwingwegänderung aufgezeichnet wird. Die Pulsabstandszeit sollte im Idealfall einem Viertel der Periodendauer der akustisch dominanten Frequenz entsprechen, damit die Schwingungsform bei dieser Frequenz vorrangig dargestellt wird.

Zur Aufnahme von Doppelpulshologrammen bei Schwingungsuntersuchungen muß der Laser mit Hilfe einer geeigneten Triggerelektronik gesteuert werden, die ein Schwingungssignal des Objekts berücksichtigt, das im allgemeinen durch einen aufgebrachten Beschleunigungsaufnehmer gewonnen wird. Für die Interpretation eines Doppelpulshologramms ist es unerläßlich, das zeitliche Schwingungssignal und den Zeitpunkt der Laserblitze zu registrieren, weil nur so eine eindeutige Zuordnung der Aufnahmezeiten zur Schwingungsform (vergl. Abb. 3.66) möglich ist.

Die ungefilterte Amplitudentriggerung ist nur dann ausreichend, wenn Schwingungsvorgänge mit einer dominierenden Frequenz vorliegen. Häufig sind jedoch Schwingungen von Interesse, die nur zeitlich begrenzt, d.h. transient auftreten oder einer mit großer Amplitude auftretenden niederfrequenten Schwingung überlagert sind. In diesem Fall muß eine Zeitbereichsfilterung der

Schwingungssignale erfolgen, so daß die Triggerung phasenrichtig für die gewünschte Frequenz erfolgen kann.

Entsprechend der Pulsabstandszeit werden nicht einzelne Schwingungsformen, sondern die Überlagerung mehrerer Schwingungsformen, welche in diesem Zeitbereich auftreten, dargestellt.

3.6.3.4 Automatische Auswertung mit Zweifachreferenz und nachträglicher Phasenverschiebung

Um den großen Informationsgehalt eines Interferogramms nutzen zu können, muß wegen der umfangreichen Datenmengen die Auswertung rechnergestützt durchgeführt werden.

Ausgangspunkt einer derartigen Auswertung ist das Interferenzstreifenmuster im virtuellen Bild, dessen Helligkeitsverteilung mit einem Bildsensor, z.B. einer CCD-Kamera, aufgezeichnet und mittels eines Rechners ausgewertet wird, vgl. Abb. 3.69.

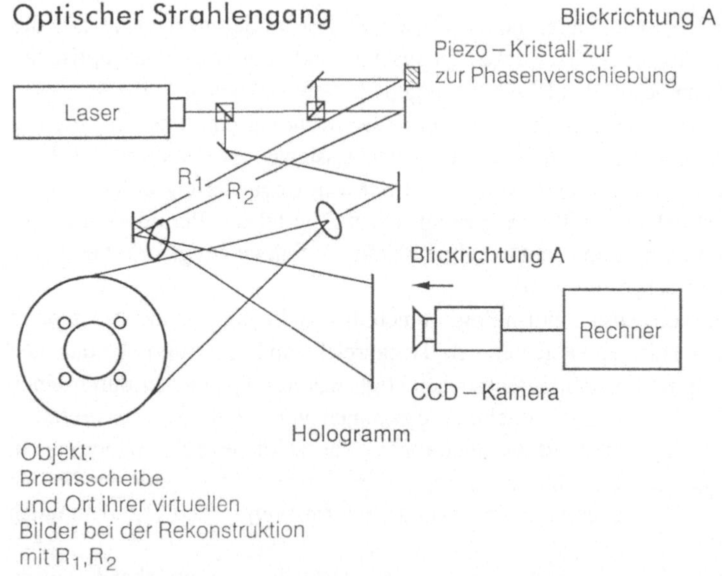

Abb. 3.69: Holografische Interferometrie mit zwei Referenzstrahlen. Zur Rekonstruktion mit Phasenschieber und Auswerteeinrichtung.

Das Abzählen der Interferenzstreifen ist aber mehrdeutig, wenn die Richtung der Auslenkung von Streifen zu Streifen wechseln, wie z.B. im Schnitt *A-B* rechts in Abb. 3.63. Die fehlende Richtungsinformation kann von einem fachkundigen Menschen bei der Auswertung oft aus dem Bildzusammenhang ergänzt werden, nicht so leicht aber von einem Bildverarbeitungsprogramm. Deshalb muß sie anders bereitgestellt werden.

Die Richtung der Bewegung zwischen den beiden Blitzaufnahmen der Doppelpulsholografie ist nicht erkennbar, weil sie aus dem Interferogramm nicht hervorgeht. Sie wird aber erkennbar, wenn man zwischen den beiden Aufnahmen die Richtung des Referenzlichtbündels mit einem optischen Schalter umschaltet.

Abb. 3.69 zeigt eine Rekonstruktionseinrichtung für Zweireferenz-Doppel-belichtungs-Hologramme mit Bildverarbeitung des Interferenzbildes im Objekt-raum. Für die Aufnahmeeinrichtung benutzt man den gleichen Strahlengang wie für die Rekonstruktion mit einem Impulslaser und optischen Schaltern für die Referenzstrahlen.

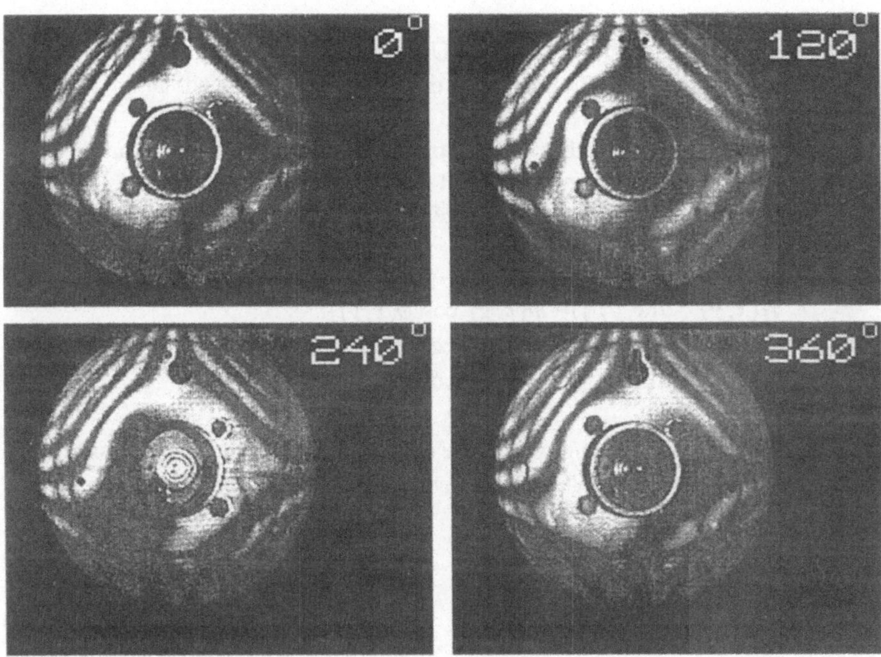

Abb. 3.70: Streifenversatz durch Phasenverschiebung

Die zu vergleichenden beiden Objektzustände werden mit den beiden Referenzwellen R_1 und R_2 nacheinander im Hologramm gespeichert. Bei der Rekonstruktion werden mittels R_1 die Objektwelle des einen Objektzustandes und mittels R_2 die Objektwelle des zweiten Objektzustandes gleichzeitig aus dem Hologramm herausgebeugt. Da beide Objektwellen kohärent zueinander sind, können sie miteinander interferieren. Es entsteht wieder ein makroskopisches Interferenzmuster im virtuellen Objektbild, das von der Objektzustandsänderung abhängt und von der Interferenzphase bestimmt wird. Über das Piezo-Stellglied im Strahlengang von R_2 kann nun die Phase von R_1 relativ zu R_2 geschoben werden, so daß sich im virtuellen Objektbild das Interferenzmuster leicht ändert. Hierbei bleiben die Strukturen des Bildhintergrundes jedoch unverändert.

Diese Phasenverschiebungen zwischen den Referenzwellen bewirken, daß die Interferenzstreifen im Interferogramm verschoben werden. Abb. 3.70 zeigt dieses für Phasenverschiebungen in Stufen von 120° am Beispiel einer Eigenschwingungsform eines Bremsträgerblechs.

Um die Interferenzphase rechnergestützt automatisch und ohne Vorzeichenfehler zu bestimmen, kann die zweidimensionale Intensität $I(x,y)$ im Interferogramm durch die Gleichung

$$I(x,y) = a(x,y) \cdot \left[1 + m(x,y) \cdot \cos(\varphi(x,y)) \right] \tag{3.76}$$

beschrieben werden, wobei x und y die Ortskoordinaten im virtuellen Bild, a (x,y) die lokale mittlere Intensität und m (x,y) der Streifenkontrast sind. $\varphi(x,y)$ ist die zu ermittelnde Interferenzphase, die gemäß (3.67) die Information über die in den Oberflächenpunkten (x,y) auftretenden Normalverformungen d (x,y,z) enthält.

Man liest nun drei Interferenzmuster mit den Phasenverschiebungen 0°, 120° und 240° in den Rechner ein, wobei die zugehörigen Intensitätsverteilungen durch die Ausdrücke

$$\begin{aligned} I_1(x,y) &= a(x,y) \cdot \left[1 + m(x,y) \cdot \cos(\varphi(x,y)) \right] \\ I_2(x,y) &= a(x,y) \cdot \left[1 + m(x,y) \cdot \cos(\varphi(x,y) + 120°) \right] \\ I_3(x,y) &= a(x,y) \cdot \left[1 + m(x,y) \cdot \cos(\varphi(x,y) + 240°) \right] \end{aligned} \tag{3.77}$$

gegeben sind. Die Auflösung dieses Gleichungssystems nach der interessierenden Interferenzphase $\varphi(x,y)$ erhält man in jedem Bildpunkt (x,y) über

$$I_3 - I_2 = am\sqrt{3}\,\sin\varphi \tag{3.78}$$

und

$$2I_1 - I_2 - I_3 = 3am\cos\varphi \tag{3.79}$$

schließlich zu

$$\tan\varphi = \sqrt{3}\,\frac{I_3 - I_2}{2I_1 - I_2 - I_3} \tag{3.80}$$

Die Auswertung nach diesem Phasenschiebe-Verfahren ist damit reduziert auf eine 2-dimensionale Intensitätsvermessung von drei Interferenzmustern mit nachfolgender Berechnung der Phase nach (3.80) und daraus der Verschiebung d nach (3.67). Da nach (3.80) die Phase nur bis auf additive Vielfache von 180° bestimmt werden kann, muß sie an den Singularitätsstellen des Bruches in (3.80), wo sie von +90° nach -90° - oder umgekehrt - springt, als stetige Phasenfunktion $\varphi(x,y)$ fortgesetzt werden. Dies erfolgt durch einen Algorithmus zum Zählen von Phasensprüngen nach (3.80) entlang von Auswertelinien. Das ersetzt das Streifenabzählen bei der manuellen Auswertung. Die Sprunganzahl $n(x,y)$ tritt an die Stelle der Streifenzahl n und bestimmt bis auf eine unbekannte Phasenkonstante φ_0 die absolute Phasenverschiebung

$$\varphi(x,y) = \varphi_0 + \pi n(x,y) + \arctan\left(\sqrt{3} \, \frac{I_3(x,y) - I_2(x,y)}{2I_1(x,y) - I_2(x,y) - I_3(x,y)} \right) \quad .(3.81)$$

Das Phasenschiebe-Verfahren zeichnet sich durch folgende Vorteile aus:

- Das Vorzeichen der Phase φ wird eindeutig ermittelt, d.h. es kann eindeutig die Richtung der Auslenkung d bestimmt werden.
- Die Phase φ kann auf besser als 1/50 des Streifenabstandes ermittelt werden.
- Interferenzstreifen können eindeutig vom Hintergrund getrennt werden.

Unter Verwendung des Phasenschiebeverfahrens arbeitende Bildverarbeitungssysteme werden für holografisch-interferometrische Meßaufgaben einsetzt und sind auf dem Markt erhältlich.

Mit diesen Systemen lassen sich, wie Abb. 3.71 demonstriert, ganzflächig die Verformungskomponenten aus Interferenzmustern ermitteln und über die graphischen Darstellungsmöglichkeiten - Falschfarbendarstellung, 3D-Grafik - ansprechend verdeutlichen.

3.6.3.5 Zeitmittelungs-Holografie

Das sogenannte Zeitmittelungsverfahren beruht darauf, daß nur ein einziges Hologramm mit Dauerbelichtung angefertigt wird, während das Objekt z.B. harmonische Schwingungen $d = A \sin \omega t$ ausführt. Bei der Rekonstruktion des virtuellen Bildes entsteht ein Interferenzbild, daß praktisch nur die nicht schwingenden Zonen (Knoten) mit maximaler Intensität wiedergibt, weil durch die Überlagerung die anderen Zonen "verwaschen" sind. Das Zeitmittelungsverfahren eignet sich deshalb besonders zur Sichtbarmachung von Schwingungsknoten, was später an einem Beispiel in Abb. 3.78 gezeigt wird.

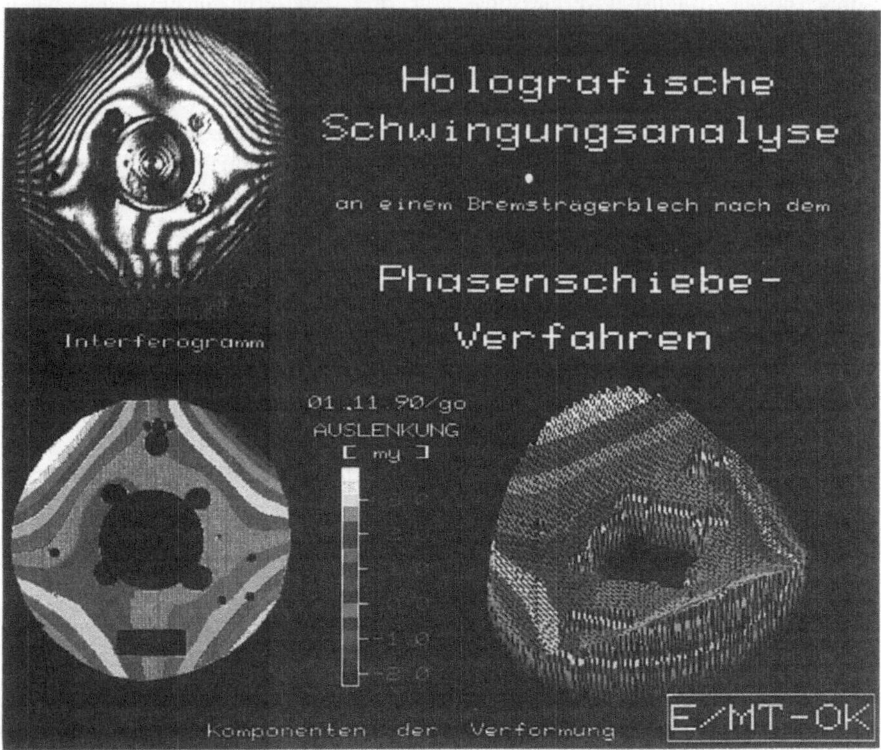

Abb. 3.71: Ergebnisdarstellung der automatischen Hologrammauswertung

Die Belichtungszeit τ muß wesentlich länger als die Schwingungsperiode des Objektes oder ein ganzzahliges Vielfaches von ihr sein. Deshalb setzt das Verfahren einen stabilen schwingungsisolierten Aufbau voraus.

Für die theoretische Behandlung bei einer harmonischen Schwingung muß das Intensitätsintegral im Interferogramm

$$\underline{I} = \left| \frac{a}{\tau} \int_0^\tau e^{-j\left[\frac{2\pi}{\lambda}(\cos\alpha + \cos\beta)\cdot A\sin(\omega t)\right]} dt \right|^2$$

$$= \left| \frac{a}{\tau} \int_0^\tau e^{-j[2\pi p \sin(\omega t)]} dt \right|^2 \, ,$$

(3.82)

mit

$$p = \frac{A}{\lambda}(\cos\alpha + \cos\beta)$$

(3.83)

berechnet werden. a ist eine Konstante, α bzw. β sind der Beleuchtungs- bzw. Beobachtungswinkel, s. Abb. 3.64.

Die Exponentialfunktion im Integral kann durch eine Summe von Besselfunktionen J_n dargestellt werden,

$$e^{-j(2\pi p \sin(\omega t))} = \sum_{n=-\infty}^{+\infty} J_n(2\pi p)\, e^{jn\omega t} \quad , \tag{3.84}$$

so daß sich

$$I = \left| \frac{a}{\tau} \sum_{n=-\infty}^{+\infty} \left[J_n(2\pi p) \int_0^\tau e^{jn\omega t}\, dt \right] \right|^2 \tag{3.85}$$

ergibt. Nach der Integration erhält man

$$I = \left| a \sum_{n=-\infty}^{+\infty} \left[J_n(2\pi p) \frac{e^{jn\omega\tau}-1}{jn\omega\tau} \right] \right|^2 \tag{3.86}$$

Wenn die Belichtungszeit ein Vielfaches einer ganzen Periode dauert, d.h., wenn

$$\tau = \frac{2\pi}{\omega} m \tag{3.87}$$

mit ganzzahligen m gilt, dann werden das Integral in (3.85) und damit alle Summanden mit Ausnahme für $n = 0$ Null, und es gilt

$$I = a^2 J_0{}^2(2\pi p) = a^2 J_0{}^2\left(2\pi \frac{A}{\lambda}(\cos\alpha + \cos\beta) \right) \quad . \tag{3.88}$$

Für sehr lange Belichtungszeiten $\tau \gg 2\pi/\omega$ bleibt der Summenanteil mit dem Index $n = 0$ ebenfalls bestimmend, weil nach Zerlegung des Integrals in (3.85) in die Intervalle $(0,\tau)$ und $(\tau,\Delta\tau)$ die Lösung

$$\frac{e^{jn\omega\Delta\tau}-1}{jn\omega\tau} \tag{3.89}$$

für $n \neq 0$ und große τ gegen Null strebt (vgl. (3.86)), so daß die Intensitätsverteilung über der Objektoberfläche näherungsweise ebenfalls (3.88) folgt.

Für die Praxis führt der geometrisch einfache Fall $\alpha = \beta = 0$ (vgl. Abb. 3.64) zu folgender einfachen Formel für den Zusammenhang zwischen der Schwingungsamplitudenverteilung $A(x,y)$ und der Intensitätsverteilung $I(x,y)$ beim Zeit-mittelungsverfahren mit der Besselfunktion nullter Ordnung J_0:

$$I(x,y) = a^2 J_0{}^2\left(4\pi\frac{A(x,y)}{\lambda}\right)\ . \tag{3.90}$$

Diese Funktion oszilliert, so daß die Helligkeit im Interferenzbild moduliert wird. Abb. 3.72 zeigt die relative Intensitätsverteilung des Interferogramms nach dem Zeitmittelungsverfahren im Vergleich zum Doppelpulsverfahren (gestrichelt).

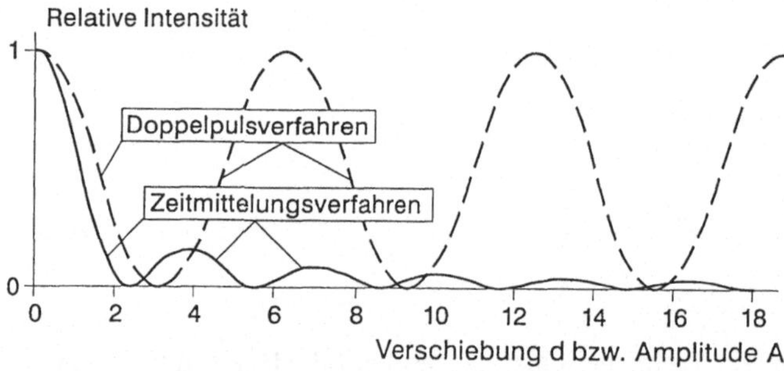

Abb. 3.72: Relative Intensität für das Zeitmittelungsverfahren im Vergleich zum Doppelpuls-verfahren

Es muß bemerkt werden, daß sich die Lagen der Maxima und Minima für den Fall der Doppelbelichtung geringfügig verschieben, und zwar um weniger als eine viertel Wellenlänge.

Da die Besselfunktion nullter Ordnung J_0 für $\omega t \rightarrow 0$ den Maximalwert 1 annimmt, erscheinen ruhende Bereiche auf dem schwingenden Objekt, z.B. Knotenlinien, hell. Mit wachsender Phasenverschiebung nehmen die Maxima in ihrer Größe ab. Damit werden auch die Kontrastverhältnisse im Streifenmuster schlechter. Bei dieser Methode der Zeitmittelung nimmt also die Sichtbarkeit mit zunehmender Amplitude der Schwingung des Objekts ab. Im allgemeinen wird die Beobachtung zwischen 8 und 12 Interferenzstreifen möglich sein.

Von dunklem zu dunklem Streifen beträgt die Amplitudendifferenz $\lambda/4$, d.h. es sind Amplituden von z.B. 0,15 µm beobachtbar. Aus diesem Grund und auch, weil ein von Umgebungserschütterungen völlig freier Versuchsaufbau gewählt werden muß, ist die Anwendbarkeit dieses Verfahrens für die Praxis begrenzt.

Abb. 3.73 zeigt als Beispiel das hochfrequente Schwingungsverhalten eines Schaltknopfes.

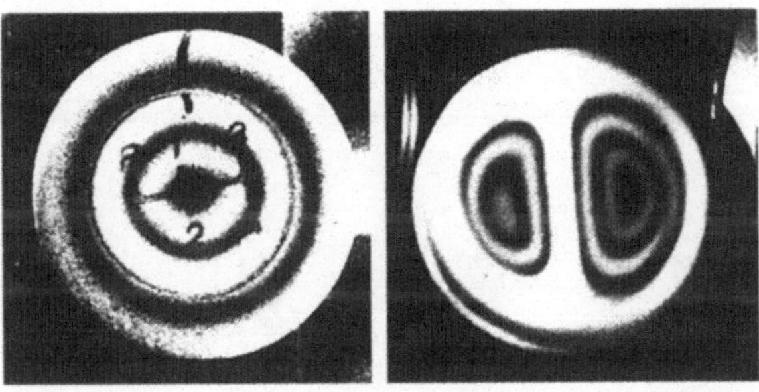

Abb. 3.73: Interferenzbilder nach dem Zeitmittelungsverfahren eines schwingungserregten Schaltknopfes links ohne und rechts mit Verrippung

Ohne Verrippung der Frontkappe eines Polystyrol-Schaltknopfes entsteht eine resonante Schallabstrahlung bei 3441 Hz infolge Anregung durch das Getriebe. Übertrager ist die Schaltstange. Das linke Bild zeigt die Zentralschwingung der Frontkappe (Linien gleicher Amplitude verlaufen zentralsymmetrisch), die Ursache für das Geräusch bei 3441 Hz ist.

Durch Verrippungen, die direkt an der Frontkappe sitzen, erhöht sich die Resonanzfrequenz, und bei der Anregung entstehen zwei gegenphasige Schwingungsmaxima. Die Schallabstrahlung ist durch Interferenz im Schallfeld reduziert und dadurch wesentlich geringer (vgl. "Automobilmeßtechnik", Band A - Akustik).

3.6.3.6 Stroboskopische Holografie

Eine bessere Sichtbarkeit der Interferenzstreifen bei periodischen Schwingungen erreicht man, wenn das Laserlicht so ein- und ausgeschaltet wird, daß das Objekt stets in den gleichen Phasen innerhalb der Schwingungsperioden beleuchtet wird, z.B. bei den Extrema, s. Abb. 3.74. Die resultierenden Interferenzstreifen haben dann einen genauso hohen Kontrast wie bei der Doppelbelichtungsinterferometrie, da nur Objektwellen für das Maximum der Objektauslenkung mit denen der gespeicherten Ruhelage interferieren.

Das Verfahren entspricht einer Doppelimpulsholografie mit wiederholter Doppelbelichtung bei immer den gleichen Phasenlagen. Ein Vorteil ist, daß ein leistungsschwacher Laser zur Belichtung ausreicht, ein Nachteil, daß ein schwingungsisolierter Aufbau erforderlich ist.

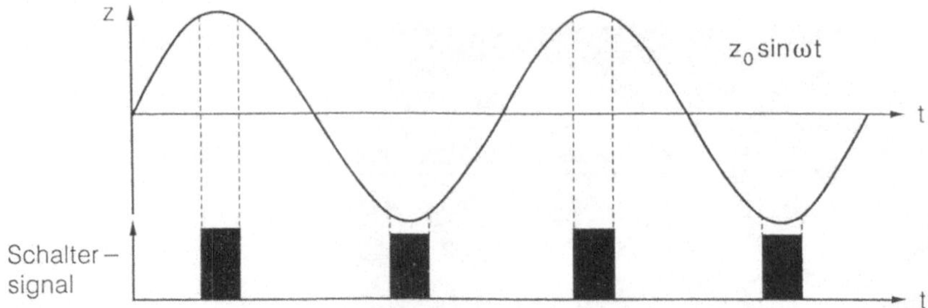

Abb. 3.74: Bei sinusförmiger Schwingung des Objektes im Extremum stroboskopisch geschalteter Laser

Abb. 3.75 zeigt als Beispiel das Interferogramm einer schwingenden Scheibenbremse bei stroboskopischer Beleuchtung. Der Kontrast der Interferenzstreifen ist genauso groß wie bei Doppelbelichtungsaufnahmen.

Die Stroboskoptechnik ist besonders auch in der holografischen Echtzeitinterferometrie interessant, s. Abschn. 3.6.3.7.

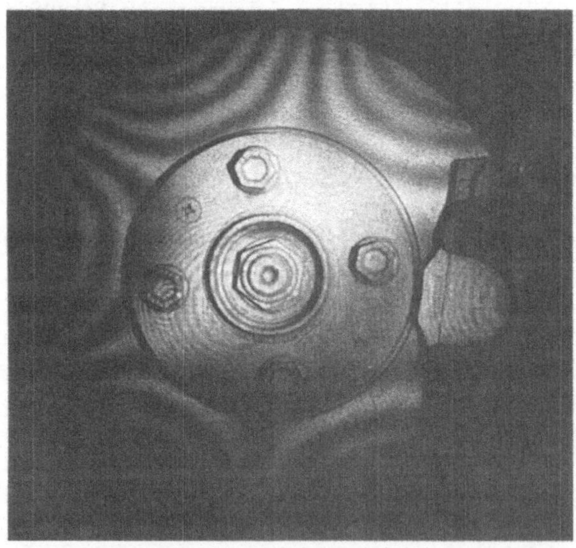

Abb. 3.75: Echtzeit-Interferogramm bei stroboskopischer Beleuchtung einer schwingenden Scheibenbremse bei harmonischer Anregung bei 2,3 kHz

3.6.3.7 Echtzeit-Holografie

Die Echtzeitholografie besteht im Prinzip darin, daß dem schwingenden Objekt ein virtuelles Bild des ruhenden Objektes überlagert wird. Dazu wird nur eine einzige Hologrammaufnahme vom ruhenden Objekt gemacht. Anschließend muß bei Verwendung einer Fotoplatte diese nach dem Entwicklungsprozeß exakt mit einer Genauigkeit besser als 1/50 der Wellenlänge am Ort der Aufnahme repositioniert werden. Anders ist es bei Verwendung von thermoplastischem Aufnahme-Material, da dieses am Ort der Aufnahme verbleibt und dort entwickelt wird. Anschließend wird in beiden Fällen das virtuelle Bild des ruhenden Objektes rekonstruiert und dem nach wie vor mit dem Laserlicht beleuchteten schwingenden oder in der Lage veränderten Objekt überlagert, so daß bei Betrachtung durch die Hologrammplatte Interferenzen auf dem Objekt erscheinen, die fotografiert oder über eine Videokamera aufgezeichnet werden können. Daher der Name "Echtzeit".

Zur Versuchsdurchführung ist im Gegensatz zur Pulskamera ein schwingungs-isolierter Aufbau mit interferometrischem Strahlengang, holografischer Sofort-bildkamera, Belichtungssteuerung, Objektanregung und Strahlmodulation erforderlich. Die Handhabung verlangt einige Erfahrung, praktische Messungen können dann jedoch zügig und relativ komplikationslos durchgeführt werden.

Abb. 3.76 zeigt eine typische Einrichtung für echtzeitholografische Untersuchungen.

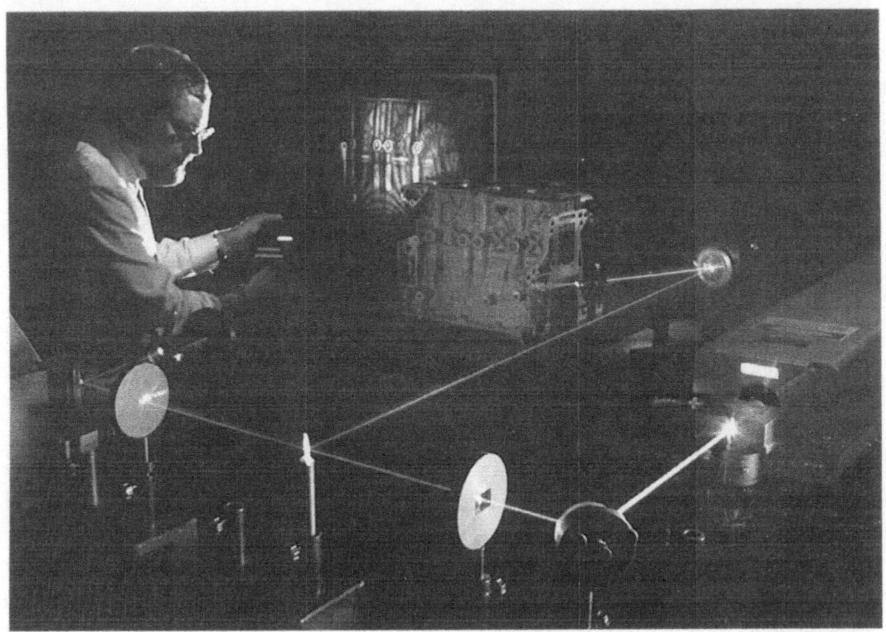

Abb. 3.76: Echtzeitholografie-Anordnung (Volkswagen AG)

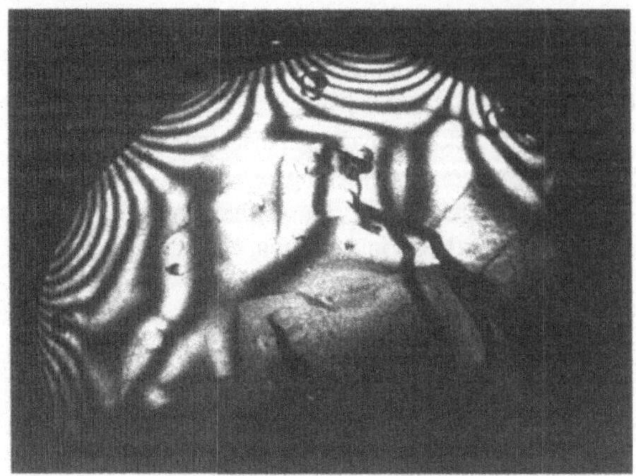

Abb. 3.77: Schwingungsformen auf einem Bremsträgerblech bei 2,8 kHz

A   B

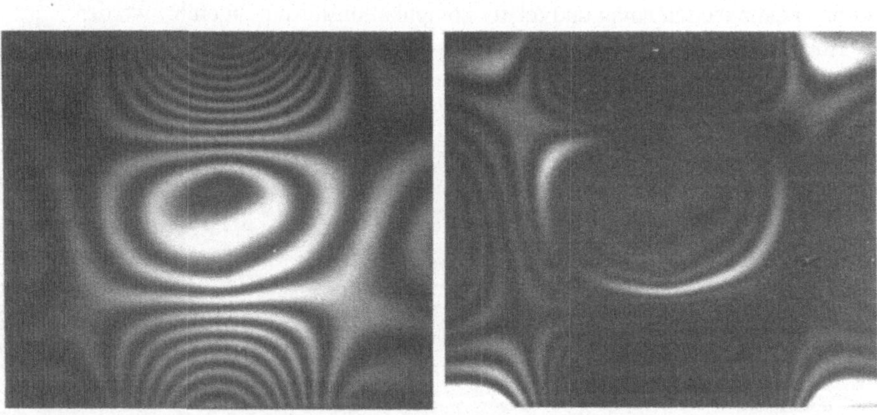

Abb. 3.78: Schwingungsbäuche einer Membran.
A mit Stroboskopeffekt, *B* nach dem Zeitmittelungsverfahren aufgenommen

Mit Hilfe der Echtzeitholografie werden Verformungen oder Schwingungen nacheinander sichtbar gemacht. Besonders einfach ist diese Methode bei Deformationsmessungen.

Bei Resonanzschwingungen erfolgt die Anregung nacheinander sinusförmig mit jeweils definierter Frequenz. Durch Variation der Anregungsfrequenz werden verschiedene Resonanzen nacheinander eingestellt. Die Aufnahme erfolgt dann mit Hilfe einer Echtzeitvariante der Stroboskop-Holografie, bei der nur bei einer Phasenlage je Periode belichtet wird. Die entstehenden Schwingungsverteilungen können mit einer Videokamera nacheinander aufgenommen und dann unmittelbar auf einem Monitor sichtbar gemacht werden.

Abb. 3.77 zeigt ein Beispiel, hier direkt als Videoprint wiedergegeben.

Zum Vergleich mit und ohne Stroboskopeinrichtung zeigt Abb. 3.78 ein weiteres Beispiel.

3.6.3.8 Holografische Interferometrie an rotierenden Objekten mittels Bildderotator

Für die Schwingungsanalyse an rotierenden Objekten, wie z.B. Ventilatoren, Getriebezahnrädern und Kupplungsteilen, steht mit dem in Abschn. 3.3.3 beschriebenen Bildderotator eine optische Beobachtungshilfe für Drehbewegungen bis 30.000 min^{-1} zur Verfügung. Es eignet sich auch für die holografische Interferometrie. Wegen der mit der Rotation verbundenen Erschütterungen kann hier nur die Doppelpulsholografie für Kurzzeitmessungen eingesetzt werden, vgl. Abb. 3.13.

Abb. 3.79 zeigt das Prinzip eines holografischen Meßaufbaus mit Bildderotator.

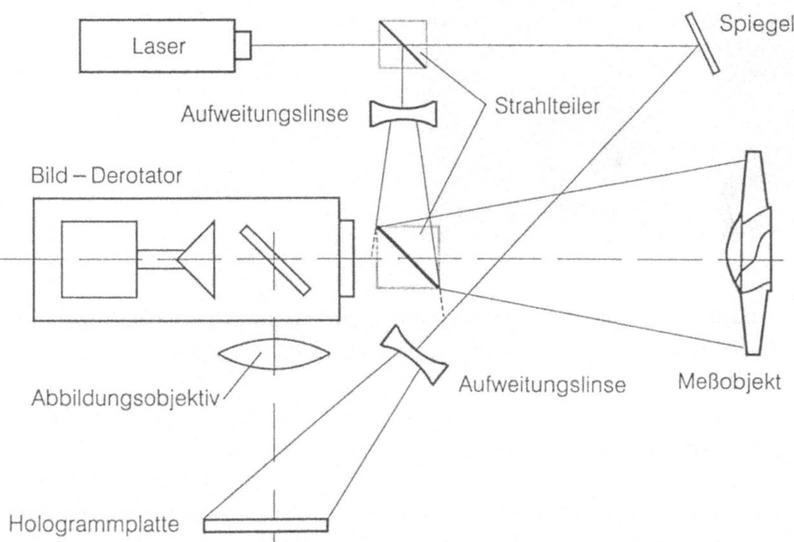

Abb. 3.79: Holografischer Meßaufbau zur Schwingungsanalyse an rotierenden Objekten

Das vom Objekt reflektierte Licht (Objektwelle) fällt über den Prismenspiegel des Derotators und einen davor angeordneten Strahlteiler auf ein Objektiv, das das durch den Derotator stehende Objektbild auf die Hologrammplatte abbildet. Dabei wird bei jedem Laserlichtblitz durch Überlagerung mit der Referenzwelle ein Hologramm erzeugt. Für Resonanzmessungen bei rotierendem Betrieb erfolgt die Anregung der Meßobjekte in ihren Eigenformen über einen speziellen elektromagnetischen Schwingungserreger oder mittels eines Lautsprechers. Das Maximum der Resonanz wird dabei über Pegelmessungen der abgestrahlten Schalleistung ermittelt (vgl. "Automobil-Meßtechnik", Band A: Akustik).

Abb. 3.80 stellt als Beispiel das Interferogramm eines mit 2850 min^{-1} drehenden Automobil-Lüfterflügels dar. Durch den Luftstrom werden Flatterschwingungen erregt. Es bilden sich auf den Lüfterflügeln laufende Wellen in Form von Torsions- und Biegeschwingungen aus.

Abb. 3.80: Mittels Bildderotator gewonnenes Interferogramm einer durch den Luftstrom eigen-erregten Flatterschwingung eines rotierenden Automobillüfters (Beeck, Fagan)

3.6.3.9 Holografisches Reifenprüfgerät

Als Anwendungsbeipiel für die Leistungsfähigkeit der Echtzeitholografie wird hier ein quantitatives Prüfgerät für Fahrzeugreifen beschrieben. Es werden innere Beschädigungen des Reifens anhand des äußeren Verformungsbildes bei Druck- änderung sichtbar. Abb. 3.81 zeigt vereinfacht den Prüfaufbau.

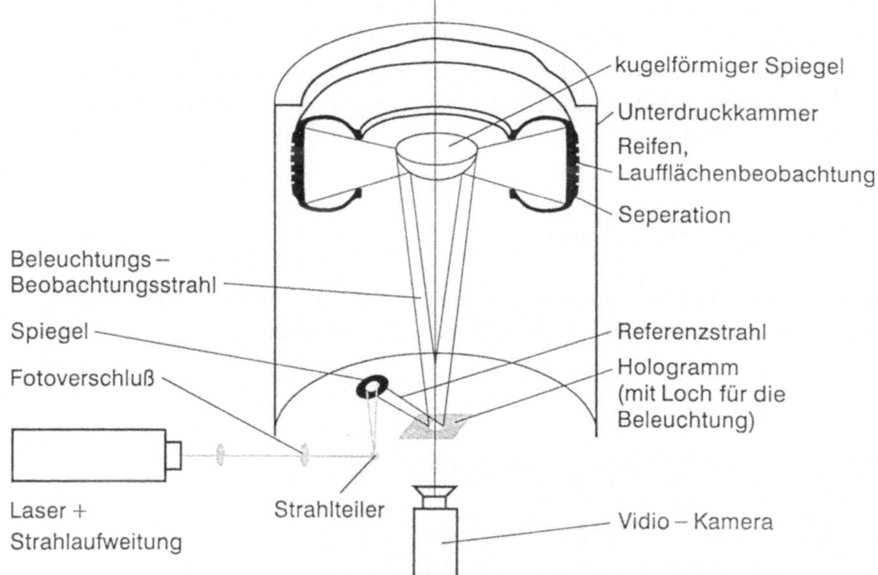

Abb. 3.81: Optischer Strahlengang im Lasergerät für die Reifenprüfung

Die gesamte holografische Optik samt Laser (hier ein Argon-Ionenlaser, 700 mW) sowie die Sofortbild-Einrichtung sind auf einer schweren Gußplatte montiert, welche erschütterungsfrei auf einem Rahmen liegt. Ein Unterdruckgehäuse umschließt Reifen und Optik.

Der Rundspiegel erlaubt eine Panoramabeobachtung des gesamten Innenraums des Reifens. Es sind im wesentlichen zu unterscheiden: die innere Kreiszone, welche dem unteren Schulterbereich entspricht, die mittlere Zone, welcher die Lauffläche zugeordnet ist und die äußere, welche über den Zustand des oberen Schulterbereichs Auskunft gibt.

Nach dem Schließen des Unterdruckgehäuses erfolgt die Herstellung des Hologramms automatisch. Nach wenigen Sekunden erscheint auf dem Monitor das Prüfbild. Während sich der Unterdruck in der Kammer aufbaut, kann das Verformungsgeschehen beobachtet werden. Separationen im Reifen, die ein bedeutendes Sicherheitsrisiko darstellen, zeichnen sich dabei nicht nur durch scharf konturierte Ringsysteme, sondern auch durch ein "Hervorquellen" dieser Ringsysteme aus. Dies erleichtert die Fehlererkennbarkeit beträchtlich. Nach abgeschlossener Qualitätsbeurteilung wird die Kammer geöffnet und entladen. Die Taktzeit des Geräts beträgt ca. 60 s, was einer Tageskapazität im 3-Schicht-Betrieb von ca. 1000 Reifen entspricht.

Ein so gewonnenes Interferogramm enthält einige signifikante Streifenmuster, die bei fehlerhaften Reifen beobachtet werden. Bei der automatischen Suche nach diesen Mustern wird von der Tatsache ausgegangen, daß an den entsprechenden

Stellen im Skelett starke Krümmungen oder hohe Liniendichten auftreten. Mittels eines speziellen Suchverfahrens ermittelt man alle Gebiete, in denen bestimmte Schwellwerte überschritten werden, und markiert diese sichtbar. Außerdem wird ein Meßprotokoll erstellt, das neben den konkreten Reifendaten den Fehlertyp und seine Lage beschreibt.

3.6.3.10 Ausgewählte Beispiele

Dieser Abschnitt enthält einige Beispiele von interferometrischen Untersuchungen am Fahrzeug, an Rädern, Bremsen, Motoren und Getrieben.

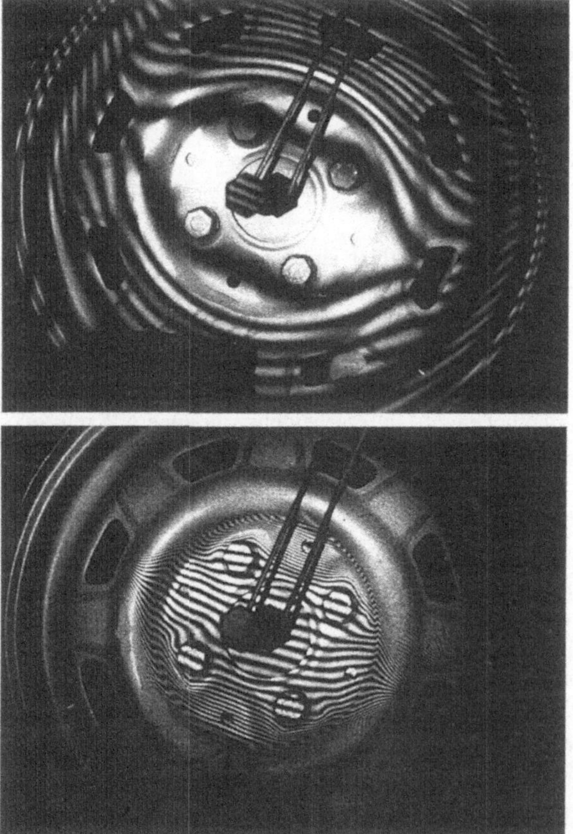

Abb. 3.82:   Interferenzbild der Deformationszustände eines Scheibenrades bei zwei verschiedenen Belastungen

Deformationsmessung an einem Scheibenrad

Die Bilder 3.82 sind Interferenzbilder der Deformationszustände eines Scheibenrades bei simulierter Einwirkung zweier unterschiedlicher Seitenkräfte.

Zur Aufbringung der simulierten Seitenkraft wurde ein Seil um den Reifen geschlungen und in Achsrichtung nach innen gezogen; das Rad war während der Aufnahme auf einem sehr stabilen Flansch montiert. Die Analyse der Verformung des Befestigungsspiegels (Bereich der Radbolzen) liefert wichtige Informationen über den Festsitz der Schrauben bei dynamischer Belastung.

Fahrzeugschwingungen

Abb. 3.83 zeigt als Beispiel die Schwingungen einer Fahrzeugtür

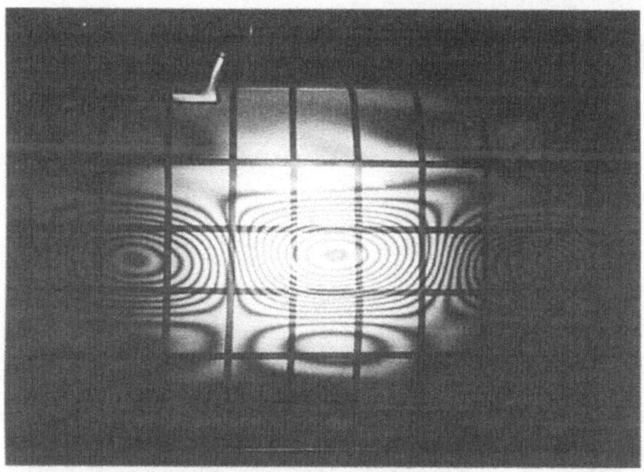

Abb. 3.83: Doppelpulsholografisches Interferenzbild einer Fahrzeugtür

Schwingungsformen des Schwimmrahmens und des Bremsklotzes einer Scheibenbremse

Abb. 3.84 zeigt eine Scheibenbremse nach dem Schwimmrahmenprinzip. Das Interferenzbild des Bremsklotzes wurde über einen Spiegel aufgenommen (links im Bild). Die starken Schwingungen auf dem Schwimmrahmen zeigen, daß dieser der Hauptabstrahler der auftretenden Quietschgeräusche ist.

Geräuschuntersuchungen an Trommelbremsen

Abb. 3.85 zeigt eine Trommelbremse. Die Luftschallanalyse des Bremsgeräusches im Fahrbetrieb zeigte auffallende Einzeltöne bei zwei Frequenzen. Untersuchungen an einem kompletten Hinterachs-Bremssystem auf dem Bremsenprüfstand mit Hilfe der Pulsholografie ergaben, daß das Bremsträgerblech das schallstrahlende Bauteil ist. Die den beiden Einzeltönen zuzuordnenden Schwingungsinterferogramme (Abb. 3.85, links und rechts) zeigen eine 2-Knoten- und eine 4-Knoten-Schwingung.

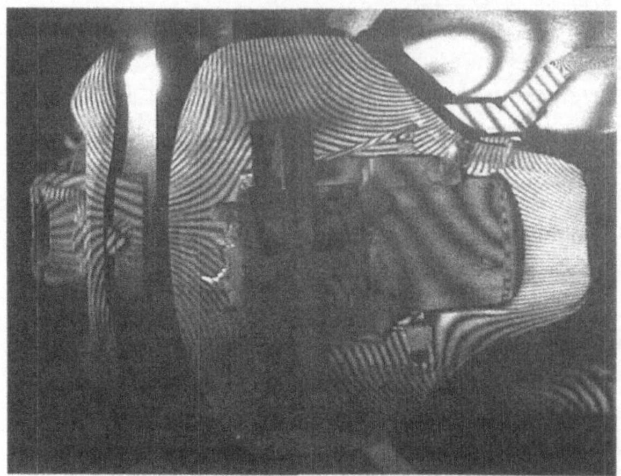

Abb. 3.84: Interferenzbild der Schwingungsformen des Schwimmrahmens und des Bremsklotzes einer Scheibenbremse (links, dieser Teil ist eingespiegelt)

A   B

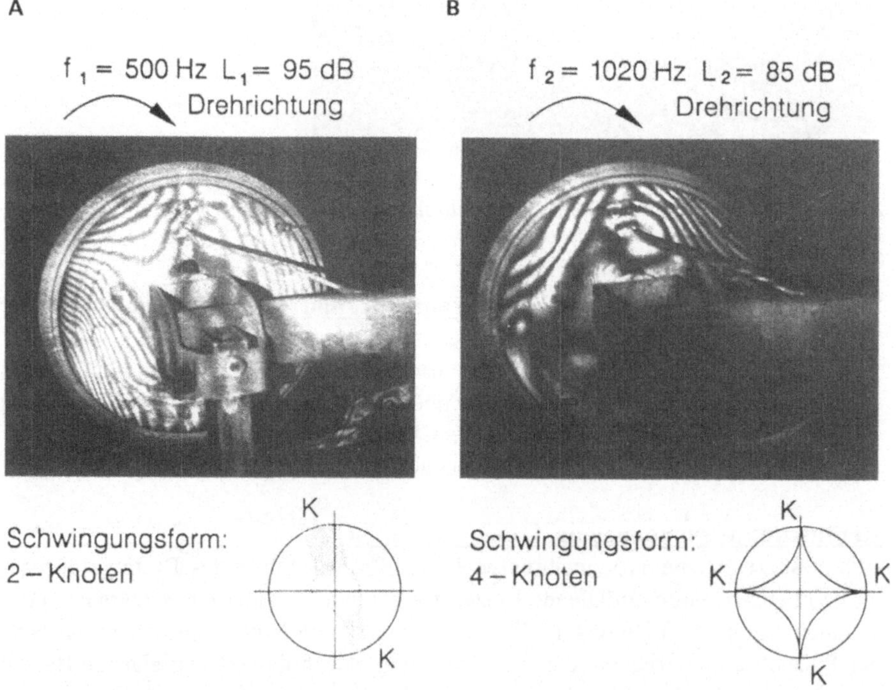

Abb. 3.85: Trägerblech einer Trommelbremse mit 2-Knotenschwingung A bei 500 Hz und 4-Knotenschwingung (B) bei 1020 Hz

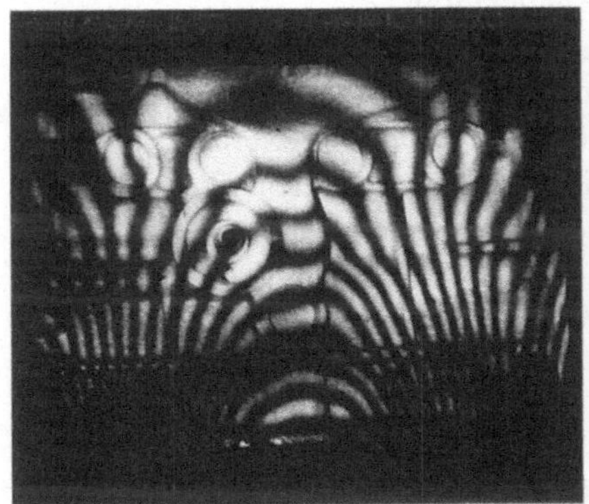

Hologramm 184 88 05 68

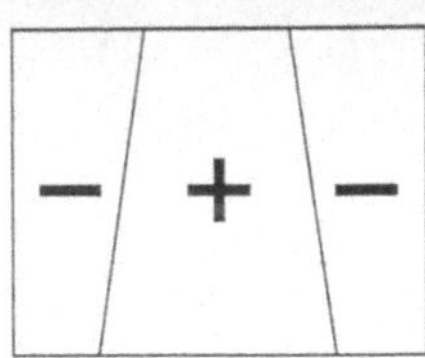

Ausgeprägte Gehäuseschwingung bei
f = 926 Hz; 1. Eigenschwingung der Biegung

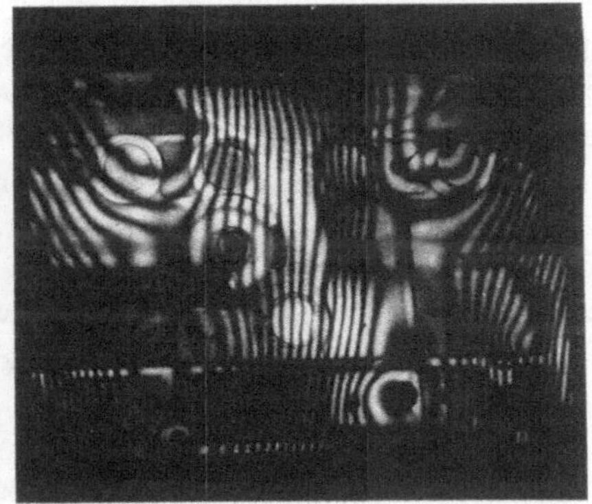

Hologramm 188 88 05 65

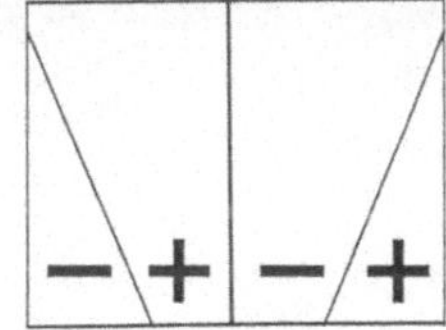

Ausgeprägte Gehäuseschwingung bei
f = 1299 Hz; 2. Eigenschwingung der Biegung

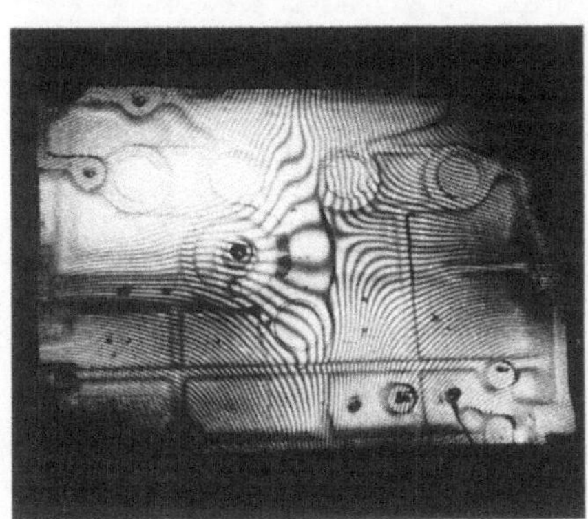

Hologramm 181 88 05 1A

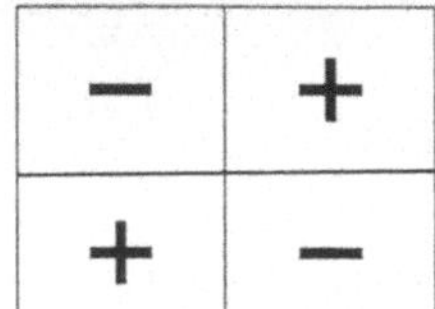

Ausgeprägte Gehäuseschwingung bei
f = 536 Hz; 1. Eigenschwingung der Torsion

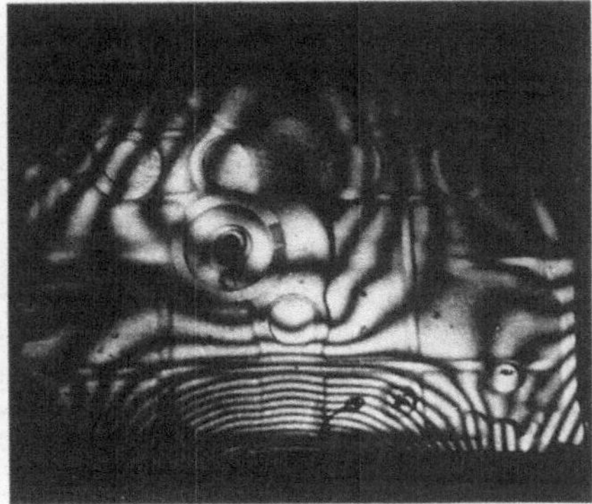

Hologramm 199 88 06 80

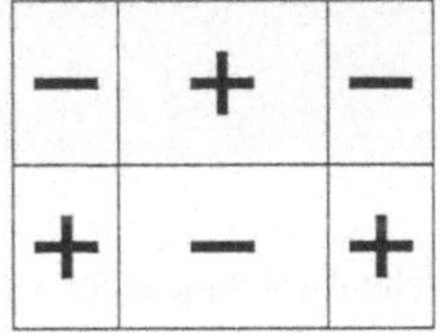

Ausgeprägte Kurbelgehäuseschwingung bei
f = 1862 Hz; 2. Eigenschwingung der Torsion

Abb. 3.86: Holografische Schwingungsinterferogramme der 1. und 2. Biege- bzw. Torsions-
eigenschwingung eines Grauguß-Kurbelgehäuses

Holografische Modalanalysen an einem Dieselmotor

An dem Grauguß-Kurbelgehäuse eines Dieselmotors wurden die Eigen-schwingungsformen im Frequenzbereich von $f = 400$ Hz bis $f = 5000$ Hz mit Hilfe der Doppelpulsholografie gemessen. Die Untersuchungen wurden an einem entkoppelt aufgestellten und harmonisch fremdangeregten Kurbelgehäuse duchgeführt. Insgesamt konnten im angegebenen Frequenzbereich 23 Schwingungsmoden festgestellt werden.

In Abb. 3.86 sind die holografischen Schwingungsinterferogramme für jeweils die 1. und 2. Biege- bzw. Torsionsschwingung dargestellt.

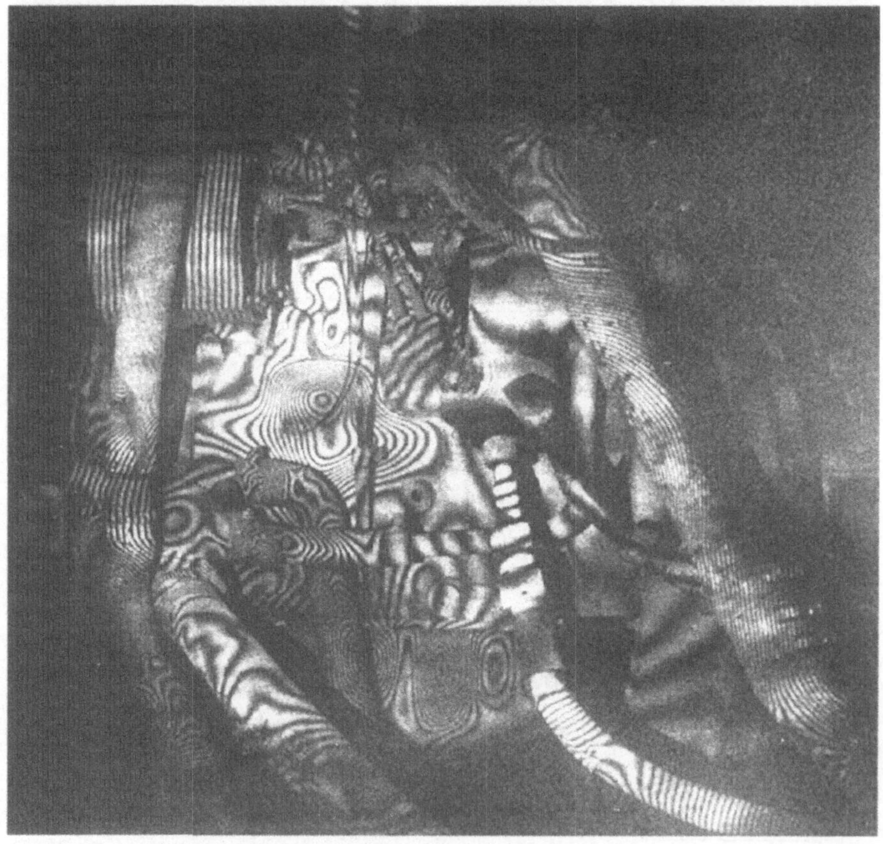

Abb. 3.87: Holografische Aufnahme eines klopfenden Dieselmotors auf dem Prüfstand, Ansicht von oben

Klopfschwingungen

"Motorklopfen" führt zum vorzeitigen Verschleiß des Motors. Es äußert sich durch eine hochfrequente Geräuschabstrahlung, vgl. "Automobil-Meßtechnik", Band A:

Akustik. Die Quellen der Geräuschabstrahlung der Klopfschwingungen sind durch die membranartige Wandstruktur des Motors vorgegeben. Dort treten die höchsten Beschleunigungspegel auf. Die genaue Lage solcher Klopfzentren und damit der Ort für das Anbringen von Sensoren zur Klopfsteuerung von Motoren kann experimentell aus holografischen Schwingungsaufnahmen abgelesen werden.

Abb. 3.87 zeigt eine holografische Aufnahme einer Motorwandung mit einem derartigen Klopfzentrum.

Geräuschuntersuchungen an Getrieben
Abb. 3.88 zeigt ein Doppelpulsinterferogramm, das von einem Getriebe für akustische Abstrahlungsuntersuchungen aufgenommen wurde. Auf dem seitlichen Getriebedeckel sind symmetrisch über den Umfang verteilte Schwingungszentren zu erkennen. An diesen Stellen wird über eine mechanisch/akustische Umwandlung Luftschall erzeugt und abgestrahlt. Auf der Gehäusewandung selbst sind keine Interferenzstreifen erkennbar, d.h. diese strahlt wesentlich weniger Luftschall ab.

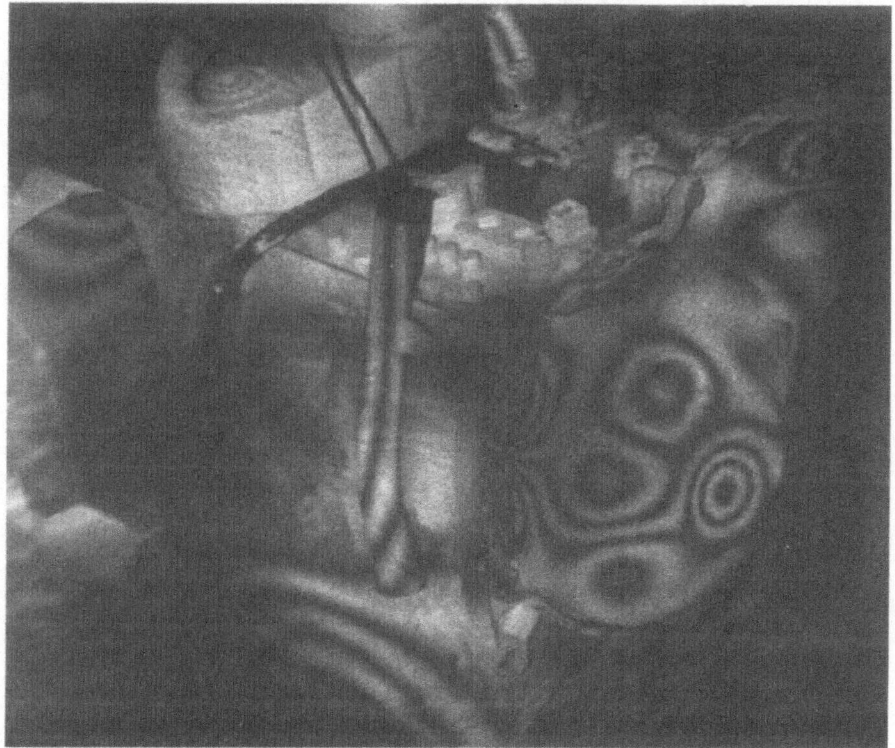

Abb. 3.88: Geräuschuntersuchungen am Getriebedeckel

4 Messen mit Weißlicht

Der große Aufschwung in der Entwicklung lasergestützter Geräte und Meßverfahren und deren Anwendungen ist begleitet von beträchtlichen Fortschritten der
mit weißem Licht arbeitenden, klassischen optischen oder fotografischen Meßverfahren. Hier spielt der Einsatz von Computern und elektronischen Bildsensoren
eine entscheidende Rolle. Wegen der großen Anzahl der Verfahren sollen hier nur
wenige Beispiele aufgeführt werden.

4.1 Optische Eigenschaften der Fahrzeugverglasung

4.1.1 Optische Fehler von Glasscheiben

Optische Verzerrungen beim Durchblick durch eine Fahrzeugscheibe werden
sowohl durch Ablenkfehler des Sehstrahles infolge Keiligkeiten und Krümmungen
der Glasscheibe als auch durch Linsenfehler infolge von Dickenschwankungen und
Krümmungen der Glasscheibe bewirkt. Für die Prüfung existieren jeweils
unterschiedliche, recht komplizierte Meßverfahren. Für die Messung der Fehler
waren früher nur kleinflächig einsetzbare Überprüfungen der Glasscheibe mit Auto-
kollimationsfernrohren üblich, aber auch die Projektion von Punktrastern (gemäß
DIN 52335) und die Projektion von Streifenrastern (gemäß DIN 52305).

Für einen schnellen Überblick über die Verteilung der Ablenkfehler in der ganzen
Fahrzeugscheibe gibt es heute ein sehr empfindliches Meßverfahren, das auf dem
Moiré-Effekt beruht.

Der Moiré-Effekt wird bei der Überlagerung zweier periodischer Gitterstrukturen
beobachtet. In Abb. 4.1 ist die Überlagerung gegeneinander verdrehter identischer
Gitter dargestellt.

Ein in der x,y-Ebene angeordnetes Liniengitter mit der Gitterkonstanten d und
der Normalenrichtung α gegen die x-Achse (s. Abb. 4.2), läßt sich mathematisch
durch

$$x\cos\alpha + y\sin\alpha = n\,d \quad ; \quad n = 0,\ 1,\ 2,\ \dots \tag{4.1}$$

beschreiben, wenn eine Linie durch den Ursprung geht.

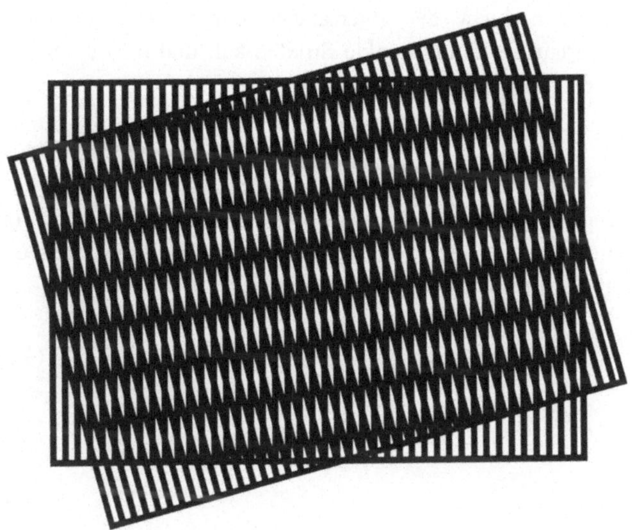

Abb 4.1: Moiré-Effekt bei paralleler Überlagerung und gegeneinander verdrehter identischer Liniengitter

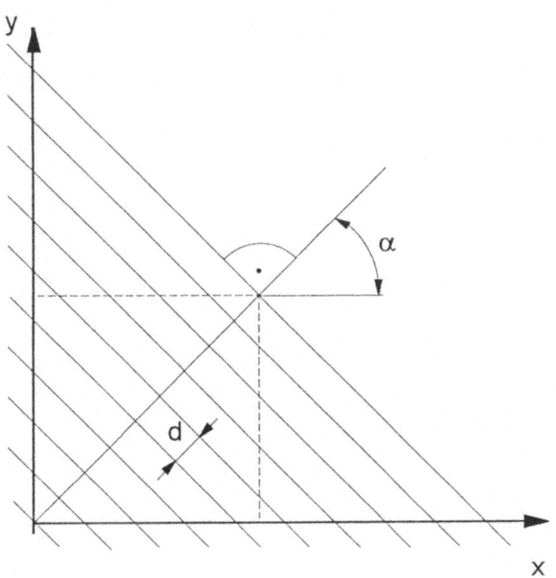

Abb. 4.2: Lage eines Gitters im x,y-Koordinatensystem

Wird ein solches Gitter von Licht der Intensität I_0 durchstrahlt, so treten entsprechend dem Linienverlauf helle und dunkle Streifen auf, und man erhält mit dem Transmissionsgrad τ die hindurchgelassene Intensität

$$I = \tau \cdot I_0 \ . \tag{4.2}$$

Die Beugungserscheinungen werden bei dieser Betrachtung unberücksichtigt gelassen $(d \gg \lambda)$. Nimmt man ein bezüglich des Transmissionsgrades nach der $\cos^2$-Funktion durchlässiges Gitter mit der Gitterkonstanten d an, d.h.

$$\tau = \cos^2 \left[(\pi/d)(x\cos\alpha + y\sin\alpha) \right] \tag{4.3}$$

oder

$$\tau = \cos^2(\pi n) \ , \tag{4.4}$$

so kann die Wirkung zweier solcher Gitter mit den Gitterkonstanten d_1 bzw. d_2 und den Richtungen α_1 bzw. α_2 ihrer Normalen gegen die x-Achse durch das Produkt ihrer Transmissionsgrade τ_1 bzw. τ_2 ausgedrückt werden. Für die Intensität I gilt dann

$$I = \tau_1 \tau_2 I_0 = I_0 \cos^2(\pi n_1) \cos^2(\pi n_2) \tag{4.5}$$

oder

$$\begin{aligned} I = I_0 \cos^2 &\left[(\pi/d_1)(x\cos\alpha_1 + y\sin\alpha_1) \right] \\ &\cdot \cos^2 \left[(\pi/d_2)(x\cos\alpha_2 + y\sin\alpha_2) \right] \end{aligned} \tag{4.6}$$

Damit nimmt nach trigonometrischer Umformung I die Form

$$\begin{aligned} I &= (I_0/4)\left\{ \cos\left[\pi(n_1+n_2)\right] + \cos\left[\pi(n_1-n_2)\right] \right\}^2 \\ &= (I_0/4)\left[\cos(\pi L) + \cos(\pi M) \right]^2 \end{aligned} \tag{4.7}$$

mit

$$L = n_1 + n_2 \quad \text{und} \quad M = n_1 - n_2 \tag{4.8}$$

an.

Das bei derÜberlagerung der beiden Gitter entstandene Muster läßt sich also gemäß (4.7) als Wirkung zweier Streifensysteme mit den Gitterkonstanten L bzw. M interpretieren.

Dieses Prinzip wird für die praktische Prüfung von Windschutzscheiben verwendet. Abb. 4.3 zeigt schematisch die Anordnung.

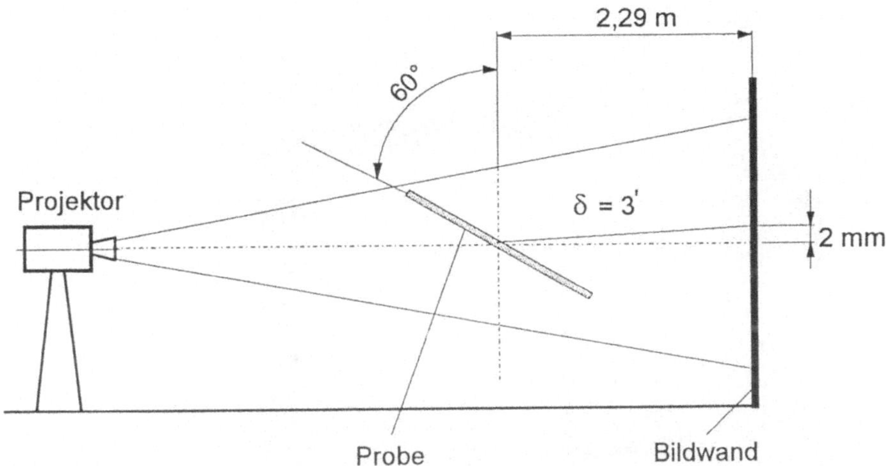

Abb. 4.3:   Schema der Prüfanordnung zur Messung von Ablenkfehlern nach dem Moiré-Verfahren (nicht maßstäblich gezeichnet)

Mittels Diaprojektor projiziert man ein Gitter mit äquidistanten, horizontal liegenden hellen und dunklen Linien auf eine Projektionsfläche, so daß dort ein Streifenbild mit einer Periode von z.B. 2 mm entsteht. Ein gleiches Streifensystem ebenfalls mit einer Periode von 2 mm ist auf der Projektionsfläche bereits angebracht, jedoch um einen kleinen Winkel gegen das aufprojizierte gedreht. Vor der Messung wird ein Nullabgleich durchgeführt, d.h. beide Gitter werden zur Deckung gebracht. Danach wird ein Gitter um einen kleinen Winkel gedreht, so daß Moire-Streifen mit bestimmtem Abstand, z.B. 4 cm, entstehen. Sind die Grundgitter horizontal angebracht, dann ergeben sich vertikale Moiré-Streifen. Anschließend wird die zu beurteilende Glasscheibe in den Strahlengang gebracht, z.B. in einem Abstand von ca. 2,3 m von der Bildwand. Ein relativer Lichtablenkwinkel zwischen zwei Punkten der fehlerhaften Glasscheibe von $\delta = 3'$ erzeugt dann eine Auslenkung des projizierten Gitters von 2 mm, gleich der Periode des projizierten Gitters.

Dadurch entsteht eine Auslenkung des vorher geraden Moiré-Streifens um einen Gitter-Streifenabstand. Mit horizontalen Gitterstrichen werden vertikale Lichtablenkungen in der Scheibe beurteilt. Es entstehen horizontale Auslenkungen der vertikalen Moiré-Streifen. Abb. 4.4 zeigt als Beispiel Aufnahmen von zwei Scheiben.

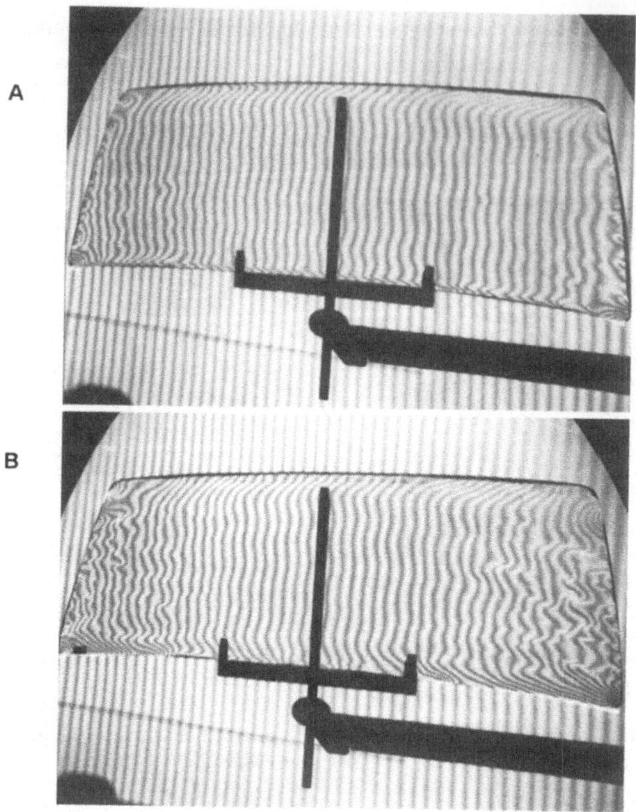

Abb. 4.4: Scheiben, die mit dem Moiré-Verfahren auf Ablenkfehler geprüft wurden.
A: Gute Scheibe mit geringen Ablenkfehlern,
B: schlechte Scheibe mit Ablenkfehlern zwischen 3 und 6 Bogenminuten

Zur Beurteilung von Lichtablenkungen in horizontaler Richtung müssen die beiden Gitter um 90° gedreht werden.

Vorgabedaten dieses Verfahrens sind hier:

Rasterfrequenz	2 mm
Moiré-Streifenabstand	4 cm
Neigungswinkel der Scheibe	60°
Entfernung Scheibe / Schirm	2,29 m
Genauigkeit der Ablenkwinkelmessung	± 0,5'

Die Erfassung, Verarbeitung und Analyse des Moiré-Musters erfolgt mit einem digitalen Bildverarbeitungssystem.

Abb. 4.5 zeigt schematisch das Meßverfahren.

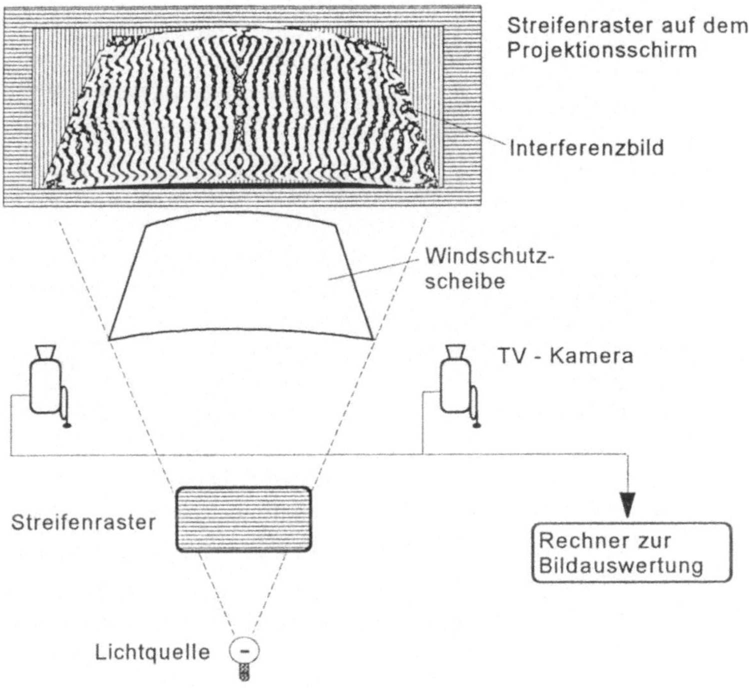

Abb. 4.5: Schema des Meßverfahrens

4.1.2 Transmissionsmessungen

4.1.2.1 Grundlagen

Zur Beurteilung der Transmissionseigenschaften von Fahrzeugscheiben kann man die Werte von Lichttransmissionsgrad $\tau_L(\lambda)$ und Strahlungstransmissionsgrad $\tau_S(\lambda)$ verwenden: $\tau_L(\lambda)$ gibt die Durchlässigkeit des Glases für sichtbares Licht einer Normlichtquelle an. Die genauen Werte der spektralen Intensität der Normlichtquelle sind in DIN 5033 in einer Tabelle festgelegt.

Abb. 4.6 zeigt den prinzipiellen Verlauf von $(\Phi_{e.\lambda})_A$ über der Wellenlänge entsprechend den Tabellenwerten. Der Wert für $\lambda = 560\,\text{nm}$ ist gleich $100\,\%$ gesetzt.

Der Strahlungstransmissionsgrad τ_S wird hingegen auf das Energiespektrum der Sonnenstrahlung an der Erdoberfläche bezogen. Er gibt das Verhältnis von durchgelassener zu auftreffender Sonnenstrahlung an. Beide Transmissionswerte lassen sich aus dem vorher gemessenen wellenlängenabhängigen Transmissionsgrad $\tau(\lambda)$ der Scheibe ermitteln. $\tau_L(\lambda)$ bzw. $\tau_S(\lambda)$ sind durch die Ausdrücke

$$\tau_L(\lambda) = \frac{\displaystyle\int_{\lambda_1=380\,\text{nm}}^{\lambda_2=780\,\text{nm}} \left(\Phi_{e,\lambda}\right)_A \tau(\lambda)\, V(\lambda)\, d\lambda}{\displaystyle\int_{\lambda_1=380\,\text{nm}}^{\lambda_2=780\,\text{nm}} \left(\Phi_{e,\lambda}\right)_A V(\lambda)\, d\lambda} \tag{4.9}$$

bzw.

$$\tau_S(\lambda) = \frac{\displaystyle\int_{\lambda_1=320\,\text{nm}}^{\lambda_2=2200\,\text{nm}} \left(\Phi_{e,\lambda}\right)_S \tau(\lambda)\, d\lambda}{\displaystyle\int_{\lambda_1=320\,\text{nm}}^{\lambda_2=2200\,\text{nm}} \left(\Phi_{e,\lambda}\right)_S d\lambda} \tag{4.10}$$

definiert. $(\Phi_{e,\lambda})_A$ (vgl. Abb. 4.6) beschreibt die spektrale Intensität der Strahlung der Normlichtquelle einer Wolframband-Lampe mit 3800 K. $V(\lambda)$ bezeichnet die spektrale Empfindlichkeitskurve des menschlichen Auges. $(\Phi_{e,\lambda})_S$ beschreibt die spektrale Intensität der Sonnenstrahlung auf der Erdoberfläche, festgelegt nach P. Moon.

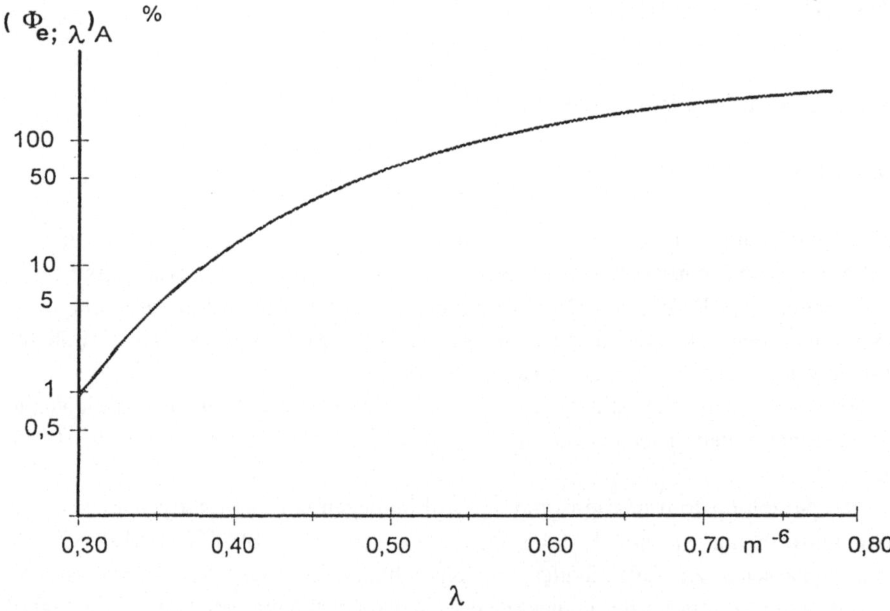

Abb. 4.6: Normierte spektrale Intensität der Normlichtquelle A (DIN 5033)

In Abb. 4.7 sind $(\Phi_{e,\lambda})_S$ und $V(\lambda)$ als Funktion der Wellenlänge aufgetragen, gemeinsam mit den typischen Transmissionskurven $\tau(\lambda)$ eines grünen Wärmeschutzglases bzw. $\tau(\lambda)$ einer metallbeschichteten Glasscheibe. Alle Größen, die für die Berechnung erforderlich sind, werden genormten Wertetabellen entnommen.

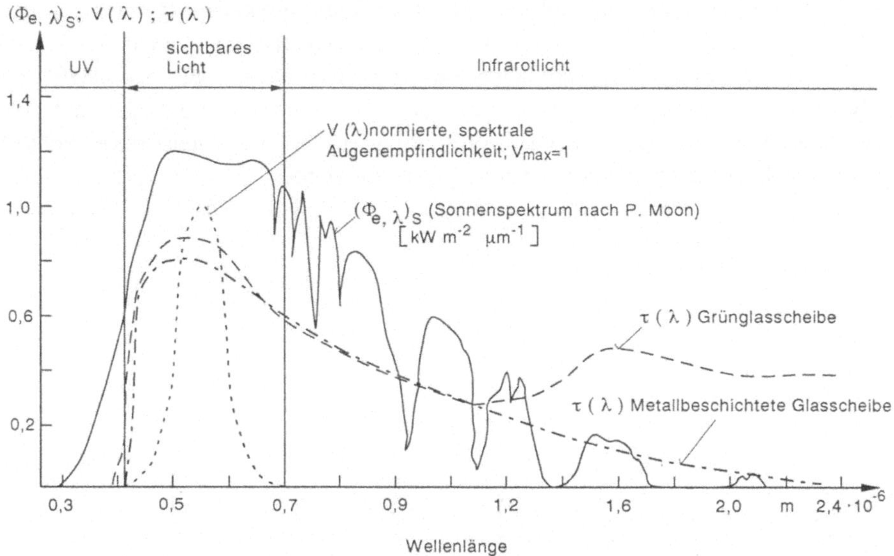

Abb. 4.7: Spektrum der Sonnenstrahlung, normierte spektrale Hellempfindlichkeit des menschlichen Auges und Transmissionsverlauf einer Grünglasscheibe sowie einer metallbeschichteten Glasscheibe

4.1.2.2 Transmissionsmeßgerät

Zur Bestimmung der integralen Werte τ_L und τ_S - vgl. (4.9) und (4.10) - wird der spektrale Transmissionsgrad $\tau(\lambda)$ mit einem Spektralphotometer gemessen. Ist nur die Lichttransmission τ_L von Interesse, so kann die Messung nach DIN 52291 auch integral mit einer Normlichtquelle und einem der Augenempfindlichkeit angepaßten Empfänger erfolgen. Spektralphotometer sind in verschiedenen Bauarten und Komfortstufen erhältlich. Für die schnelle Messung über den gesamten Wellenlängenbereich der Sonnenstrahlung vom UV bis ins mittlere IR ist jedoch kaum eines dieser Geräte geeignet.

Anforderungen an ein modernes Transmissionsmeßgerät sind:

- Messungen an ganzen Fahrzeugscheiben, denn bei Scheiben aus vorgespanntem Sicherheitsglas können keine kleinen Proben herausgeschnitten werden.
- Schnelle Messung des spektralen Transmissionsgrades,

- Automatische Datenverarbeitung einschließlich Darstellung der Transmissions-
  kurve und Ermittlung der integralen Werte $\tau_L(\lambda)$ bzw. $\tau_S(\lambda)$,
- max. Fehler von 1 % bei der Messung der Transmissionswerte $\tau(\lambda)$,
- Gesamtmeßzeit für ein Objekt nur wenige Minuten.

Der optische Aufbau eines solchen modernen Transmissionsmeßgerätes für den Meßbereich von 380 bis 1900 nm ist in Abb. 4.8 schematisch dargestellt.

Das Licht einer Halogen-Glühlampe wird gebündelt und durchläuft die Meßstrecke. Anschließend wird das Licht über einen Strahlteiler auf die Eintrittsspalte der Monochromatoren fokussiert. In die Meßstrecke können Fahrzeugglasscheiben gängiger Größe eingebracht werden.

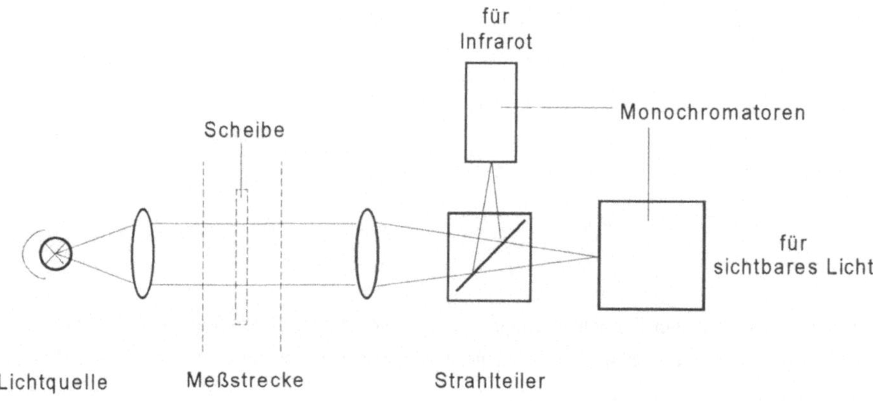

Abb. 4.8: Schema des Spektralphotometers mit zwei Monochromatoren für den visuellen (VIS) und den infraroten (IR) Strahlungsbereich

Grundlage des Meßsystems ist ein "Scanning Monochromator". Seine Funktion ist in Abb. 4.9 schematisch dargestellt.

Über eine Spiegeloptik wird am Ausgangsspalt das Bild des Eingangsspalts erzeugt. Kernstück des Monochromators ist ein rotierendes Beugungsgitter, das das Licht in seine verschiedenen Wellenlängen zerlegt. Bei jeder Umdrehung des Gitters tastet man mittels Detektor am Ausgangsspalt das Spektrum des einfallenden Lichts ab. Das Beugungsgitter ist gemeinsam mit einer Kodierscheibe auf der Welle eines geregelten Gleichstrom-Motors montiert. Mit Hilfe eines Infrarot-Sender/Empfängers generiert die Kodierscheibe einen Triggerimpuls und eine Impulsfolge, die in festem Zusammenhang mit den Wellenlängen des Spektrums stehen und damit eine quantitative Bestimmung der Wellenlänge ermöglichen.

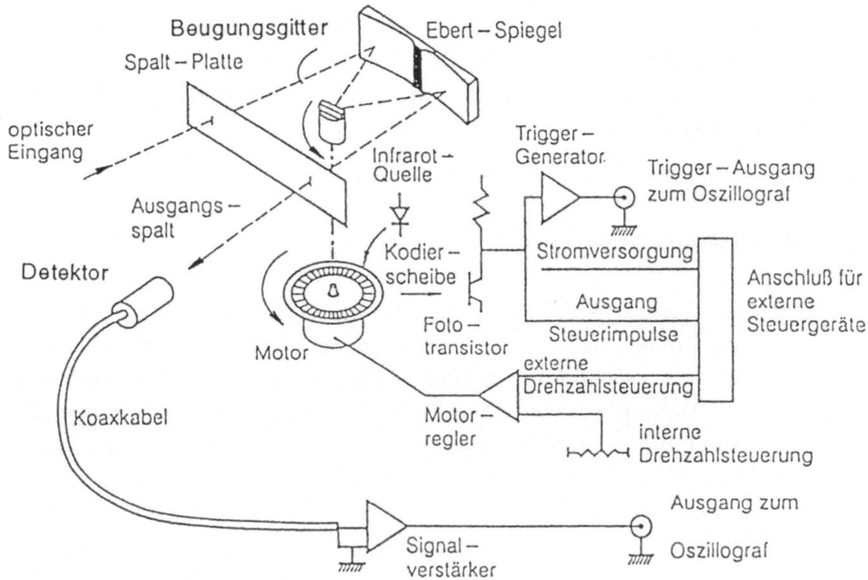

Abb. 4.9: Scanning Monochromator (Rofin-Sinar, Serie 6000)

Als Strahlungsempfänger stehen eine Reihe von Detektoren für die verschiedenen Wellenlängenbereiche zur Verfügung. Die resultierenden Spektren können entweder direkt mit einem Oszilloskop beobachtet werden oder dienen als Eingangssignal für die nachgeschaltete elektronische Kontrolleinheit mit Rechner. Mit einem solchen Gerät wird bei der Bestimmung der Wellenlänge eine Auflösung von 1 nm und bei der Amplitude von 1 % erreicht.

Der Meßbereich des Scanning-Monochromators ergibt sich aus der Kombination von Beugungsgitter und Detektorcharakteristik. Als Beugungsgitter werden sogenannte "Blaze"-Gitter eingesetzt mit der Eigenschaft, das einfallende Licht bevorzugt in die erste Beugungsordnung zu konzentrieren. Bei starken Spektralintensitäten können auch Anteile der zweiten Ordnung gebeugt werden und zu Fehlmessungen führen. Entscheidendes Merkmal eines solchen Gitters ist seine "Blaze"-Wellenlänge, bei der es die größte Effektivität besitzt. Der bevorzugte Wellenlängenbereich liegt dann zwischen 2/3 und dem Doppelten der Blaze-Wellenlänge, z.B. 330 bis 1000 nm. Die Abtastung des gesamen Meßbereichs muß dann in zwei Messungen erfolgen, wobei der kurzwellige Teil des Spektrums im zweiten Schritt weggefiltert wird.

Für die Messung im gesamten Sonnenspektrum (ultravioletter (UV), sichtbarer (VIS) sowie infraroter (IR) Spektralbereich) müssen mehrere Spektrumanalysatoren, d.h. Kombinationen von Monochromator, Detektor und Kontrolleinheit zusammengeschaltet werden, z.B.:

- UV-VIS-System: Meßbereich 320-1100 nm, Gitterblazewellenlänge 500 nm, Siliziumdetektor, Filterumschaltung
- IR-System: Meßbereich 1100-1900 nm, Gitterblazewellenlänge 1000 nm, Germaniumdetektor.

4.1.2.3 Messung und Auswertung

Zur Messung der spektralen Transmissionsgrade einer Scheibe muß zunächst eine Referenzmessung ohne Scheibe erfolgen, um die Einflüsse der Systemkomponenten wie Lampe und Monochromator-Detektor-Kombination zu erfassen, um sie bei der Auswertung zu berücksichtigen. Anschließend wird dann die Messung mit dem Objekt durchgeführt. Das Verhältnis der spektralen Intensitäten ergibt dann die entsprechenden Transmissionswerte $\tau(\lambda)$ der zu vermessenden Glasscheibe, aus denen nach (4.9) und (4.10) die Licht- und die Strahlungstransmissionsgrade τ_L bzw. τ_S berechnet werden können. Dies alles geschieht automatisch mit Hilfe eines nachgeschalteten Datenverarbeitungssystems.

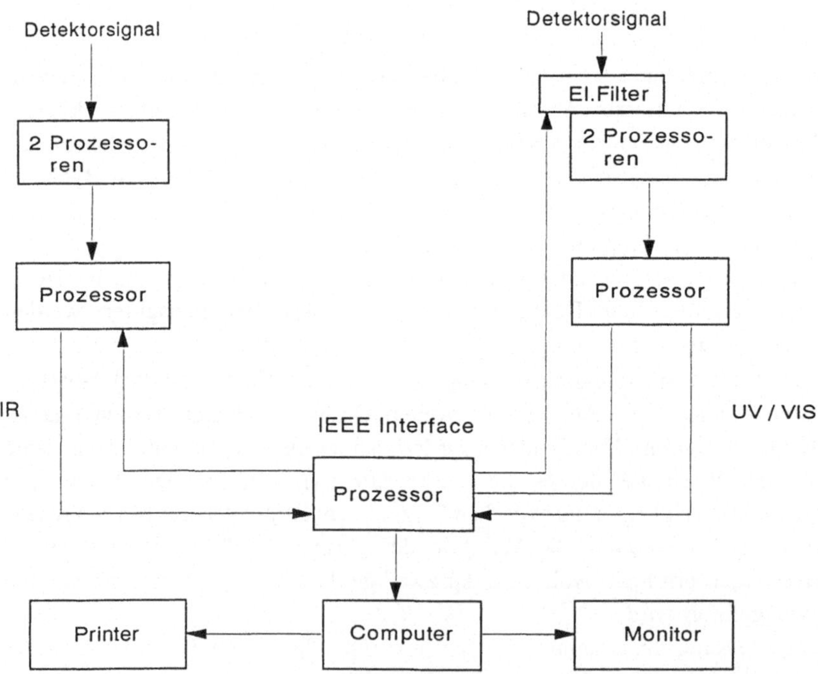

Abb. 4.10: Blockschaltbild des Auswertesystems eines neuen Transmissionsmeßgerätes (Volkswagen AG)

Der Systemaufbau ist in Abb. 4.10 schematisch dargestellt: Von den beiden Mono-
chromator-Detektor-Kombinationen gelangen die elektrischen Signale zu den
Prozessoren. Die Daten werden mittels eines PC mit Interface ausgewertet und
gespeichert bzw. ausgedruckt.

Die Schrittweite für die Wellenlängen bei der Datenaufnahme beträgt
$\Delta\lambda = 10$ nm, für eine Messung werden 100 Einzelspektren gemittelt. Die Meßzeit
für ein Spektrum beträgt dann ca. 40 s, die Gesamtmeßzeit für eine Transmissions-
messung liegt unter 3 min einschließlich Rechnerauswertung.

4.2 Meßverfahren der Fahrzeugsicherheit

4.2.1 Übersicht

Die "Fahrzeugsicherheit" ist für die technische Entwicklung von Automobilen eines
der wichtigen Fachgebiete.

Die systematische Forschung und Entwicklung begann auf diesem Gebiet in den
50er und 60er Jahren. Dazu wurden Methoden der elektrisch-/elektronischen und
der fotografischen Meßtechnik eingesetzt, die ständig weiterentwickelt wurden.

Inzwischen sind in den verschiedenen Ländern eine Fülle gesetzlicher
Vorschriften erlassen worden. Dazu gehören auch solche zu Prüfungen von Serien-
fahrzeugen, Fahrzeugen in der Entwicklung und Prototypen sowie Fahrzeugkomponenten, wie Stoßfänger, Türen, Lenkrad, Sicherheitsgurte usw.

Ein Beispiel für eine vorgeschriebene Prüfung ist der Aufprall eines Fahrzeugs
auf eine feste Barriere ausreichender Masse (Crash-Test).

Im übrigen gilt dafür folgendes:

- Die Konstruktion der Barriere kann aus Stahlbeton gefertigt und mit
  kompaktem Schüttgut, z.B. Sand, aufgefüllt sein, um eine ausreichende Masse
  zu erzielen.
- Die Aufprallfläche der Barriere darf sich beim Aufprall des Fahrzeugs nur um
  weniger als 1 % der Deformationslänge des Fahrzeugs bewegen.
- Die Aufprallfläche darf mit einem Kraftmeßsystem versehen sein. Sie muß aber
  auch dann die vorangehenden Forderungen erfüllen.

Abb. 4.11 zeigt eine solche Barriere.

Abb. 4.12 zeigt schematisch die übliche Anordnung einer Crash-Test-
Einrichtung. Dabei wird das Fahrzeug durch ein von einer Seiltrommel bewegtes
Seil in eine bestimmte Richtung gezogen. Dabei greift das Seil entweder direkt am
Fahrzeug an, oder es zieht einen in einer Schiene zwangsgeführten kleinen Schlitten
mit, der durch einen Arm mit einer am Fahrzeug angebrachten Kupplung verbunden
ist. Die Seiltrommel kann durch ein geeignetes Antriebsaggregat auf eine
Solldrehzahl entsprechend der vorgegebenen Fahrzeuggeschwindigkeit gebracht

werden. Kurz vor dem Aufprall wird die Zugvorrichtung ausgeklinkt, so daß sich das Fahrzeug frei auf die Barriere zubewegt, bis es zum Aufprall kommt.

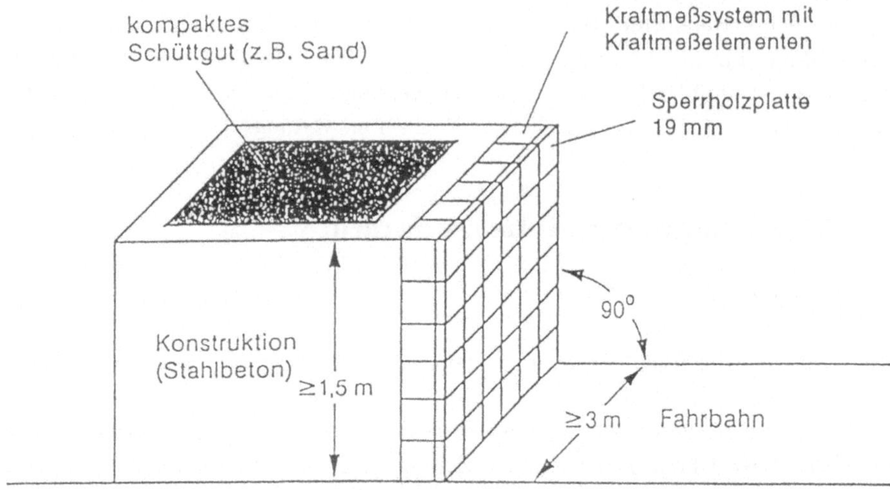

Abb. 4.11: Schema einer Aufprallbarriere

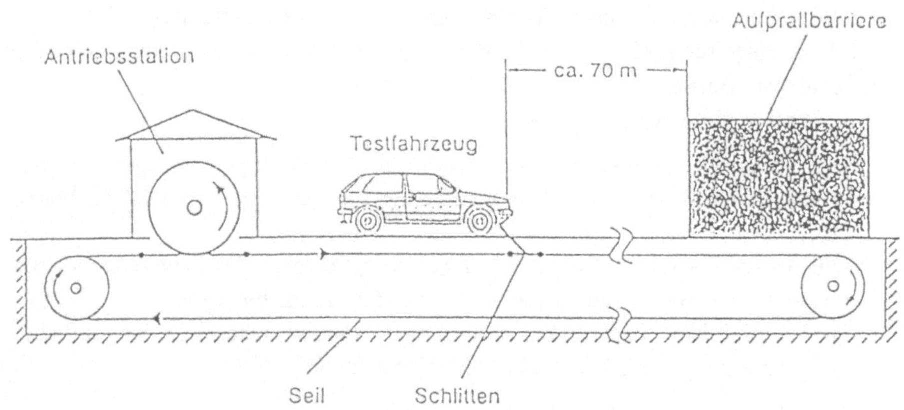

Abb. 4.12: Prinzip des Seilantriebs

Abb. 4.13 zeigt qualitativ den zeitlichen Verlauf von Geschwindigkeit, Verzögerung und Deformationsweg eines Fahrzeugpunktes beim Crash-Test.

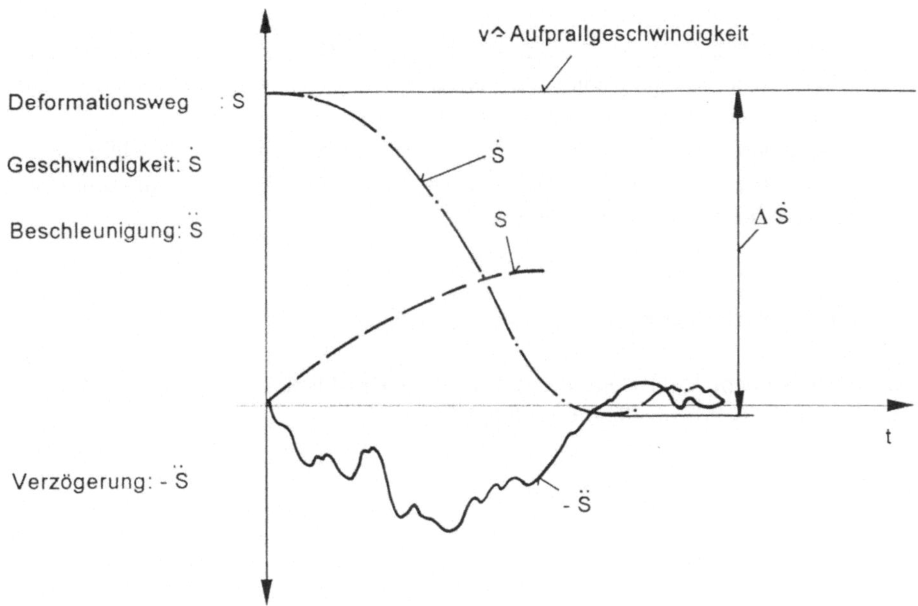

Abb. 4.13: Qualitatives kinematisches Verhalten eines Fahrzeugs beim Crash-Test

Die Geschwindigkeit nimmt von der Aufprallgeschwindigkeit auf null ab und wird dann negativ, d.h. das Fahrzeug wird nach Aufprall ein Stück zurückgeschleudert und kommt zum Stillstand. Die Beschleunigung ist natürlich hauptsächlich negativ, d.h. das Fahrzeug wird verzögert, und nimmt nur beim Zurückschleudern positive Werte an.

Der gesamte Aufprall läuft in wenigen ms ab, ist also ein relativ schneller Vorgang.

4.2.2 Hochfrequenz-Kinematografie

Die Hochgeschwindigkeits-Kinematografie ist ein Diagnoseverfahren für schnell verlaufende Vorgänge. Sie kann sowohl zur qualitativen Beurteilung als auch zur quantitativen Messung des Vorgangs eingesetzt werden.

Wegen ihrer besonderen Vorzüge:

- schneller, unkomplizierter Einsatz,
- keine oder nur geringen Eingriffe in den Vorgang,
- relativ preisgünstige Geräte

ist sie heute ein Standardverfahren bei Sicherheitsversuchen oder Untersuchungen von Vorgängen im Motorbrennraum. So werden zum Beispiel für den normalen

Aufprallversuch insgesamt 5 Hochgeschwindigkeits- (HS) Kameras eingesetzt, und zwar 2 für jede Fahrzeuglängsseite und eine von unten. Oft werden aber mehr Kameras verwendet, bei Prototypen z.B. bis zu vierzehn.

Im folgenden werden zwei der gebräuchlichen Systeme der Hochfrequenz-Kinematografie und ihre Qualitätskriterien vorgestellt. Typische Anwendungen werden an Filmbeispielen vorgeführt.

4.2.2.1 Schrittbildkamera

Schrittbildkameras sind weiterentwickelte Standard-Filmkameras. Abb. 4.14 zeigt schematisch das Prinzip einer Schrittbildkamera.

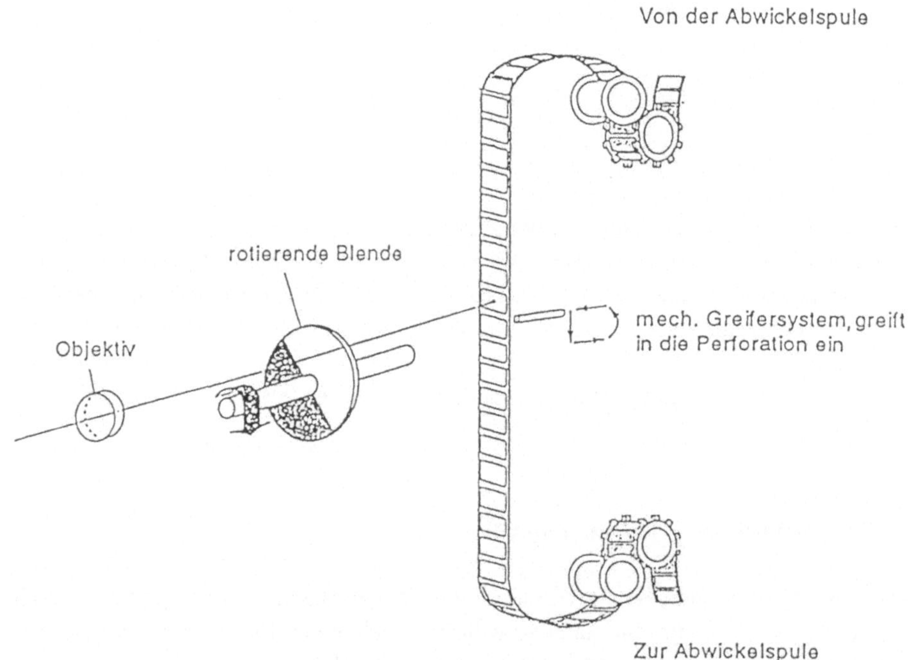

Abb. 4.14: Prinzip der Schrittbildkamera (z.B. von Firma Locam)

Mit einem mechanischen Greifersystem wird der Film schrittweise, intermittierend transportiert. Eine rotierende Blende unterbricht den Abbildungsstrahl während des Filmtransports.

Für Sicherheitsversuche werden 16mm-Film-Kameras eingesetzt.

Die erreichbare Bildfrequenz, also die Anzahl der Bilder pro Sekunde (B/s), ist durch die Mechanik des Filmtransportes und durch die mechanische Belastbarkeit der Filme begrenzt. Für Sicherheitsversuche werden Bildfrequenzen von 500 B/s gewählt.

Filme, die mit HS-Schrittbildkameras aufgenommen worden sind, lassen sich nach der Entwicklung mit normalen Projektoren darstellen oder mit speziellen Analyseprojektoren auswerten.

4.2.2.2 Drehprismenkamera

Bei diesem Kameratyp wird der Film kontinuierlich durch die Kamera gezogen und das Bild dem Film optisch entweder durch ein rotierendes Prisma oder durch eine rotierende parallele Glasplatte, mit der der Lichtstrahl parallelversetzt wird, stückweise nachgeführt. Abb. 4.15 zeigt das optische Prinzip. Die Umdrehungsgeschwindigkeit der Platte und die Filmbewegung sind so aufeinander abgestimmt, daß das Bild für die Zeit der Belichtung auf dem Film "steht".

Die Mechanik ist viel einfacher als bei den Schrittbildkameras. Der Film wird schonender behandelt. Daher können höhere Bildfrequenzen erreicht werden.

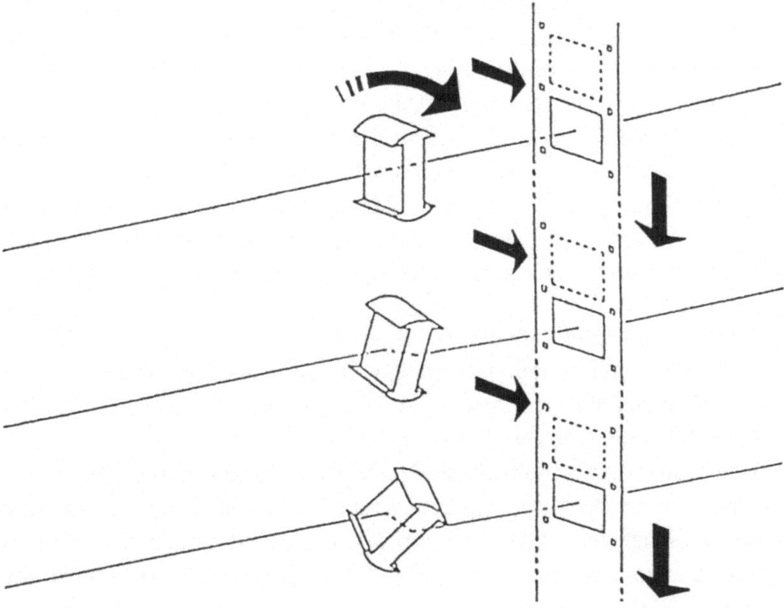

Abb. 4.15: Prinzip der optischen Bildnachführung bei Drehprismenkameras

Für Sicherheitsversuche werden 16mm-Kameras bis 1000 B/s (manchmal 10000 B/s) eingesetzt.

Durch Dispersion des Lichts durch die planparallele Glasplatte haben Drehprismen-Kameras einen Auflösungsverlust in vertikaler Richtung des Films. Mit Drehprismenkameras erreicht man eine Auflösung auf 16mm-Film von 80 Linien/mm.

Auch ist bei dieser Art Kameras die mechanische Kopplung zwischen Film und Prismaantrieb nicht vollkommen. Dadurch treten Schwankungen des Bildes auf, sowohl horizontal, als auch etwas stärker in vertikaler Richtung. Diese Schwankungen verursachen bei der Belichtung des Filmes Unschärfe. Daher ist die Betrachtung des entwickelten projizierten Bildes unangenehm.

4.2.2.3 Trommelkameras

Standard-Trommelkameras arbeiten nach dem Prinzip einer rotierenden Trommel, auf die der Film mit der Fotoschicht nach außen gespannt ist und mitrotiert. Die Belichtung erfolgt über ein Standardobjektiv mit Verschluß. Die Trommel wird vor der Aufnahme bei verschlossenem Verschluß auf die für die gewählte Bildfrequenz erforderliche Drehzahl gebracht. Die Bildtrennung erfolgt durch ein rotierendes Prisma oder eine rotierende planparallele Glasplatte wie bei der Drehprismenkamera. Die Umfangsgeschwindigkeit der Trommel bestimmt die Aufnahmedauer entsprechend einer Umdrehung. Die Filmlänge entspricht dem Umfang der Trommel und bestimmt damit die Bildzahl.

Bei einer neuartigen Trommelkamera - Abb. 4.16 verdeutlicht das Prinzip - , bei der anstelle eines Prismas wieder eine plane Glasplatte verwendet wird, sind die Achsen der rotierenden Glasplatte und Trommel elektrisch durch eine Phase-Locked-Loop-Schaltung (PLL) verkoppelt. Mittels PLL werden die von Opto-Encodern gelieferten Drehfrequenzen von Trommel und Glasplatte verglichen und die Drehzahl der Glasplatte solange nachgeregelt, bis diese mit der Drehzahl der Trommel synchron ist.

In der Mitte der Trommel befindet sich eine Spule mit 30 m Film als Vorrat. Beim Hineinspulen des belichteten Filmes in eine Kassette nach der Aufnahme wird gleichzeitig unbelichteter Film von der 30 m Rolle um die Trommel gezogen und steht für die nächste Aufnahme zur Verfügung.

Für den Bedienungskomfort enthält die Kamera ein Varioobjektiv, um variable Objektausschnitte zu ermöglichen, und eine fernbedienbare Kamerapositionierung, ferner ein elektronisches, mit CCD-Kamera realisiertes Suchersystem zur Kontrolle des Objektausschnittes und der Schärfe. Für den 16 mm-Film erreicht man eine Auflösung von ca. 40 Linien/mm.

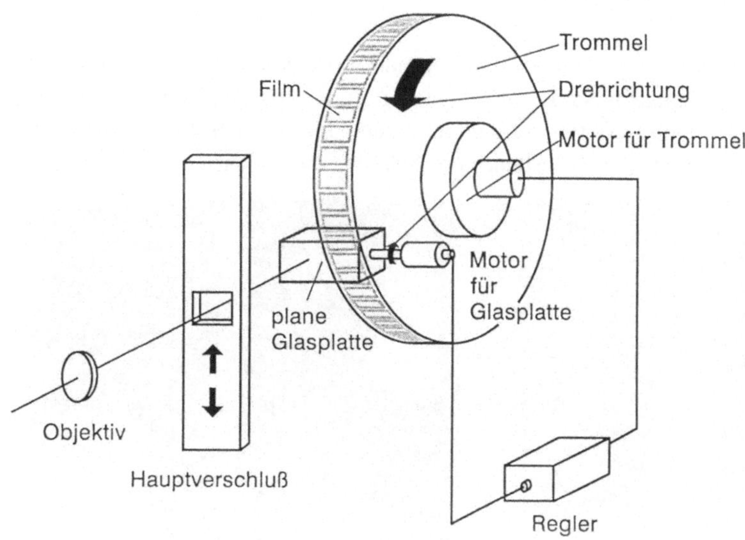

Abb. 4.16: Prinzip einer neuartigen Trommelkamera (Volkswagen AG)

Abb. 4.17 zeigt eine Ansicht einer solchen Trommelkamera, aufgebaut an einer Crash-Anlage.

Abb. 4.17: Trommelkamera TK 1b (Volkswagen AG)

4.2.2.4 Anwendungsbeispiele

Im folgenden werden einige Anwendungsbeispiele aus Crash-Versuchen aufgeführt.
Abb. 4.18 zeigt Einzelbilder zu verschiedenen Zeiten. Es wurde die Karosserieverformung bei einem Frontal-Aufprall mit einer 35-mm Schrittbildkamera und
einer Aufnahmefrequenz von 60 Bildern pro Sekunde untersucht.

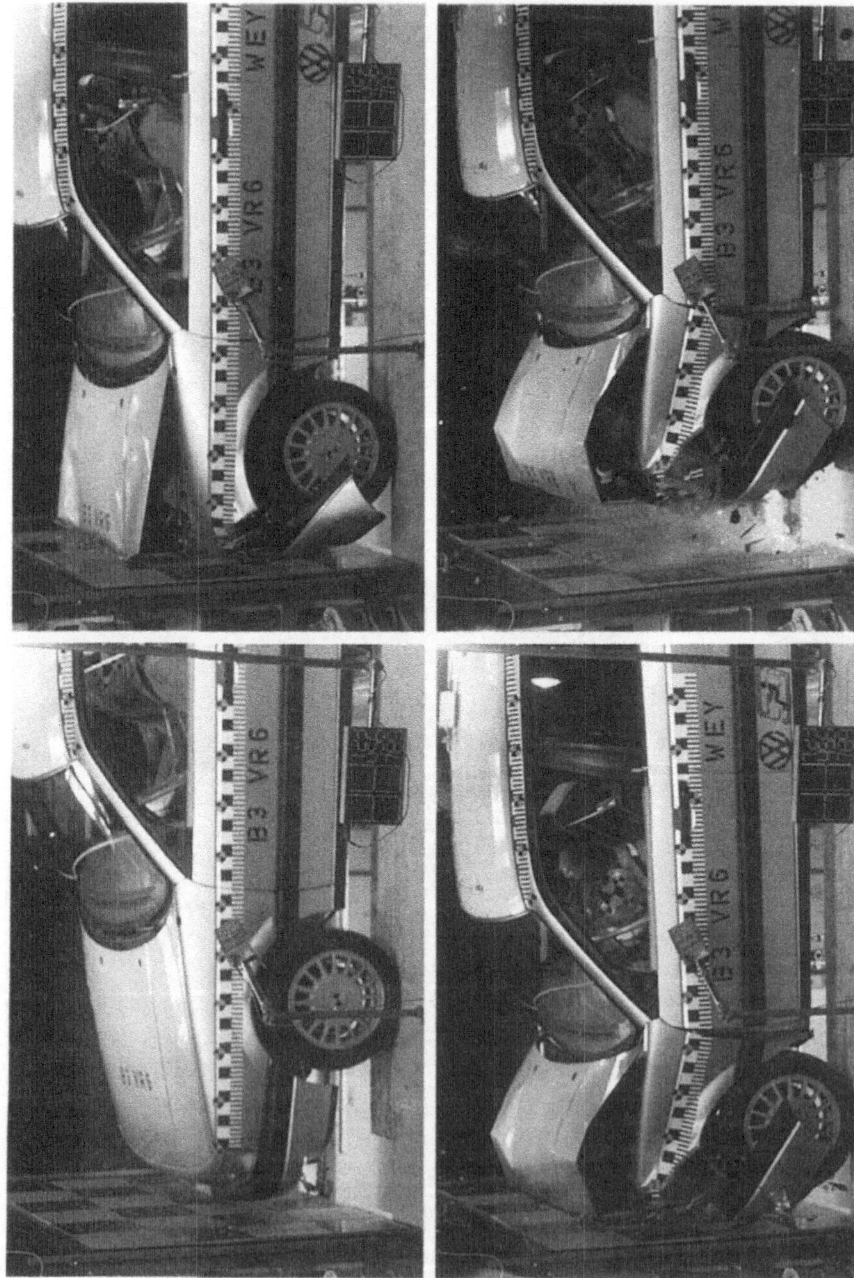

Abb. 4.18: Einzelbilder eines Crash-Versuchs zu verschiedenen Zeiten

Abb. 4.19 zeigt als weiteres Beispiel eine Sequenz von Trommelkameraaufnahmen mit 400 B/s zur Untersuchung der Karosserieverformung und der Funktionsweise eines Airbags.

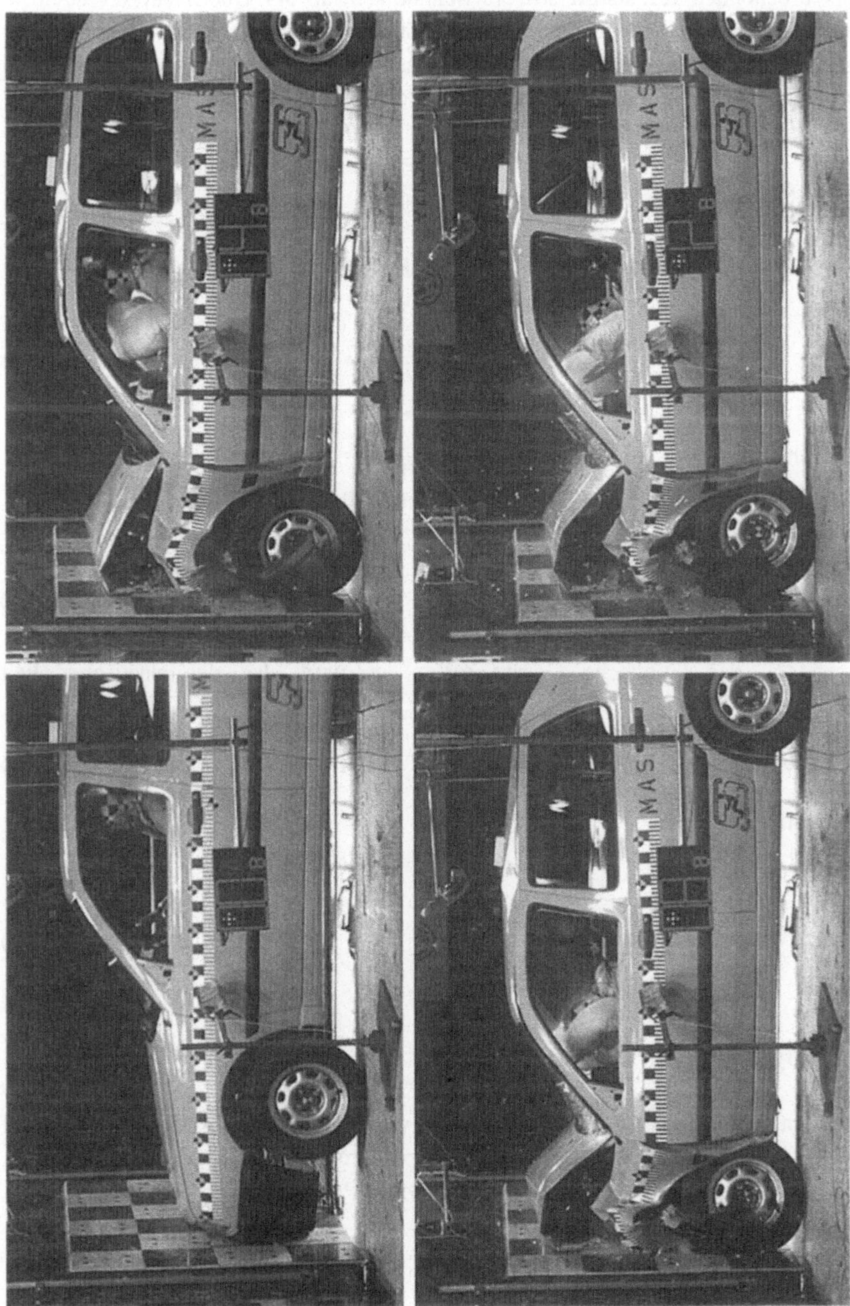

Abb. 4.19: Aufprall auf eine Barriere

4.3 Festigkeitsuntersuchungen mit Spannungsoptischen Verfahren

Spannungsoptische Methoden erlauben, an Modellen aus lichtdurchlässigem, doppelbrechenden Kunststoff sowohl Spannungen an der Oberfläche als auch im Innern eines Modell-Körpers zweidimensional sichtbar zu machen. Dieses Modell-verfahren wird hauptsächlich für statische Beanspruchungen eingesetzt. Modell und Untersuchungsobjekt müssen dazu geometrisch und elastisch ähnlich sein.

4.3.1 Ähnlichkeitsanforderungen

"Geometrische"Ähnlichkeit liegt vor, wenn folgender Zusammenhang erfüllt ist

$$\frac{\sigma_M}{\sigma_H} = \frac{F_M}{F_H}\left(\frac{l_H}{l_M}\right)^2 \quad , \tag{4.11}$$

σ = Spannung, F = Kraft oder Last, l = Länge, M = Index für Modell, H = Index für das Original.

Das "elastische" Ähnlichkeitsgesetz verlangt, daß die Dehnungen ε gleich sind, also

$$\varepsilon_M = \varepsilon_H \quad . \tag{4.12}$$

Ferner soll das Hooksche Gesetz gelten, es wird also der elastischer Fall vorausgesetzt

$$\sigma = E\varepsilon \quad , \tag{4.13}$$

E = Elastizitätsmodul.

Aus (4.11) folgt dann mit (4.13) für das Lastverhältnis

$$\frac{F_M}{F_H} = \left(\frac{l_M}{l_H}\right)^2 \frac{E_M}{E_H} \quad . \tag{4.14}$$

4.3.2 Physikalisches Prinzip

Der eigentliche Effekt zur Sichtbarmachung von Spannungen im Modell beruht auf der von der Spannung σ abhängigen Doppelbrechung von geeigneten, durch-sichtigen Modellwerkstoffen (Epoxydharz, Polykarbonat, Plexiglas), vgl. Abschn. 2.2.11.

Das Prinzip wird in Abb. 4.20 gezeigt.

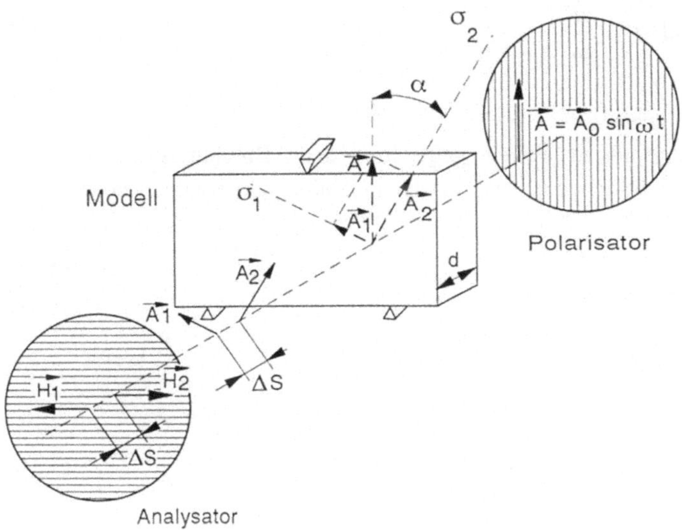

Abb. 4.20:   Prinzip der Spannungsuntersuchung am Modell; das Modell wird mit linear polarisiertem Licht durchstrahlt

Verfolgt man den Weg des von hinten kommenden monochromatischen Lichtstrahles, der im Polarisator linear polarisiert wird, dann wird die Welle beschrieben durch

$$\vec{A} = \vec{A}_0 \sin \omega t \quad .$$
(4.15)

Sie fällt vertikal auf ein unter Spannung stehendes Modell und tritt durch das Modell hindurch. Man nimmt z.B. an, daß an jeder Stelle des Modells ein ebener Spannungszustand herrscht, der durch Größe und Richtung der beiden aufeinander senkrecht stehenden Hauptspannungen σ_1 und σ_2 definiert ist. Die Neigung der Hauptspannungsrichtungen gegen die Vertikale sei α. Die Brechungsindizes sind in den Hauptspannungsrichtungen unterschiedlich.

Zerlegt man den Lichtvektor $\vec{A}$ in Komponenten nach den Hauptspannungs-richtungen, im Bild sind dies die Komponenten $\vec{A}_1$ und $\vec{A}_2$, so gelten für die Fortpflanzung der beiden Lichtkomponenten die verschiedenen Brechungs-indizes n_1 und n_2 mit unterschiedlichen Phasengeschwindigkeiten (4.16) bzw. unterschiedlichen Laufzeiten (4.17).

$$c_1 = \frac{c_0}{n_1} \quad \text{und} \quad c_2 = \frac{c_0}{n_2} \quad ,$$
(4.16)

$$t_1 = \frac{d}{c_1} \quad \text{und} \quad t_2 = \frac{d}{c_2} \quad , \tag{4.17}$$

d = Dicke der Modellplatte.

Für die Brechungsindizes gelten gegenüber dem Brechungsindex n_0 am unverspannten Modell folgende lineare Ansätze in Abhängigkeit von σ_1 und σ_2

$$\begin{aligned} n_1 &= n_0 + \alpha_1 \cdot \sigma_1 + \alpha_2 \cdot \sigma_1 \quad , \\ n_2 &= n_0 + \alpha_1 \cdot \sigma_2 + \alpha_2 \cdot \sigma_2 \end{aligned} \tag{4.18}$$

α_1, α_2 = Materialkonstanten.

Die Differenz der beiden Brechungsindizes wird berechnet zu

$$n_1 - n_2 = (\alpha_1 + \alpha_2) \cdot (\sigma_1 - \sigma_2) \quad . \tag{4.19}$$

Für das Modell erhält man als Laufzeitdifferenz

$$t_1 - t_2 = \frac{d}{c_1} - \frac{d}{c_2} = \frac{d}{c_0} n_1 - \frac{d}{c_0} n_2 = \frac{d}{c_0}(n_1 - n_2) \quad . \tag{4.20}$$

Wenn die beiden Wellen aus dem Modellkörper mit dieser Laufzeitdifferenz austreten, so haben sie einen optischen Gangunterschied Δs gegenüber der Eintrittssituation von

$$\Delta s = (t_1 - t_2) \cdot c_{\text{Luft}} \approx (t_1 - t_2)c_0 \quad , \tag{4.21}$$

da

$$c_{\text{Luft}} \approx c_0 \quad , \tag{4.22}$$

vgl. Abschn. 2. Aus (4.20) und (4.21) erhält man

$$\Delta s \approx d(n_1 - n_2) \quad . \tag{4.23}$$

Indem man Δs durch die Wellenlänge λ_{Luft} dividiert, erhält man die sogenannte relative Phasenverschiebung φ, d.h. den Gangunterschied ausgedrückt in Wellenlängen λ

$$\varphi = \frac{\Delta s}{\lambda_{\text{Luft}}} \approx \frac{d}{\lambda_0}(n_1 - n_2) \quad . \tag{4.24}$$

Mit (4.19) erhält man die sogenannte Hauptgleichung der Spannungsoptik:

$$\varphi = \alpha\,(\sigma_1 - \sigma_2)\frac{d}{\lambda_0}\quad,\tag{4.25}$$

mit $\alpha = (\alpha_1 + \alpha_2)$.

Zur Erklärung der Auswirkungen dieser Gleichung ist Abb. 4.20 geeignet.

Die beiden linear polarisierten Wellen $\vec{A}_1$ und $\vec{A}_2$ passieren nach Durchlaufen des Spannungsmodells einen Analysator, der 90° gekreuzt zum Eingangspolarisator angeordnet ist und nur die Horizontalkomponenten $\vec{H}_1$ und $\vec{H}_2$ von $\vec{A}_1$ bzw. $\vec{A}_2$ durchläßt. Für die sichtbare Lichtwirkung hinter dem Analysator ist nun wichtig, wie sich die resultierende Welle aus $\vec{H}_1$ und $\vec{H}_2$ zusammensetzt. Im allgemeinen ist die durch den Analysator gehende resultierende Welle durch φ (hier durch Δs symbolisiert) bestimmt. Ist $\sigma_2 = \sigma_1$, so ist $\varphi = 0$ bzw. $\Delta s = 0$ und damit $\vec{H}_1 + \vec{H}_2 = 0$ (die Beträge sind gleich und die Komponenten in Gegenphase). Dabei denkt man sich $\vec{H}_1$, $\vec{H}_2$ vom selben Fußpunkt ausgehend.

Dieser interessante Fall ist eingezeichnet. Die resultierende Welle wird daher verschwinden, der Betrag des Gesamt-Lichtvektors hat den Wert Null. Man hat den Fall der Auslöschung ("Dunkelheit").

Geht man zu den Intensitäten über ($I = A^2 \sin^2 (\omega\, t + \varphi)$) und denkt man sich $(\sigma_1 - \sigma_2)$ anwachsend bis $\varphi = \pi/2$, so beträgt die Phasenverschiebung eine halbe Wellenlänge: die beiden Schwingungen addieren sich, man erhält ein Intensitätsmaximum. Bei weiterem Anwachsen von φ nimmt die Helligkeit wieder ab, bis bei $\varphi = \pi$ beide Wellen wieder in Gegenphase sind. Punkte gleicher ganzzahliger Phasendifferenzwerte werden durch dunkle Linien verbunden und als Isochromaten bezeichnet. Sie sind also entsprechend der Hauptgleichung (4.25) experimentell gefundene Linien gleicher Hauptspannungsdifferenz $(\sigma_1 - \sigma_2)$.

In der Praxis verwendet man weißes unpolarisiertes Licht. Der soeben geschilderte Effekt tritt also für jede im Weißlicht enthaltene Wellenlänge auf, so daß eine Überlagerung aller Erscheinungen bei verschiedenen Wellenlängen beobachtet wird.

Die Isochromaten erscheinen nun nicht dunkel, sondern im Licht der Komplementärfarbe. Als einzige Linie erscheint die Isochromate nullter Ordnung dunkel. Für die Isochromaten - hier die Linien gleicher Farbe - tritt die ganzzahlige wellenlängenbezogene Phasenverschiebung für kürzere Wellenlängen früher auf als für längere Wellen. Die Farbreihenfolge mit aufsteigender Wellenlänge ist violett, blau, grün, gelb, rot. Daraus entsteht im spannungsoptischen Isochromatenbild die Farbreihenfolge nach schwarz (Ordnung Null) dann gelb, rot, blau, grün, gelb, rot usw.. Je höher die Ordnung ist, desto mehr verschieben sich allerdings die Helligkeitsminima der Wellenlängen gegeneinander. Die Farben der Isochromaten erscheinen daher mehr und mehr verwaschen. Ein Beispiel zeigt Abb. 4.21.

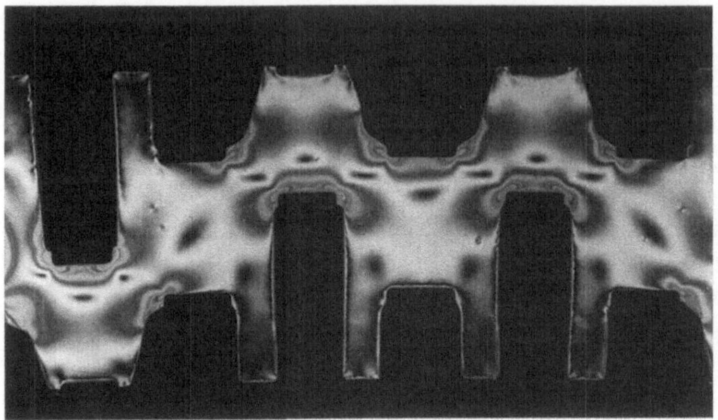

Abb. 4.21: Bild der Modellaufnahme einer Kurbelwelle

Nachteilig ist bei der Modelltechnik der relativ große Aufwand. Zur Analyse von maximalen Beanspruchungen sind Schrägdurchleuchtungen in mehreren Richtungen zur Simulation aller Beanspruchungsrichtungen durchzuführen. Die Methode ist auf zweidimensionale Problemstellungen beschränkt.

4.3.3 Thermoelastischer Spannungsanalysator (THESA)

Das Verfahren der thermoelastischen Spannungsanalyse ist ein noch relativ neues Verfahren zur experimentellen Bestimmung der Spannungen dynamisch belasteter Strukturen. Bei isotropem linear-thermoelastischen Materialverhalten ist unter adiabatischenen Bedingungen die Temperaturänderung proportional der Hauptspannungssumme $\sigma = \sigma_1 + \sigma_2 + \sigma_3$ in den drei Raumrichtungen eines Körpers. Bei Stahl erzeugt eine Spannungsänderung von 1 N/mm^2 eine Temperaturänderung von etwa 10^{-3} Kelvin.

Die Theorie der thermoelastischen Spannungsanalyse basiert auf Arbeiten von Lord Kelvin, Biot und Belgen. Bereits 1853 untersuchte Lord Kelvin den thermoelastischen Effekt. Belgen zeigte, daß die Infrarotmeßtechnik zur Messung von Temperaturänderungen genutzt werden kann.

Wird ein Körper im elastischen Bereich verformt, so kommt es zur Kopplung zwischen thermischer und Verformungsenergie. Dabei findet unter adiabatischen Bedingungen ein reversibler Austausch zwischen den beiden Energieformen statt. Setzt man ein isotropes, linear-thermoelastisches Materialgesetz voraus und beschränkt sich auf kleine Dehnungen, so erhält man eine lineare Beziehung zwischen der zeitlichen Temperaturänderung und der zeitlichen Volumenänderung

$$\frac{\partial T}{\partial t} = -\frac{E\,\alpha_L\,T_0}{(1-2\mu)\,C}\frac{\partial V}{\partial t} \tag{4.26}$$

mit E = Elastizitätsmodul,
$\quad\quad\;\; T_0$ = mittlere Oberflächentemperatur,
$\quad\quad\;\; \alpha_L$ = linearer thermischer Ausdehnungskoeffizient,
$\quad\quad\;\; \mu$ = Querkontraktionszahl,
$\quad\quad\;\; C$ = spezifische Wärmekapazität.

Werden Metalle auf Zug beansprucht, so erfolgt eine Abkühlung, bei einer Druckbeanspruchung findet eine Erwärmung statt. Die dabei von der Oberfläche der dynamisch belasteten Struktur emittierte Wärmestrahlung kann mit einer Infrarotkamera gemessen werden. Aus der gemessenen Wärmestrahlung und dem Zusammenhang zwischen Dehnungen und Spannungen lassen sich die Spannungen berechnen.

Mit den Bezeichnungen ε_x, ε_y, ε_z für Dehnungen, u, v, w für Verschiebungen, σ_x, σ_y, σ_z für Normalspannungen, jeweils in x-, y-, z-Richtung, findet man bei isotropem, linearen Materialverhalten für eine Temperaturänderung ΔT die Dehnungen

$$\varepsilon_x = \frac{\partial u}{\partial x} = \frac{1}{E}\Big[\sigma_x - \mu\big(\sigma_y + \sigma_z\big)\Big] + \alpha_L\Delta T \tag{4.27}$$

$$\varepsilon_y = \frac{\partial v}{\partial y} = \frac{1}{E}\Big[\sigma_y - \mu\big(\sigma_x + \sigma_z\big)\Big] + \alpha_L\Delta T \tag{4.28}$$

$$\varepsilon_z = \frac{\partial w}{\partial z} = \frac{1}{E}\Big[\sigma_z - \mu\big(\sigma_x + \sigma_y\big)\Big] + \alpha_L\Delta T \tag{4.29}$$

Mit der Hauptspannungssumme $\sigma = \sigma_1 + \sigma_2 + \sigma_3 = \sigma_x + \sigma_y + \sigma_z$ lassen sich die Gleichungen auch wie folgt schreiben

$$\varepsilon_x = \frac{1}{E}\Big[\sigma_x(1+\mu) - \mu\sigma\Big] + \alpha_L\Delta T \tag{4.30}$$

$$\varepsilon_y = \frac{1}{E}\Big[\sigma_y(1+\mu) - \mu\sigma\Big] + \alpha_L\Delta T \tag{4.31}$$

$$\varepsilon_z = \frac{1}{E}\Big[\sigma_z(1+\mu) - \mu\sigma\Big] + \alpha_L\Delta T \tag{4.32}$$

Für die Volumendilatation

$$\varepsilon = \varepsilon_x + \varepsilon_y + \varepsilon_z \qquad (4.33)$$

ergibt sich

$$\varepsilon = \frac{1-2\mu}{E}\,\sigma + 3\alpha_L\Delta T \quad . \qquad (4.34)$$

Hieraus folgt für die Hauptspannungssumme σ

$$\sigma = \frac{E}{1-2\mu}(\varepsilon - 3\alpha_L\Delta T) \quad . \qquad (4.35)$$

(4.26) integriert, nach ε aufgelöst und in (4.35) eingesetzt, ergibt weiter

$$\sigma = \frac{E}{1-2\mu}\left[-\frac{(1-2\mu)C\Delta T}{\alpha_L T_0 E} - 3\alpha_L\Delta T\right] \quad . \qquad (4.36)$$

Aus (4.36) erhält man unmittelbar die Temperaturänderung

$$\Delta T = \sigma\left[-\frac{C}{\alpha_L T_0} - \frac{3E\alpha_L}{1-2\mu}\right]^{-1} \equiv -T_0 K_m \sigma \qquad (4.37)$$

mit der thermoelastischen Materialkonstanten

$$K_m = \left[\frac{C}{\alpha_L} + \frac{3E\,T_0\,\alpha_L}{1-2\mu}\right]^{-1} \quad . \qquad (4.38)$$

Der Ausdruck K_m läßt sich mit den Hilfe der Größen

- spezifische Wärme bei konstantem Druck c_p ,
- spezifische Wärme bei konstantem Volumen c_V ,
- Dichte des Materials ρ ,
- spezifische Wärmekapazität $C = \rho \cdot c_V$,
- Kompressibilität $= \kappa$
- Volumenausdehnungskoeffizient $\alpha_V = 3 \cdot \alpha_L$
- $c_p - c_V = \alpha_V^2 \dfrac{T_0}{\kappa\rho}$

in der kompakten Form

$$K_{\mathrm{m}} = \frac{\alpha_L}{\rho\, c_{\mathrm{p}}} \tag{4.39}$$

schreiben.

Mit (4.37) ergibt sich schließlich für die Hauptspannungssumme

$$\sigma = -\Delta T \frac{\rho c_{\mathrm{p}}}{\alpha_{\mathrm{L}} T_0} \tag{4.40}$$

bzw. die Temperaturänderung

$$\Delta T = -\frac{\alpha_{\mathrm{L}}\, T_0}{\rho\, c_{\mathrm{p}}}\, \sigma \;. \tag{4.41}$$

(4.40) beschreibt den Zusammenhang zwischen der Temperaturänderung und der Änderung der Hauptspannungssumme. Bei geringen Temperaturänderungen kann man α_{L}, ρ und c_{p} und damit K_{m} als konstante Größen ansehen.

Wird die Temperaturerhöhung über die thermische Emission an der freien Oberfläche gemessen, an der $\sigma_3 = 0$ gilt, so schreibt sich (4.41)

$$\Delta T = -K_{\mathrm{m}} T_0 (\sigma_1 + \sigma_2) \;. \tag{4.42}$$

Die Temperaturänderung läßt sich mit einer Infrarotkamera erfassen. Bei Verwendung eines linearen Infrarotdetektors ergibt sich zwischen dem Detektorsignal S und der Änderung der Hauptspannungssumme die Beziehung

$$A \cdot S = \Delta\sigma \;. \tag{4.43}$$

A ist ein Kalibrierungsfaktor.

Die Thermoemissionsanalyse zeichnet sich dadurch aus, daß die Messung berührungslos ohne Rückwirkung auf das Objekt erfolgt. In der Regel wird die vom Körper abgegebene Strahlung über größere Bereiche, also flächenhaft, gemessen. Deshalb eignet sich die Thermoemissionsanalyse sehr gut für die Untersuchung realer Bauteile, bei denen die Kenntnis des Zustandes nicht nur an einer Stelle interessiert.

Die meisten Geräte arbeiten im Infrarotbereich der Strahlung bei Umgebungstemperatur (20 °C) mit der Vorgabe, daß auch über größere Entfernungen hinweg gemessen werden muß. Damit sind zwei Forderungen verbunden: Erstens eine möglichst hohe relative Emission bei Umgebungstemperatur und zweitens eine möglichst geringe Absorption durch die Atmosphäre. Die zweite Bedingung gilt auch für die Detektion von Strahlung höherer Temperatur, bei der sich das Maximum der relativen Emission zu kürzeren Wellenlängen verschiebt.

Das führte zur Entwicklung hochempfindlicher Sensoren im Wellenlängenbereich $\lambda = 3$ bis 5 µm und $\lambda = 8$ bis 12 µm. In diesem Wellenlängenbereich spielen Änderungen der umgebenden Atmosphäre (Temperatur und Feuchte der Luft, Staub) und unterschiedliche Abstände Objekt - Meßgerät nur eine untergeordnete Rolle. Nur bei extrem hohen Anforderungen an die Genauigkeit sind diese Parameter - neben den Transmissionseigenschaften der eingesetzten Optikelemente - zu berücksichtigen.

Das Auflösungsvermögen liegt bei einem kommerziellen Gerät SPATE 8000 bei 0,001 K. Damit können Spannungen von 1,1 N/mm^2 in Stahl und Titan, 0,4 N/mm^2 in Aluminium und 0,054 N/mm^2 in Epoxidharz nachgewiesen werden.
Die Auflösung von 0,001 K wird erreicht über einen Korrelator, der das vom Infrarotsensor gelieferte Signal korreliert mit einem Referenzsignal, das entweder von der Belastungseinheit oder vom Prüfkörper selbst, z.B. mit Hilfe von Dehnungsmeßstreifen (DMS), gewonnen wird. Der Korrelator verarbeitet nur Signale, deren Frequenz mit der des Referenzsignals übereinstimmt. Damit läßt sich der störende Einfluß von Änderungen der Umgebungstemperatur um 1 °C oder höheren Änderungen ausschalten; bei Änderung der Probentemperatur um 1 °C wäre das Signal-Rausch-Verhältnis 10^{-3}.

Der Prüfkörper muß schwingend belastet werden, z.B. mittels eines Shakers, weil sich sonst wegen der Temperaturleitung die adiabatische Zustandsänderung nicht realisieren läßt. Übliche Sinusfrequenzen des Shakers liegen bei 20 bis 100 Hz; die untere Grenze bei ca. 2 Hz.

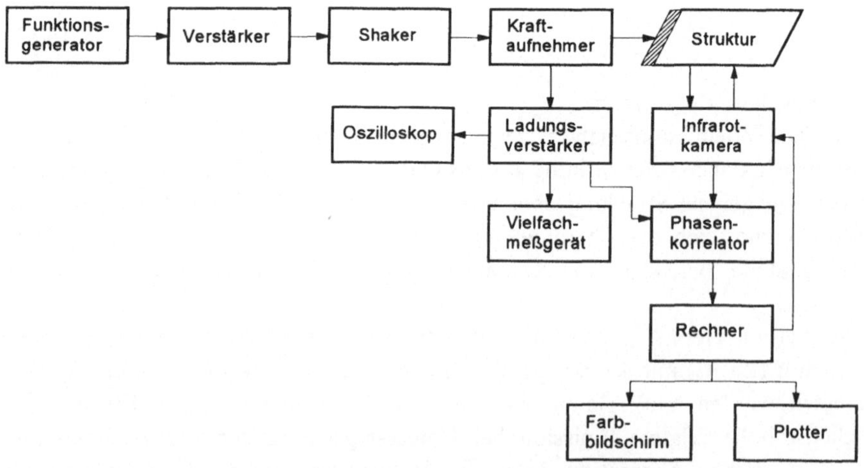

Abb. 4.22: Schema der Meßkette zur thermoelastischen Spannungsanalyse

Abb. 4.22 vermittelt schematisch den Aufbau des Spannungsanalysators, mit dem man über eine Infrarotkamera, die rechnergesteuert über das Meßobjekt geführt werden kann, den Temperaturverlauf auf der Struktur mißt.

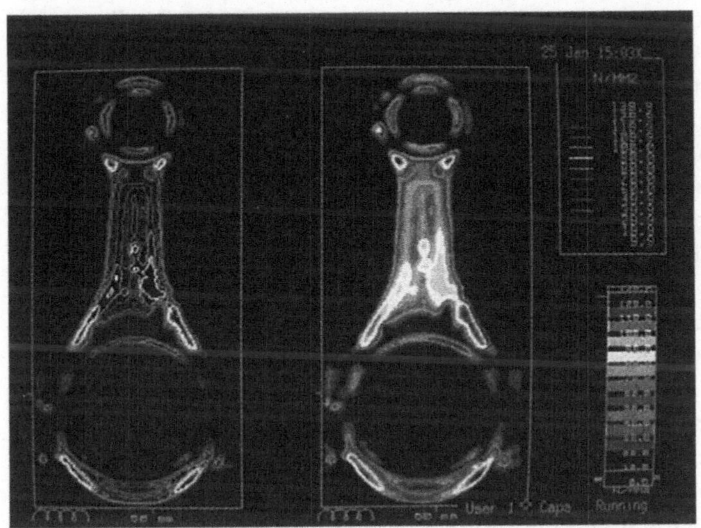

Abb. 4.23: Betriebsbeanspruchung einer Pleuelstange, aufgenommen mit SPATE 8000 (Rank Precision)

Hard- und Software sind so weit entwickelt, daß die Methode auch unter Industriebedingungen brauchbare Ergebnisse liefert. Die Oberfläche kann unbearbeitet sein, muß jedoch zur Erhöhung der Emissivität mit mattschwarzem Überzug versehen sein (z.B. mattschwarzer Lack). Damit wird normalerweise ein Emissivitätsfaktor e von 0,9 erreicht.

Abb. 4.23 zeigt das Ergebnis einer thermoelastischen Spannungsanalyse an einer Pleuelstange.

An Karrosserieteilen werden auch Studien mit Hilfe der thermoelastischen Spannungsanalyse durchgeführt, weil die dynamischen Übertragungseigenschaften von Interesse sind.

Die Ergebnisse zeigen, daß man prinzipiell die durch Modalanalysen erkannten Eigenfrequenzen auch in der Spannungsübertragungsfunktion wiederfindet.

4.4 Digitale-Nahbereichs-Photogrammetrie

4.4.1 Übersicht

Die räumliche Triangulation mit Richtungsbündeln bietet sich zur berührungslosen flexiblen Objektvermessung für Aufgaben der industriellen Meßtechnik an. Die Richtungsbündel werden dabei mittelbar aus den im Meßbild bestimmten Bildkoordinaten der Objektpunkte abgeleitet. Charakteristisch für die fotografische Aufnahme ist, daß alle Richtungen simultan und nicht wie bei anderen Meßsystemen sequentiell erfaßt werden. Durch den Einsatz mehrerer synchronisierter Aufnahmekameras läßt sich ein Objekt auch insgesamt simultan erfassen.

Durch die sogenannte Bündeltriangulation wird sowohl die räumliche Position als auch die Ausrichtung aller Aufnahmekameras im Gauß-Markov-Ausgleichungsmodell gemeinsam bestimmt. Eine vereinfachte Form dieses Ausgleichungsansatzes wird oft in der Literatur, wie auch im folgenden, als "Methode der kleinsten Quadrate" angesprochen. Von den Kameraorientierungen ausgehend kann von den gemessenen Bildkoordinaten eines abgebildeten Punktes ein Raumstrahl durch das Projektionszentrum in den Objektraum hinein verlängert werden. Der kürzeste Abstand aller zu einem Objektpunkt gehörenden Abbildungsstrahlen markiert dann den Raumpunkt. Allein mit dieser photogrammetrischen Information läßt sich das Objekt als formtreues Modell rekonstruieren. Abb. 4.24 zeigt schematisch die Anordnung eines Bildverbandes zur Objektaufnahme.

Zur punktweisen Objektrekonstruktion wird ein Raumpunkt bereits durch zwei Abbildungsstrahlen eindeutig festgelegt. Um höhere Genauigkeiten zu erreichen und um zuverlässigere statistische Genauigkeitsaussagen zu erhalten, werden im allgemeinen mindestens drei Strahlen für die räumliche Punktfestlegung berücksichtigt.

In der klassischen Photogrammetrie, der Luftbildphotogrammetrie, werden räumliche Objekte durch stereoskopische Auswertung zweier Bilder rekonstruiert. Der wesentliche Vorteil der stereoskopischen Auswertung liegt darin, daß der Operateur das räumliche Objektmodell unmittelbar dreidimensional betrachten kann und mit einer über die drei Koordinatenachsen positionierbaren Meßmarke beliebige Punkte im Stereomodell anfahren und deren Koordinaten messen kann. Das Objekt kann durch gezieltes Anfahren bestimmter Punkte entweder punktweise oder aber durch unmittelbares Abfahren von Profilen linienhaft erfaßt werden.

Durch den Einsatz von CCD-Kameras für die Objekterfassung haben sich in den letzten Jahren im industriellen Bereich Anwendungsfelder für die on-line Photogrammetrie entwickelt. Fortschritte in der Entwicklung elektronischer Kameras bzw. von Geräten zur Digitalisierung herkömmlicher analoger Aufnahmen und entsprechender Bildverarbeitungshardware haben zu einer weiteren Automatisierung des analytischen Auswerteprozesses geführt. Vor allem die automatisierte Bildauswertung, d.h. die automatische Auswahl, Zuordnung und

Messung geeigneter Bildstrukturen durch Ansätze der Mustererkennung, Signalverarbeitung und Informationstheorie trägt zur weiteren Entlastung des Operators
bei. Die rechnerische Zuordnung mittels Korrelationsverfahren ermöglicht die
automatische Vermessung kompletter Oberflächen aus Stereobildpaaren.

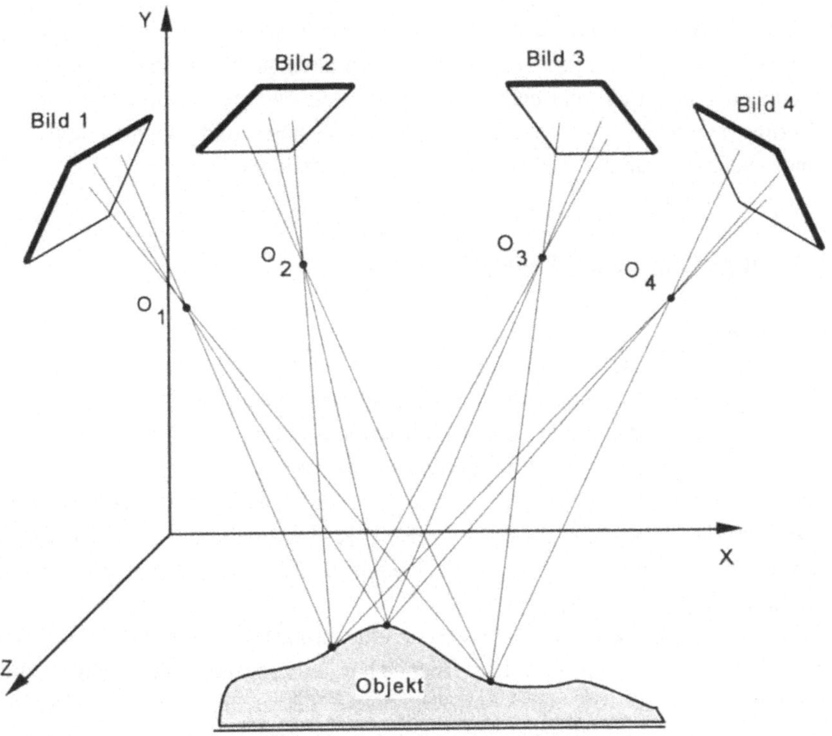

Abb. 4.24: Konfiguration zur Aufnahme eines photogrammetrischen Mehrbildverbandes im
Nahbereich

Die wesentlichen Vorteile photogrammetrischer Verfahren sind:

- Die Messung des Objekts erfolgt berührungsfrei.
- Die in einem Bild enthaltenen Informationen werden gleichzeitig zum Zeitpunkt
  der fotografischen Aufnahme gewonnen und bleiben als Dokumentation für
  einen Momentzustand des Objektes erhalten. Weitere Auswertungen sind daher
  später möglich.
- Die Auswertung kann zeitlich und räumlich getrennt von der fotografischen
  Aufnahme durchgeführt werden. Die modernen Mittel der elektronischen Bild-

aufzeichnung und On-line-Datenverarbeitung erlauben jedoch auch eine sofortige Berechnung der x-, y-, z-Koordinaten.

- An das Objekt wird lediglich die Forderung gestellt, daß es fotografierbar sein muß. Es kann mit der Zeit veränderlich sein, wobei Veränderungen langsam oder schnell ablaufen dürfen, beispielsweise solche bei Aufprallversuchen in der Fahrzeugsicherheit. Dann sind zeitaufgelöste Aufnahmen erforderlich.

Bedeutende Einsatzgebiete in der Automobilentwicklung sind die Vermessung von Karosserieformen und von Fahrzeugen nach Aufprallversuchen sowie von kleineren Objekten und Fahrzeugkomponenten. Für diese Anwendung ergänzt bzw. ersetzt die Photogrammetrie bei ausreichender Auflösung und Genauigkeit die konventionellen Meßgeräte, z.B. Koordinatenmeßmaschinen.

4.4.2 Wichtige Begriffe der Photogrammetrie

<u>Zentralperspektive</u>

Für photogrammetrische Zwecke aufgenommene Bilder können in guter Näherung als Zentralprojektionen des Aufnahmeobjektes angesehen werden. Die strenge Zentralprojektion ist daher das in der Photogrammetrie verwendete geometrische Modell zur Beschreibung der fotografischen Abbildung.

In der Zentralperspektive gehen Strahlen von einem Perspektivitätszentrum O, dem Zentrum der Projektion, zu den einzelnen Objektpunkten des räumlich darzustellenden Objektes. Ihre Verlängerungen treffen die Bildebene in den Bildpunkten des projizierten Objektes, vgl. Abb. 4.24.

Parallelen in der Bildebene oder in einer zu ihr parallelen Ebene bleiben parallel. Alle Kurven und Figuren, soweit sie in Ebenen parallel zur Bildebene liegen, bleiben unverzerrt. Andernfalls tritt eine perspektivische Verzerrung auf. Je weiter die Objektteile räumlich vom Perspektivitätszentrum entfernt liegen, desto kleiner im Verhältnis zu den näher liegenden Teilen werden sie dargestellt. Sie erleiden eine perspektivische Verkürzung.

<u>Bildraumkoordinatensystem</u>

Grundvoraussetzung für die präzise photogrammetrische Auswertung von Bildern ist die von Aufnahme zu Aufnahme identische Festlegung des Bildraumkoordinatensystems innerhalb einer Kamera. Meßbilder werden dadurch definiert, daß gleichzeitig mit dem Objekt sogenannte Rahmenmarken abgebildet werden. Im Schnittpunkt der Verbindungslinien gegenüberliegender Rahmenmarken liegt der Nullpunkt des Bildkoordinatensystems. Die Koordinaten des Perspektivitätszentrums werden in diesem System durch das Lot in die Bildebene festgelegt. Die Koordinaten des Lotfußpunktes werden als Bildhauptpunkt (x_H, y_H) und die Länge des Lotes als Kammerkonstante (c) bezeichnet, vgl. Abb. 4.25.

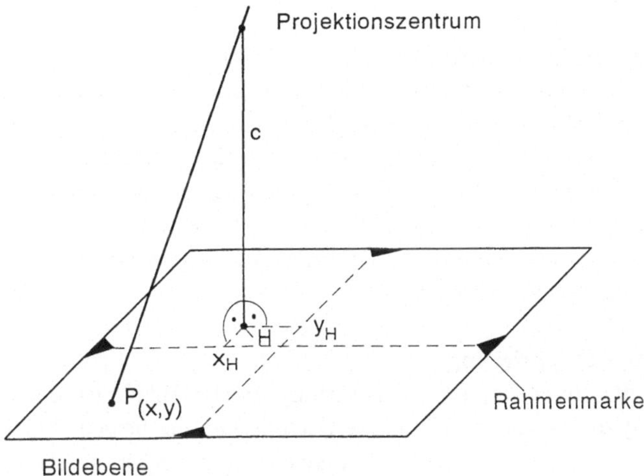

Abb. 4.25: Das Bildraumkoordinatensystem

Innere Orientierung

Diejenigen Bildraumparameter, die eine eindeutige Rekonstruktion des Abbildungs-
strahles nach den Begriffen der geometrischen Optik ermöglichen, werden unter
dem Begriff "innere Orientierung" einer Kamera zusammengefaßt. Dies sind:

- die Koordinaten des Bildhauptpunktes H (x_H, y_H) in der Bildebene,
- die Kammerkonstante c als Lotlänge zwischen Projektionszentrum und
  Bildebene,
- bildfehlerbeschreibende Korrekturen dx, dy.

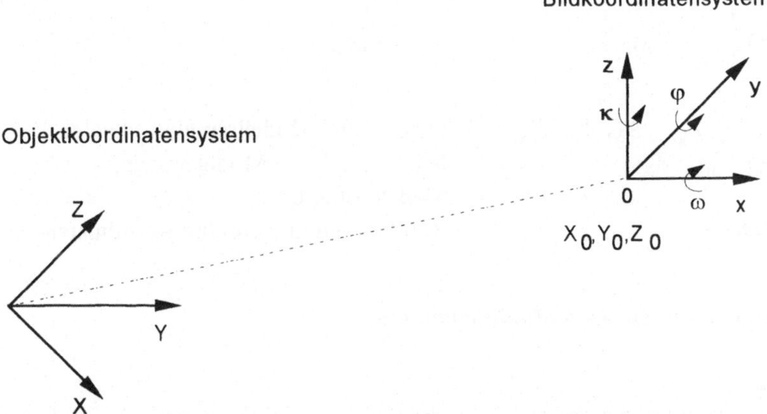

Abb. 4.26: Lage des Bildkoordinatensystems im Objektkoordinatensystem

Äußere Orientierung

Durch die Daten der inneren Orientierung ist das Aufnahme-Strahlenbündel in seiner Form bestimmt. Die sechs Parameter der äußeren Orientierung legen die Orientierung das Bildkoordinatensystems mit drei Translationen (X_0, Y_0, Z_0) und drei Rotationen $(\omega, \varphi, \kappa)$ relativ zum übergeordnetem Objektkoordinatensystem fest, vgl. Abb. 4.26. Die Translationen bestimmen dabei die Lage des objektseitigen Projektionszentrums des als Linsensystem aufgebauten Objektives. Bei den Rotationen handelt es sich um die Ausrichtung des Bildkoordinatensystems durch drei Winkel um jeweils mitgedrehte Achsen.

Relative oder gegenseitige Orientierung

Als Voraussetzung für die stereoskopische Auswertung zweier Bilder ist deren gegenseitige Orientierung zu berechnen. Die innere Orientierung der beiden Bilder wird dabei als bekannt vorausgesetzt. Da die Auswertung zunächst in einem beliebigen Raumkoordinatensystem erfolgen kann, wird für das eine Bild eine beliebige äußere Orientierung festgelegt. Die Berechnung der sechs Freiheitsgrade (3 Translationen und 3 Rotationen) des zweiten Bildes gegenüber dem ersten Bild wird als gegenseitige Orientierung bezeichnet. Nach Einstellung dieser berechneten Parameter an einem stereoskopischen Auswertegerät und dem Einlegen der Bilder in das Gerät entsteht für den Betrachter ein meßtechnisch auswertbares räumliches Objektmodell.

Absolute Orientierung

Die Transformation der im Modellkoordinatensystem der "relativen Orientierung" gemessenen Koordinaten in das übergeordnete Objektkoordinatensystem wird als absolute Orientierung bezeichnet:

$$\begin{bmatrix} X_O \\ Y_O \\ Z_O \end{bmatrix} = \begin{bmatrix} X_{MS} \\ Y_{MS} \\ Z_{MS} \end{bmatrix} + m\,R\,(\omega,\,\varphi,\,\kappa) \begin{bmatrix} X_M \\ Y_M \\ Z_M \end{bmatrix}, \qquad (4.44)$$

mit

$X_O, Y_O, Z_O,\ X_M, Y_M, Z_M$	Objekt- und Modellraumkoordinaten,
X_{MS}, Y_{MS}, Z_{MS}	Schwerpunkt im Modellsystem,
m	Maßstabsfaktor,
$R\,(\omega,\,\varphi,\,\kappa)$	Rotation um mitgedrehte Koordinatenachsen

4.4.3 Photogrammetrische Aufnahmekameras

Meßkamera

Meßkameras zeichnen sich durch eine streng ebene Bildfläche und ein in dieser Fläche instrumentell definiertes Bildraum-Koordinatensystem aus (Abb. 4.27). Das

Projektionszentrum ist als idealisiertes Zentrum des Objektives stabil in einem festen Kameragehäuse über diesem Bezugssystem angeordnet. Für die Auswertungen wird die einmal im Rahmen einer Kamerakalibrierung bestimmte Lage des Projektionszentrums im Bildraum über einen längeren Zeitraum (Monate) als bekannt vorausgesetzt.

Die eingesetzten Meßobjektive verfügen im allgemeinen über ein hohes bzw. sehr hohes Auflösungsvermögen und sind hinsichtlich ihrer sich geometrisch auswirkenden Abbildungsfehler korrigiert. Abb. 4.28 zeigt in diesem Zusammenhang gebräuchliche Aufnahmekameras.

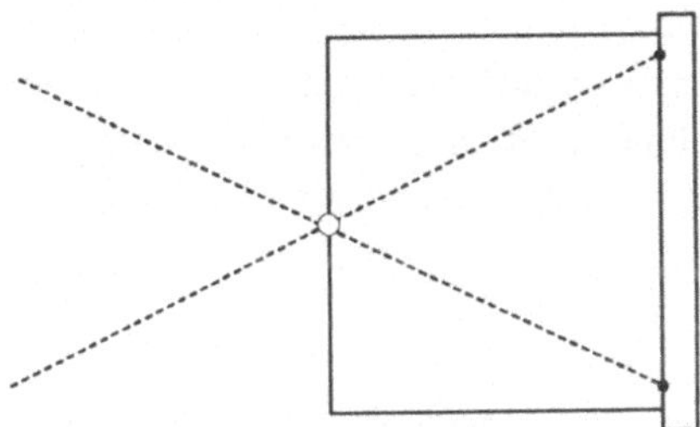

Abb. 4.27:   Schema einer Meßkamera; ebene Bildfläche und Bildraumkoordinatensystem, in dem die Lage des Projektionszentrums bekannt ist

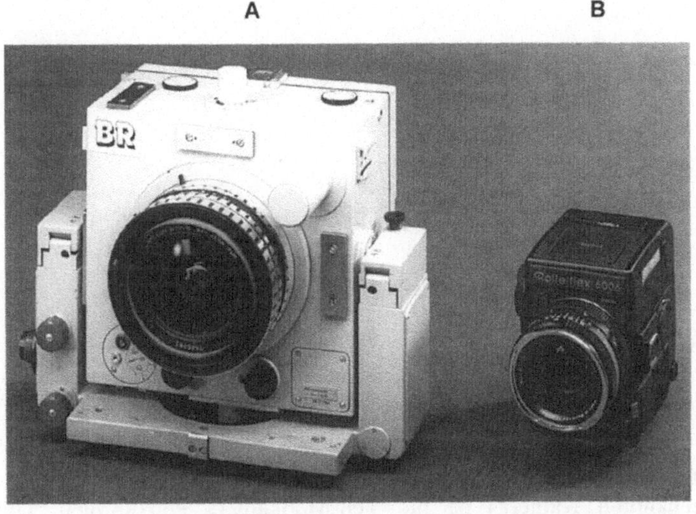

Abb. 4.28: Photogrammetrische Aufnahmesysteme
A   Meßkamera (UMK 1318)
B   Teilmeßkamera (Rolleiflex 6006)

Nicht-Meßkamera

Sind weder Bildfeldebnung und Bildraum-Bezugssystem noch die Lage des Projektionszentrums im Bildraum im Rahmen der Genauigkeitsforderungen als ausreichend anzusehen, so wird das Aufnahmesystem als Nicht-Meßkamera bezeichnet (Abb. 4.29).

Dieser Kategorie von Aufnahmesystemen sind sowohl die gewöhnlichen Foto-apparate als auch die Kameras mit professioneller Fototechnik zuzuordnen. Rahmenmarken eines Bildkoordinatensystems werden durch diese Kameras nicht abgebildet. Darüber hinaus ist die Bildfläche, d.h. die Filmlage geometrisch nicht definiert und von Aufnahme zu Aufnahme verschieden.

Die numerische Bildauswertung erlaubt allerdings grundsätzlich den Einsatz von Nicht-Meßkameras für meßtechnische Anwendungen. Die innere Orientierung ist dazu um Funktionen zu erweitern, die geometrische Auswirkungen von Filmverzug und Filmunebenheiten beschreiben. Da der Film nicht mechanisch gegebnet wird und das Bildkoordinatensystem von Aufnahme zu Aufnahme anders orientiert ist, muß für jedes Bild durch ein aufwendiges Verfahren eine neue innere Orientierung bestimmt werden.

Der Einsatz von Nicht-Meßkameras vermag zwar aufnahmetechnische Möglichkeiten zu erweitern, kann neue, für Meßkameras verschlossene Anwendungsgebiete eröffnen, ist aber wegen der zusätzlich erforderlichen Einpaß-information im Objektraum unvermeidlich mit sehr viel höherem Aufwand bei Objektpräparierung und numerischer Auswertung verbunden.

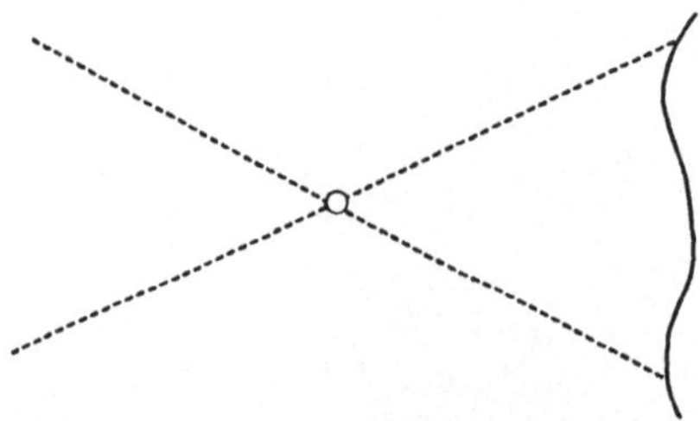

Abb 4.29:   Schema einer Nicht-Meßkamera; weder Ebnung der Bildfläche noch Lage des Projektionszentrums im Bildraum ausreichend genau bekannt

Teil-Meßkamera

Zwischen den genannten Kameras ist die Teil-Meßkamera einzuordnen. Der wesentliche Vorteil der Teil-Meßkamera liegt in der gegenüber Meßkameras wesentlich einfacheren Handhabung bei gleichzeitiger umfassender Nutzung professioneller Fototechnik (Belichtungsmesser, Blendenautomatik usw.).

Das nur in definierten Schritten umfokussierbare Objektiv beeinträchtigt allerdings die erreichbare Genauigkeit. Bei diesem Aufnahmesystem wird das Bildkoordinatensystem z.B. durch die Abbildung von Réseaukreuzen (Gitterkreuzen) definiert. Abb. 4.30 zeigt den prinzipiellen Aufbau einer Teil-Meßkamera. Unmittelbar vor der Bildebene ist eine Glasgitterplatte mit hochgenau eingeätzten Réseaukreuzen eingebaut. Bei der Aufnahme werden sowohl die Kreuze als auch das Objekt abgebildet.

Nach Messung der Koordinaten der Réseaukreuze im Film können Filmverzug und Filmunebenheiten durch Transformation auf die bekannten Sollkoordinaten der Réseaukreuze kompensiert werden. Auf diese Weise kann der gesamte Bildinhalt numerisch in die Ebene des Réseaus zurückprojiziert werden. Damit sind die Eigenschaften einer Meßkamera zum Teil realisiert. Eine Ansicht zeigt Abb. 4.28 *B*.

Zwischen den Begriffen Meßkamera und Teilmeßkamera gibt es keine scharfe Abgrenzung. So ist denkbar, daß eine Meßkamera für einen speziellen Anwendungsfall als Teilmeßkamera zu betrachten ist, weil zwar die geometrische Definition der Bildfläche und des Bildbezugssystems ausreichend gegeben sind, die Genauigkeitsforderung an die räumliche Lage des Projektionszentrums im Bildraum aber die instrumentell gegebene Reproduzierbarkeit überfordert und daher Simultan-Kalibrierung verlangt. Andererseits kann eine instrumentell als Teilmeßkamera konzipierte Aufnahmekamera im Sinne einer Meßkamera eingesetzt werden, wenn nur geringe Anforderungen an die räumliche Definition des Projektionszentrums gestellt werden.

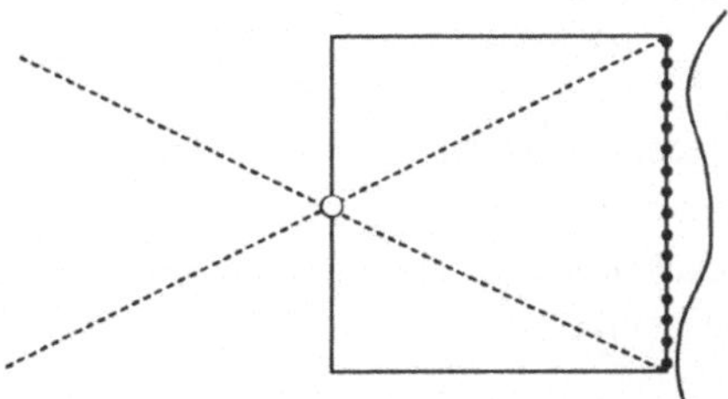

Abb. 4.30:   Schema einer Teilmeßkamera; numerische Ebnung der Bildfläche mittels Abbildung von Réseaukreuzen, jedoch nicht ausreichend genau bekannte Lage des Projektionszentrums im Bildraum

4.4.4 Grundgleichungen der Bündeltriangulation

Für die Projektion der Objektpunkte in das Bildkoordinatensystem sind nach den Gesetzmäßigkeiten der Zentralprojektion Abbildungsgleichungen zu formulieren. Dabei ist zu berücksichtigen, daß für die Ausgleichung im Rahmen der Bündeltriangulation die gemessenen Größen, wenn möglich explizit, als Funktionen der unbekannten Parameter auszudrücken sind. Bei der Objektrekonstruktion aus Bildern handelt es sich vornehmlich um gemessene Bildkoordinaten der abgebildeten Objektpunkte. Darüber hinaus ist im funktionalen Modell der Ausgleichung zusätzlich die Möglichkeit gegeben, durch Strecken- und Koordinatenmessungen sowohl den Maßstab als auch die Lage und Ausrichtung des Objektes festzulegen. Gemäß Abb. 4.31 erfolgt die Beschreibung der geometrischen Abbildungsverhältnisse in einem übergeordneten Bezugssystem.

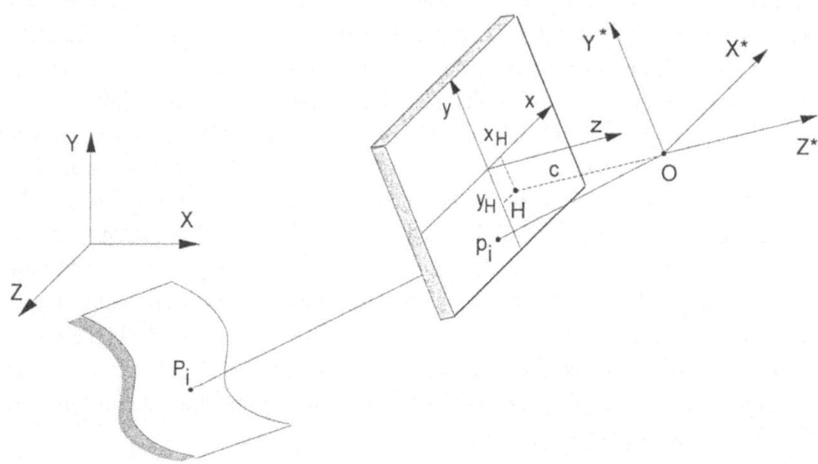

Abb. 4.31: Geometrische Zusammenhänge im photogrammetrischen Kameramodell

X, Y, Z	raumfestes Koordinatensystem (Weltsystem),
x, y, z	Bildkoordinatensystem,
X^*, Y^*, Z^*	Hilfskoordinatensystem parallel zum Bildkoordinatensystem mit Ursprung im Projektionszentrum O,
O	Projektionszentrum,
X_0, Y_0, Z_0	Weltkoordinaten des Projektionszentrums O,
c	Kammerkonstante,
x_H, y_H	Bildkoordinaten des Hauptpunktes H,
P_i	Objektpunkt,
X_i, Y_i, Z_i	Weltkoordinaten des Objektpunktes P_i,
X^*_i, Y^*_i, Z^*_i	Hilfskoordinaten des Objektpunktes P_i,
p_i	Bild des Objektpunktes P_i in der Bildebene,
x_i, y_i	Bildkoordinaten des Punktes p_i.

Die Bedeutung dieses Bezugssystems (Weltsystem) hängt von der jeweiligen Anwendung ab. Bei industriellen Anwendungen kommen objekteigene Systeme, z.B. das Bezugssystem einer Fertigungseinrichtung oder einer Meßzelle in Frage.

Zur anschaulichen Darstellung der numerischen Transformation ist das normalerweise als Negativ erfaßte Objektabbild in die Positivlage geklappt worden (Abb. 4.31). Die geometrischen Zusammenhänge werden hierdurch nicht verändert. Eine sehr anschauliche Formulierung ist durch die räumliche Drehverschiebung des Objektkoordinatensystems (X,Y,Z) in ein zum Bildkoordinatensystem paralleles Hilfskoordinatensystem (X^*,Y^*,Z^*) gegeben

$$\begin{bmatrix} X_i^* \\ Y_i^* \\ Z_i^* \end{bmatrix} = D\left(\omega,\ \varphi,\ \kappa\right) \begin{bmatrix} X_i - X_0 \\ Y_i - Y_0 \\ Z_i - Z_0 \end{bmatrix} . \tag{4.45}$$

In einem zweiten Schritt erfolgt die Transformation in Bildkoordinaten durch eine Maßstabsanpassung.

Abschließend werden diese Koordinaten durch die Korrektur um die die Abbildungsfehler beschreibenden Parameter dx und dy sowie durch den Bezug zum Bildhauptpunkt auf den Nullpunkt des Bildkoordinatensystems bezogen

$$\begin{bmatrix} x_i \\ y_i \end{bmatrix} = \frac{-c}{Z_i^*} \begin{bmatrix} X_i^* \\ Y_i^* \end{bmatrix} + \begin{bmatrix} x_H \\ y_H \end{bmatrix} - \begin{bmatrix} dx \\ dy \end{bmatrix} , \tag{4.46}$$

mit

$D\left(\omega,\varphi,\kappa\right)$ Drehmatrix, überführt Objektkoordinatensystem in eine zum Hilfskoordinatensystem parallele Lage,

$dx,\ dy$ Koordinatenverbesserungen aufgrund systematischer Bildfehler im Bildkoordinatensystem.

Die Drehung des Objektkoordinatensystems erfolgt in (4.45) durch eine orthonormale Rotationsmatrix. Für diese Matrix lassen sich drei Orthogonalitäts- und drei Normierungsbedingungen angeben, so daß durch drei unabhängige Parameter die räumliche Drehung eindeutig beschrieben ist. Allgemein werden hierfür die Drehwinkel ω, φ und κ um die drei mitgedrehten Achsen des Objektkoordinatensystems verwendet. Die Gesamtrotation setzt sich danach aus drei aufeinanderfolgenden Drehungen um diese Koordinatenachsen zusammen

$$R = R_\omega\, R_\varphi\, R_\kappa . \tag{4.47}$$

Gl. 4.48 nennt exemplarisch die Drehmatrix für die Rotation um die x - Achse

$$R_\omega = \begin{pmatrix} 1 & 0 & 0 \\ 0 & \cos\omega & \sin\omega \\ 0 & -\sin\omega & \cos\omega \end{pmatrix} . \tag{4.48}$$

Der Nachteil dieser anschaulichen Parametrisierung liegt darin, daß die Rotations-matrix mit ihren sich aus transzendenten Funktionen der drei Raumwinkel zusammensetzenden Elementen zum einen singulär werden kann und zum anderen numerisch aufwendig zu behandeln ist. Zur Vermeidung dieser Nachteile bieten sich algebraische Parametrisierungen an.

Abweichungen von der idealisierten Vorstellung der Zentralprojektion sind durch physikalische Einflüsse bei der Abbildung durch ein Objektiv begründet. Bei den unerwünschen Veränderungen in der Bildgeometrie wirkt die radial-symmetrische Verzeichnung dominierend.

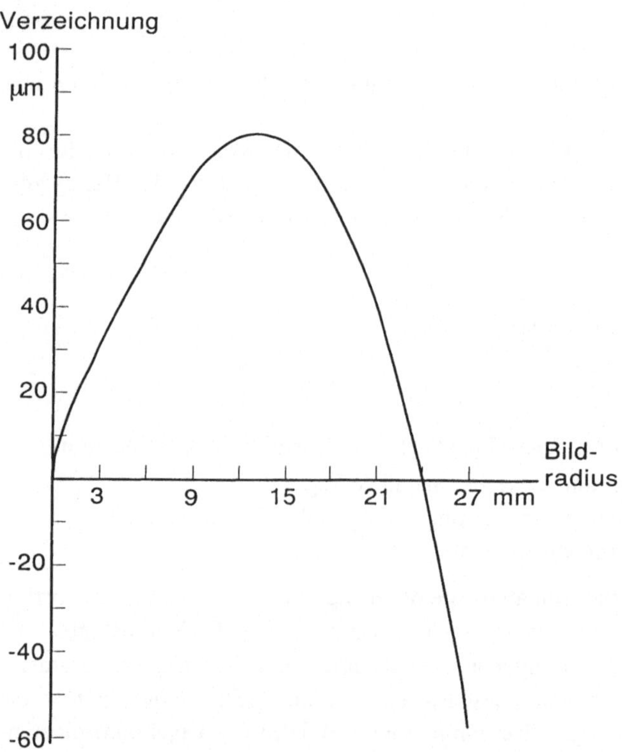

Abb. 4.32: Typische radial-symmetrische Verzeichnungsfunktion eines Objektives

Gl. 4.49 nennt die gebräuchlichen Polynome zur funktionalen Erfassung und Beschreibung einer radial-symmetrischen Verzeichnung

$$
\begin{aligned}
dx &= A_1\left(r^2 - r_0^2\right)x + A_2\left(r^4 - r_0^4\right)x \\
dy &= A_1\left(r^2 - r_0^2\right)y + A_2\left(r^4 - r_0^4\right)y
\end{aligned}
\qquad (4.49)
$$

mit

r_0 zweiter Nulldurchgang der Verzeichnungsfunktion,

r Bildradius: $r^2 = x^2 + y^2$,

x, y Punktkoordinate im Bild,

dx, dy radialsymmetrische Verzeichnungskorrektur,

A_1, A_2 radialsymmetrische Verzeichnungsparameter.

Abb. 4.32 zeigt eine typische radial-symmetrische Verzeichnungsfunktion, die sich aus der Parametrisierung nach Gl. 4. 49 ergibt.

Werden in Zuge der Konstruktion eines Objektives die sich geometrisch auswirkenden Abbildungsfehler nur zweitrangig behandelt und korrigiert oder werden die Einzellinsen des Objektives mechanisch nicht präzise in der Objektivachse zusammengesetzt, so müssen beim meßtechnischen Einsatz dieser Objektive radial-asymmetrische und tangentiale Verzeichnungen zusätzlich berücksichtigt werden.

4.4.5 Anwendungsbeispiele aus der Off-line-Photogrammetrie

4.4.5.1 Ein Mehrbild-Triangulations-Meßsystem und seine Anwendungen

In den letzten Jahren wurden modulare, photogrammetrische Meßsysteme entwickelt, die die Anforderungen der Mehrbildphotogrammetrie für den Einsatz in der Automobilindustrie bei einem akzeptablem Preis-/Leistungsverhältnis erfüllen. Abb. 4.33 zeigt das Schema eines solchen photogrammetrischen Auswertesystems.

Es besteht aus Teilmeßkameras mit verschiedenen Bildformaten, dem Réseau-Bildscanner zur automatischen Abtastung und Digitalisierung der Meßbilder mit einer CCD-Kamera, dem Digitalisiertablett mit Meßlupe zur manuellen Punktmessung, einem Personalcomputer zur Steuerung des Bildscanners und zur Bildverarbeitung sowie allgemeiner photogrammetrischer Auswerte-Software.

Mit diesem System können geeignet signalisierte Punkte, z.B. Retrotargets im Objektraum mit einer Genauigkeit von besser als 2×10^{-5} der Objektausdehnung bestimmt werden. Dies bedeutet für die Gesamterfassung eines Automobils von 5 m Länge eine Genauigkeit von 0,1 mm und besser. Erreicht wird diese hohe Genauigkeit durch hochpräzise sequentielle Abtastung analoger Filmvorlagen mit Hilfe eines auf einem Verschiebetisch installierten CCD-Sensors. Die Bildmeßgenauigkeit in den so digitalisierten Bildern liegt bezogen auf das Filmformat von 50×50 mm^2 bei 1 µm.

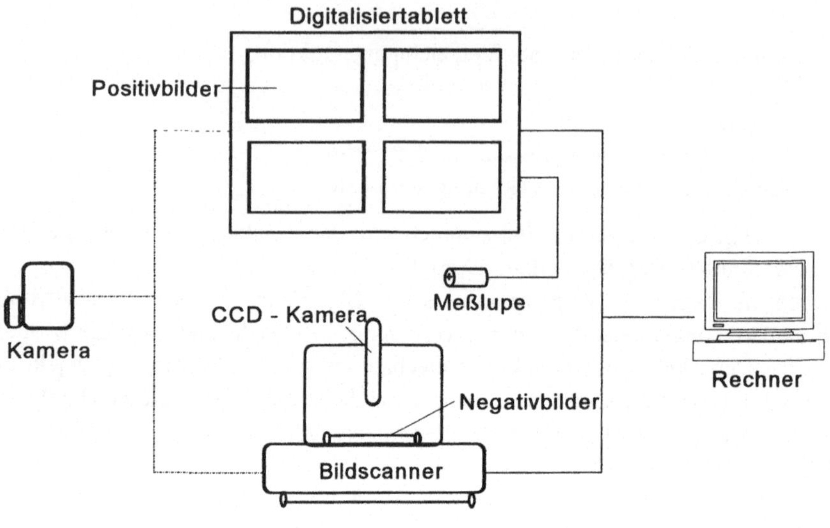

Abb. 4.33:   Photogrammetrisches Aufnahme- und Auswertesystem Rolleimetric mit Digitalisiertablett und Bildscanner

Deformationsmessungen an einem Abgaskrümmer

In der Entwicklungsphase des Abgaskrümmers ist es wichtig, alle Formänderungen,
die im Betrieb auftreten, zu erfassen. Daher werden die kritischen Betriebs-
bedingungen in Prüfstandsversuchen simuliert (Zeitraffungsfaktor 1:10). Aufgrund
der komplizierten Struktur, der schlechten Zugänglichkeit und der starken
thermischen Belastung ist der meßtechnische Aufwand herkömmlicher Techniken
sehr groß.

Der Abgaskrümmer wird mit einer Teilmeßkammer aufgenommen. Für die
punktweise Erfassung des Abgaskrümmers wird ein Bildverband aus 20
konvergenten Einzelaufnahmen angelegt. Vor den Aufnahmen muß der Krümmer
besonders präpariert werden, um anhand homologer Punkte zwischen den
unterschiedlichen Vergleichszeitpunkten Verformungen nachweisen zu können.
Diese diskrete Markierung erfolgt durch kleine Körnerpunkte von ca. 1 mm
Durchmesser und ca. 0,5 mm Tiefe, so daß diese auch nach thermischer Belastung
des Abgaskrümmers deutlich zu erkennen sind. Um die Form des Abgaskrümmers
photogrammetrisch bestimmen zu können, wird das Teil in einem zweiten Arbeits-
schritt durch paarweise, parallele Stereoaufnahmen erfaßt, um es später im Modell
stereoskopisch in Profilen und Formleitlinien ausmessen zu können.

Abb. 4.34 zeigt die zweidimensionalen Deformationsvektoren in vier Ansichten. Die maximale Deformation bei diesem Versuch liegt bei 0,8 mm, wobei die Standardabweichung für alle Werte kleiner als ± 0,05 mm für alle drei Koordinatenrichtungen ist.

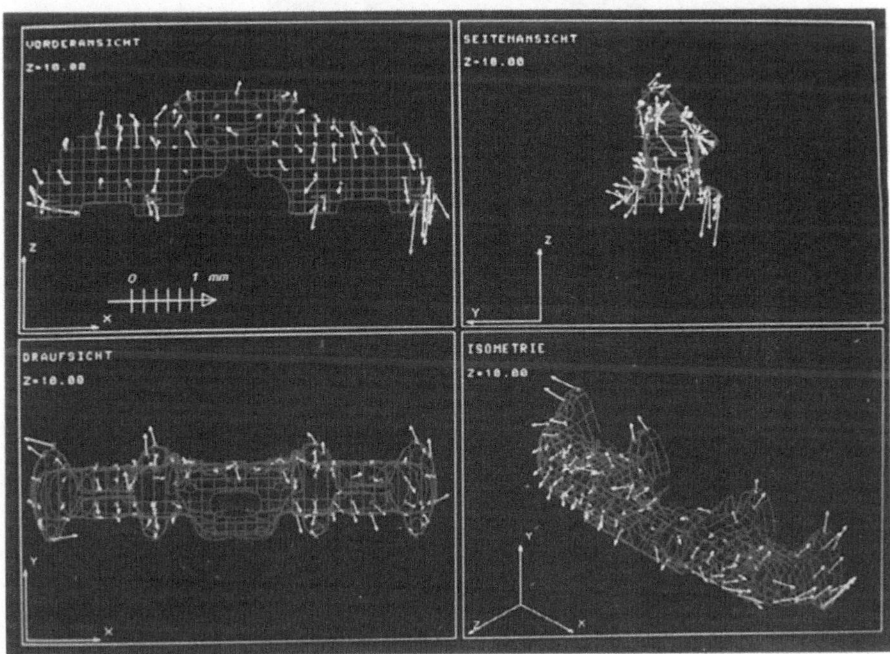

Abb. 4.34: Deformationsvektoren an einem Abgaskrümmer im Betrieb bei thermischer Belastung in vier Ansichten

Vermessung von Fahrzeugen vor und nach einem Crash-Test

Gegenüber der herkömmlichen, mechanischen Meßmethode hat der Einsatz der Mehrbildphotogrammetrie folgende Vorteile:

- Die Aufnahmen können mit einfachen Teilmeßkammern bzw. festinstallierten CCD-Kameras gemacht werden.
- Der Transport des Fahrzeugs zur Meßplatte, bei dem es zu Veränderungen des Fahrzeugs kommen kann, entfällt.
- Ein aufwendiges Ausrichten des Fahrzeugs entfällt, da Aufnahmeorte und -richtungen nicht eingemessen werden müssen.
- Die Standzeiten für die Vermessung reduzieren sich drastisch, da das Fahrzeug nur für die Zeit der Aufnahme zur Verfügung stehen muß.
- Der Versuch ist so dokumentiert, daß zu beliebigen späteren Zeitpunkten weitere Auswertungen erfolgen können.

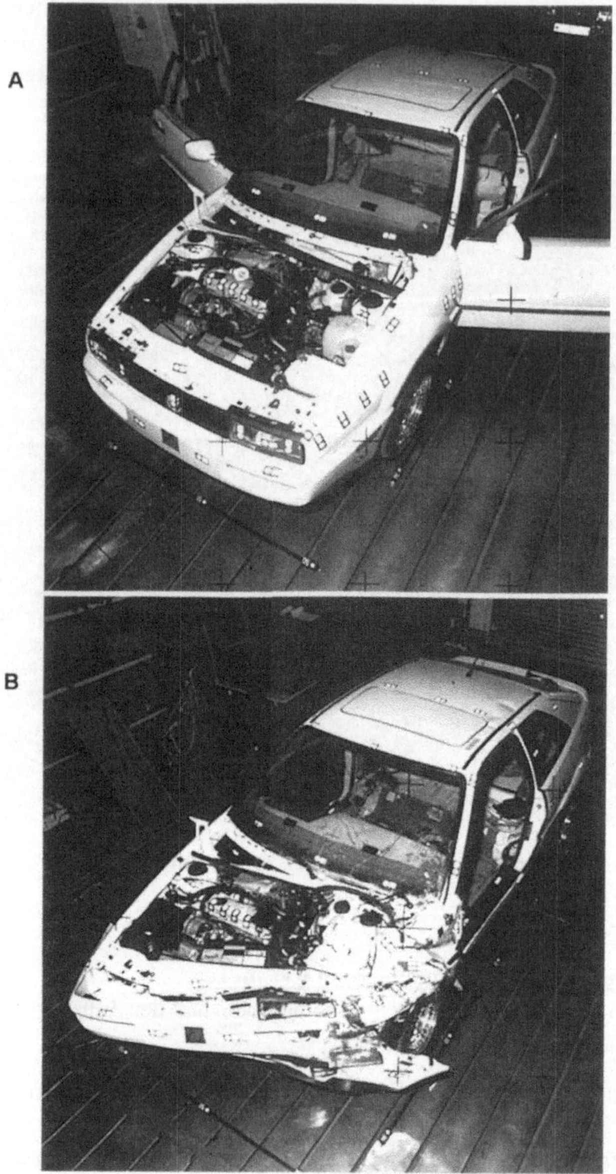

Abb. 4.35: Typische photogrammetrische Meßbilder eines Fahrzeugs,
A vor und *B* nach dem Crash, aufgenommen mit einer Teilmeßkamera

Um Deformationsvektoren berechnen zu können, müssen von dem Fahrzeug vor
und nach dem Crash in einem ersten Schritt Aufnahmen hergestellt und dann in
einem zeitlich getrennten zweiten Schritt ausgewertet werden. Abb. 4.35 zeigt zwei

Meßbilder, eines vor und eines nach dem Crash. Alle Aufnahmen zusammen müssen die signalisierten Meßpunkte (Markierungen) auf der Außenhaut, im Motorraum, im Fahrzeuginnenraum und am Fahrzeugboden in einem Bildverband erfassen.

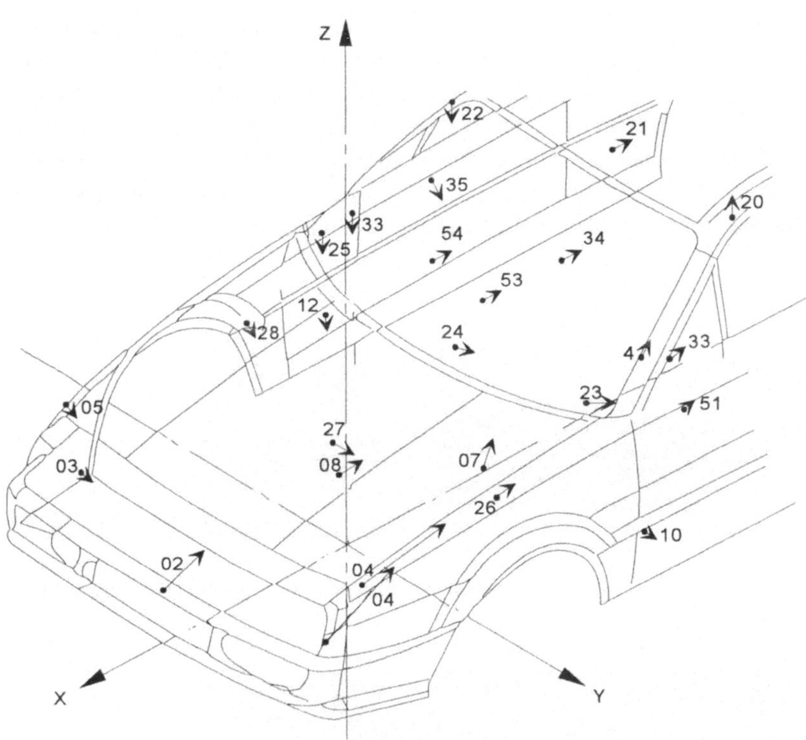

Abb. 4.36:   Photogrammetrisch bestimmte Verschiebungsvektoren für einen 30°-Auffahrversuch

Im Protokoll zur photogrammetrischen Auswertung des Bildmaterials werden die Verschiebungen der signalisierten Meßpunkte dreidimensional in Fahrzeugkoordinaten ausgewiesen. Zur Beurteilung des Vermessungsergebnisses sind für jeden Meßpunkt als Maß für die Meßunsicherheit die entsprechenden Standardabweichungen angegeben. Diese werden durch die gegebene Überbestimmung der Meßpunkte in dem Bildmaterial über den Auswerteprozess durch eine Ausgleichsrechnung gewonnen.

Eine mögliche Form zur Darstellung der Ergebnisse von solchen Crashvermessungen zeigt Abb. 4.36. In das CAD-Fahrzeugmodell sind die gemessenen Verschiebungen der Punkte und deren Richtungen für einen 30° Auffahrversuch eingetragen. Zur besseren Übersicht sind nur die Punkte der Frontpartie dargestellt.

Bestimmung der Innenfläche eines Kühlkanals

Der Wirkungsgrad von Kraftfahrzeug-Kühlsystemen ist u.a. abhängig von der Kühlkanalform und -fläche. Voraussetzung zur Berechnung des Wärmeüberganges ist die Kenntnis der wirksamen Fläche. Zur Bestimmung der Oberfläche des Kühlkanalsystems eines Zylinderkopfes wird ein Positivabdruck des Kanalystems angefertigt, der dann dreidimensional vermessen werden kann. Hierbei handelt es sich um ein sehr komplexes Gebilde, dessen Form und Fläche mit herkömmlichen 3D-Meßverfahren nur mit sehr großem Aufwand zu ermitteln sind. Abb. 4.37 zeigt einen typischen Positivabdruck eines 4-Zylinder-Zylinderkopfes.

Abb. 4.37: Positivabdruck eines Kraftfahrzeug-Kühlkanals mit Präparierung für die photogrammetrische Vermessung

Abb. 4.38: Meßbild mit signalisierten Punkten

Zur Vorbereitung der Messung werden auf dem Objekt solche Punkte markiert, die geeignet sind, bei der Berechnung einer approximativen Beschreibung der Oberfläche als Stützwerte zu dienen. Wegen der Komplexität des Objektes sind dazu mehr als 800 einzelne Punkte nötig, vgl. Abb. 4.38.

Die Berechnung der Objektkoordinaten wird mittels Bündeltriangulation durchgeführt. Insgesamt sind 2634 Unbekannte zu bestimmen (820 Objektpunkte und Orientierungsparameter von 29 Bildern), wozu ca. 6400 beobachtete Bildpunkte zur Verfügung stehen. Die Objektkoordinaten können dabei mit einer Koordinatengenauigkeit von $\pm$ 0,1 mm bestimmt werden, die mittlere Bildmeßgenauigkeit liegt bei $\pm$ 30 µm. Eine höhere Genauigkeit ist nicht notwendig, da die geforderte Genauigkeit der zu bestimmenden Fläche 1 % beträgt.

Die gemessenen Punkte dienen als Rohdaten für eine Approximation der Oberfläche durch bikubische Tensorproduktflächen in Bézier-Darstellung. Bedingt durch die Geometrie des Objektes ergeben sich an einigen Stellen entartete Segmente. Die erzielbare Genauigkeit ist direkt abhängig von der Anzahl der Meßpunkte. 48 Flächensegmente werden zur vollständigen Erfassung benötigt.

Die Oberfläche wird dann durch Aufrastern aller Flächensegmente bestimmt. Bei diesem Verfahren ist die Genauigkeit sicher zu kontrollieren, da die Werte mit der 4. Potenz der Maschenweite konvergieren müssen. Der Restfehler im Ergebnis ist weit geringer als gefordert.

Diese aufwendige Flächenermittlung wird exemplarisch für einen Zylinder durchgeführt. Die Gesamtfläche des 4-Zylinder-Systems ergibt sich aus der entsprechenden Vervielfachung, vgl. Abb. 4.37.

4.4.5.2 Hochgeschwindigkeits-Photogrammetrie

Die Bewegungen und Verformungen von Versuchspuppen bei Schlittenversuchen konnten in der Vergangenheit nur zweidimensional mit Hilfe von High-Speed Aufnahme- und Auswertesystemen erfaßt und beurteilt werden. Die synchrone Bildaufnahme mit mehreren konvergent ausgerichteten HS-Kameras bietet die Möglichkeit der dreidimensionalen Auswertung.

Da zur Zeit noch keine geeigneten CCD-Kameras mit genügend hoher Auflösung und Bildfrequenz zur Verfügung stehen, können mehrere im Multisynchronbetrieb elektronisch gekoppelte 16-mm-Trommelkameras (vgl. Abschn. 4.2.2.3) zur zeitaufgelösten Objektaufnahme (Bildwechselfrequenz 400 bis 800 Bilder/s) eingesetzt werden. Die Auflösung des Films liegt bei 25 Linien/mm.

Untersuchungen auf einem Schlitten-Prüfstand erlauben die Simulation des Abbremsens eines Fahrzeuges, wie es z.B. beim Aufprall auftritt. Dabei interessieren die Bewegungen einer Versuchspuppe und die Verformung, insbesondere im Brustbereich. Diese Verformungen lassen sich photogrammetrisch bestimmen. Zur Signalisierung der Meßpunkte wird der Brustbereich mit einem

Raster von Linien und das Gurtband mit einem schachbrettartigen Muster versehen (Abb. 4.39).

Für die Auswertung werden z.B. 4 verschiedene Zeitpunkte: 0 ms, d.h. Crash-Beginn, 30 ms, 60 ms und 120 ms ausgewählt. Da die Trommelkameras keine photogrammetrischen Meßkameras sind, muß die Kalibrierung der Parameter: Kammerkonstante, Hauptpunktlage, Objektivverzeichnung und Filmverzug für jedes Einzelbild beim Auswerteprozeß vorgenommen werden.

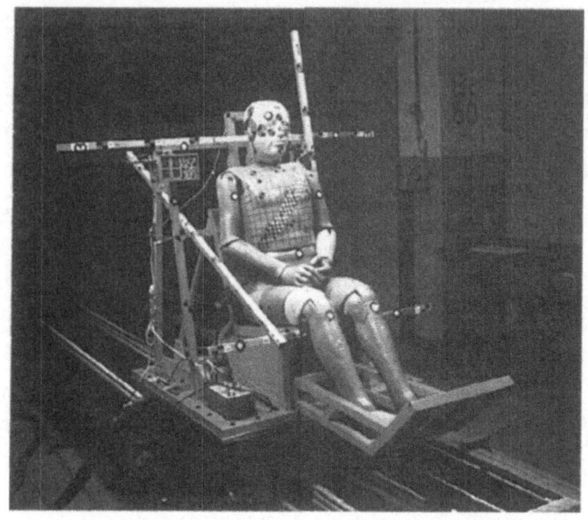

Abb. 4.39: Versuchspuppe mit signalisierten Meßpunkten auf dem Schlitten

Abb. 4.40: Auswertesystem PRO 16 für 16mm-Filme

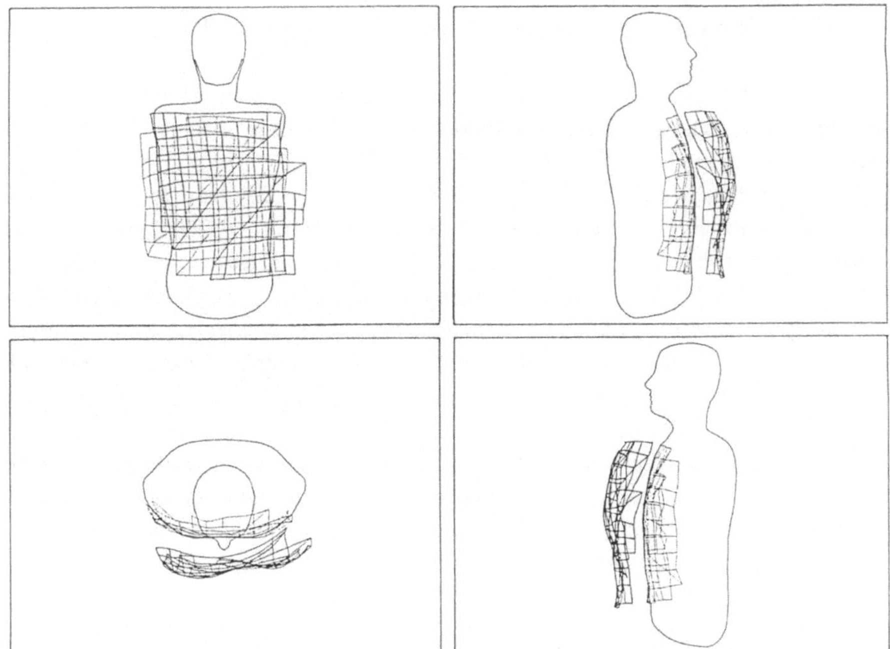

Abb. 4.41: Unverformter Zustand des Brustbereichs und Verformungszustand nach 60 ms in verschiedenen Ansichten jeweils übereinander gezeichnet

Die Auswertung erfolgt mit einem speziell für 16mm-Filme entwickelten Auswertegerät, das zum einen die Bilddigitalisierung und zum anderen die Bildauswertung erlaubt. Dieses System (Photogrammetric Reconstruction of 16mm-Images) besteht aus einem Personalcomputer mit Bildverarbeitungskarte, dem Analyse-Projektor mit einer davor montierten, hochauflösenden CCD-Kamera (1320 x 1035 Pixel) sowie einem hochauflösenden Grafikmonitor. Die Steuerung des Projektors und der CCD-Kamera erfolgt mittels PC. Die Auswertesoftware ist modular aufgebaut und gliedert sich in drei Teile: Bilddigitalisierung, Bildvorverarbeitung und photogrammetrische Bildanalyse. Abb. 4.40 zeigt eine Ansicht dieses Systems.

Mit diesem System erreicht man trotz der für photogrammetrische Auswertungen sehr geringen Auflösung des 16mm-Film-Formates von $7x10 \, mm^2$ Fehler der Objektkoordinatenvermessung parallel zur Bildebene (x-y-Ebene) kleiner als $\pm 1 \, mm$. In Aufnahmerichtung (z-Richtung des Koordinatensystems) liegt der Fehler bei $\pm 2 \, mm$.

Abb. 4.41 zeigt vier verschiedene Ansichten des Brustbereichs der Versuchspuppe in zwei Sequenzen zum Zeitpunkt Crash-Beginn und 60 ms später. Deutlich ist die Verformung des Brustkorbs im Bereich des Gurtes zu erkennen.

4.4.5.3 Hochgenaue stereoskopische Formerfassung ganzer Fahrzeuge

Die Auswertung von Plattenaufnahmen oder analogen Filmen erfolgt heute durch den Einsatz rechnergestützter Stereo-Auswertegeräte. Eine Ansicht eines solchen Gerätes zeigt Abb. 4.42.

Dieses System besteht aus einem Stereo-Komparator, der hardwareseitig durch zwei CCD-Kameras ergänzt ist. Mit Hilfe dieser CCD-Kameras wird ausschnittweise das linke und das rechte Bild des eingelegten Stereobildpaares digitalisiert. Das Auffinden der homologen Punktpaare mit der erforderlichen hohen Genauigkeit geschieht mit einem neuentwickelten Softwarepaket durch Stereo-korrelation. Durch Subpixelalgorithmen wird dabei eine hochgenaue Bildkoordinatenmessung von 1-3 μm Abweichung im Bildformat von 130 x 180 mm^2 ermöglicht.

Voraussetzung für eine einwandfreie Auswertung ist eine ausreichende optische Struktur (Textur) auf der Objektoberfläche. Diese ist z.B. bei einer Kfz.-Außenhaut nicht vorhanden. Daher ist ein Texturprojektor nötig, mit dem man ein für die automatische Auswertung günstiges Muster auf die zu vermessende Oberfläche projiziert (Abb. 4.43).

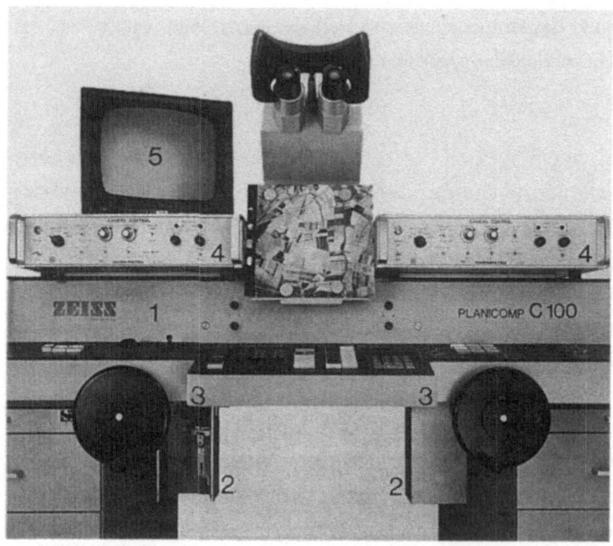

Abb. 4.42: Stereo-Komparator mit CCD-Video-Kameras (Zeiß)

Die Berechnung des digitalen Objektmodells kann über Einzelpunkte (die Auswertezeit für einen Punkt beträgt eine Sekunde) entlang von Schnittebenen, die im Objektraum im Raster definiert sind, oder entlang von markierten Linien, z.B.

Formleitlinien vorgenommen werden. Die Auswertung kann automatisiert im Nachtbetrieb, d.h. außerhalb der normalen Arbeitszeit, erfolgen. Die Ausgabe der 3D-Objektkoordinaten erfolgt im standardisierten Format.

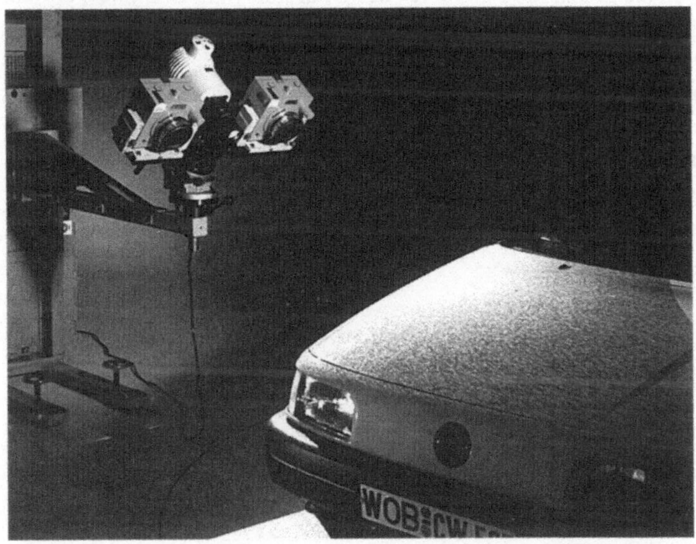

Abb. 4.43: Stereoaufnahmeanordnung mit zwei Meßkammern UMK 1318 (Zeiß) und Textur-projektor

4.4.6 On-line-Photogrammetrie

Durch die Entwicklung geometrisch stabiler optoelektronischer CCD-Matrix-Sensoren und durch den Einsatz schneller Rechner- und Speichersysteme, die eine Verarbeitung der elektronisch gewonnenen Bilddaten in kurzer Zeit ermöglichen, eröffnete sich gegenüber der klassischen Meßmethode die ganz neue Möglichkeit der On-line-Photogrammetrie.

Prinzipiell wird bei dieser Methode der analoge Film in der Aufnahmekamera durch elektronische Sensoren und Speicher ersetzt. Die dabei anfallenden digitalen Bilddaten liefern on-line die entsprechenden Objektdaten. Aufgrund der kleinen Sensorfläche (ca. 4,5x7 mm^2 gegenüber 60x60 mm^2 beim Film) verbunden mit der eingeschränkten Pixelauflösung können nur kleine Objekte bzw. Objektausschnitte on-line mit vergleichbarer Genauigkeit vermessen werden. Das Verfahren eignet sich besonders, um Formabweichungen bei bekannter Geometrie eines Objektes zu detektieren. Zur Bestimmung von Konturen, Schnittlinien und Formleitlinien muß eine Markierung des Meßortes (Textur) vorgegeben werden. Die Auswertung kann automatisch erfolgen.

Die numerische Verarbeitung der Bildinformation erlaubt, beliebig viele Bilder gleichzeitig zusammenzuführen. Das räumliche Netz aus Bildstrahlenbündeln wird streng analytisch beschrieben und durch Ausgleichsrechnung nach der Methode der kleinsten Fehlerquadrate bestmöglich aus gemessenen Bildpunkten wiederhergestellt. Dabei lassen sich auch die Parameter des Bildraums mitbestimmen, so daß das Aufnahmesystem nicht, wie die klassische Meßkamera, schon vorab kalibriert sein muß. Es können daher leichte und anpassungsfähige Aufnahmesysteme eingesetzt werden, die Entwicklungen der analogen und digitalen Bildaufzeichnung uneingeschränkt nutzen. Die Aufnahmeanordnung kann frei von Beschränkungen des Auswerteverfahrens gewählt werden.

In Abb. 4.44 sind die notwendigen Systemkomponenten schematisch dargestellt.

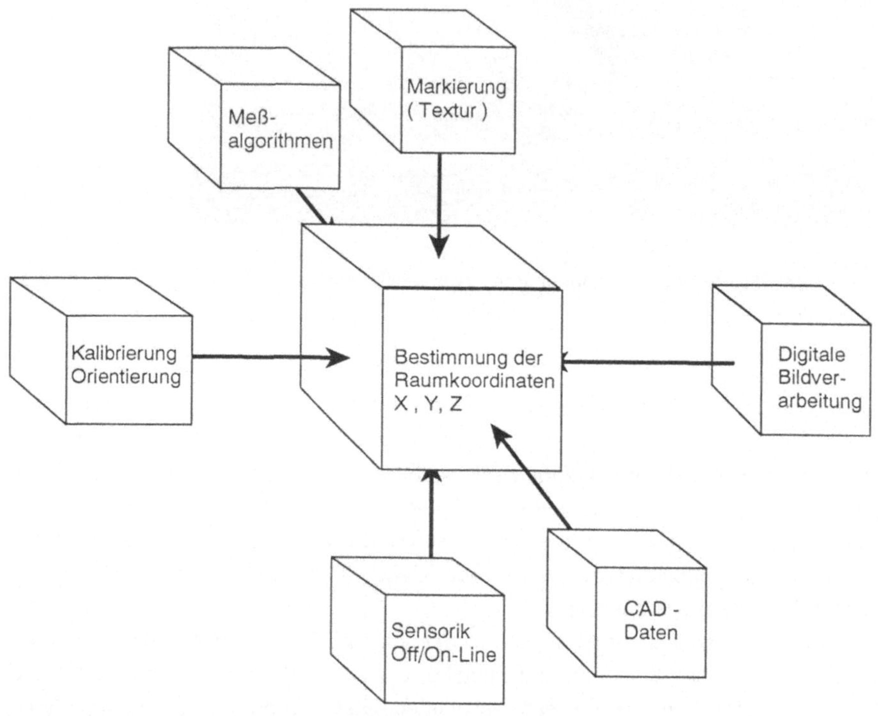

Abb. 4.44: Systemkomponenten für ein digitales photogrammetrisches Meßsystem

Formerfassung von Kraftfahrzeug-Bremsdruckleitungen

Die Meßaufgabe besteht darin, automatisch gebogene Bremsdruckleitungen zu vermessen und mit ihrer Sollform zu vergleichen. Dieser Soll-Ist-Vergleich soll letztendlich eine Aussage darüber ermöglichen, ob eine Bremsdruckleitung in einem automatisierten Fertigungsprozeß am Fahrzeug verbaut werden kann. Um diese Kontrolle durchführen zu können, sollen Leitungen stichprobenartig aus der laufenden Produktion entnommen und vermessen werden.

In Tabelle 4.1 sind die Anforderungen an das Meßverfahren beschrieben:

Tabelle 4.1: Anforderungen an das Meßverfahren zur Formerfassung von Kraftfahrzeug-Bremsdruckleitungen

Meßvolumen:	x = 2500 mm
	y = 1000 mm
	z = 350 mm
Meßunsicherheit:	≤ 0,5 mm
Wiederholgenauigkeit:	± 0,5 mm
Mittlere Meßzeit:	≤ 5 s/Gerade
Toleranzen:	± 2 mm gegenüber den Maßen im CAD-Datensatz
Umgebungsbedingungen:	Produktionstauglich (Schmutz, Schwingungen) in einem Temperaturbereich von 15°C bis 40°C.
Teileaufnahme:	Ohne Meßstützen
Teilespektrum:	ca. 70 verschiedene Leitungstypen mit Abmessungen von 500 mm bis 2500 mm. Abgewickelte Länge bis zu 3600 mm

Eine Kraftfahrzeug-Bremsdruckleitung besteht aus einem Stahlrohr mit ca. 4-5 mm Durchmesser, das an diskreten Stellen mit konstantem Radius gebogen ist. Die Biegewinkel liegen im allgemeinen zwischen 20° und 160°, es können aber auch Biegewinkel von nahezu 180° auftreten. Die Leitung setzt sich aus geraden Elementen und Bögen mit konstantem Radius zusammen.

Basis dieses optoelektronischen Verfahrens sind mehrere CCD-Kameras, die in einem Meßrahmen montiert sind. Dieses mechanische Gestell umfaßt darüber hinaus eine Beleuchtungseinrichtung, eine stabile Platte als Träger der Referenzmarken, eine Teilehalterung sowie ein System aus mehreren Schwingungsdämpfern zur Dämpfung von Hallenbodenschwingungen. Abb. 4.45 zeigt schematisch den Aufbau der Meßzelle.

Zur Aufzeichnung der Bilder, der Steuerung der Beleuchtung und zur Auswertung kommt ein Rechnersystem zur Anwendung. Zur Vermessung der Leitung werden Algorithmen und Prinzipien der digitalen Bildverarbeitung eingesetzt. Hauptaufgabe des Bildverarbeitungsprogramms ist die schnelle Reduktion eines Videobildes auf die gewünschten Biegepunkte der Bremsdruckleitung.

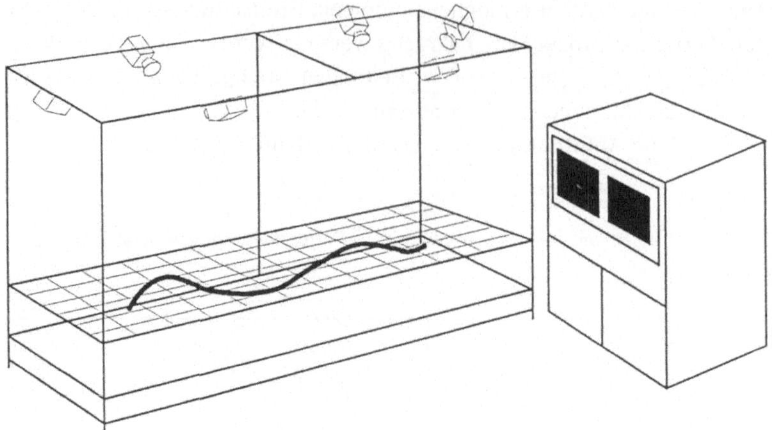

Abb. 4.45: Meßzelle zur Aufzeichnung der Biegeform von Bremsdruckleitungen

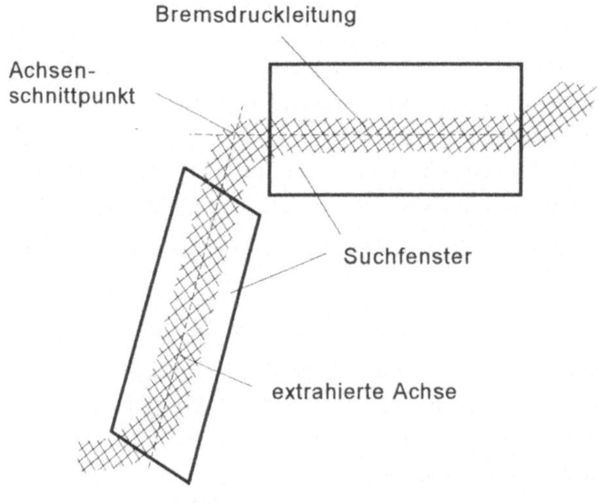

Abb. 4.46: Prinzip der Bestimmung der Leitungsgeraden-Mittelachsen und deren Schnittpunkte aus mehreren Bildern

Dies läßt sich relativ einfach realisieren, da die Bremsdruckleitung sich vor dem
diffus beleuchteten Hintergrund als ein Quasi-Binärbild abzeichnet. Die Mittelachse
der Leitungsgeraden kann hoch genau bestimmt werden, indem die Kanten der
Leitung durch einen Kantendetektor im Subpixelbereich gefunden werden. Nach
dem "Abfahren" einer Leitung liegen viele einzelne Leitungsmittelpunkte in

sortierter Reihenfolge vor, durch die dann Regressionsgeraden gelegt werden, d.h.
man erhält die extrahierten Achsen der Geradenstücke. Die Schnittpunkte zweier
aufeinanderfolgender Geraden definieren die gesuchten Biegepunkte. Abb. 4.46
verdeutlicht das Meßprinzip.

4.4.7 Objektgestützte Mehrbildzuordnung

Ziel künftiger Entwicklungen ist die direkte On-line-Erfassung und Verarbeitung
der Bilddaten mehrerer Bilder des Objektes und die Berechnung der Objektkoordinaten durch einen geeigneten Algorithmus. Aus digitalen Bildern, unter
Einbeziehung der photogrammetrischen Abbildungsvorschriften, ist also die Objektoberfläche zu rekonstruieren. Es ist dabei zusätzlich zu den geometrischen
Beziehungen ein funktionaler Zusammenhang zu den Grauwerten im Bild,
dargestellt als Funktion $g(x', y')$, d.h. zwischen einem radiometrischen sowie einem
geometrischen Modell der Objektoberfläche herzustellen.

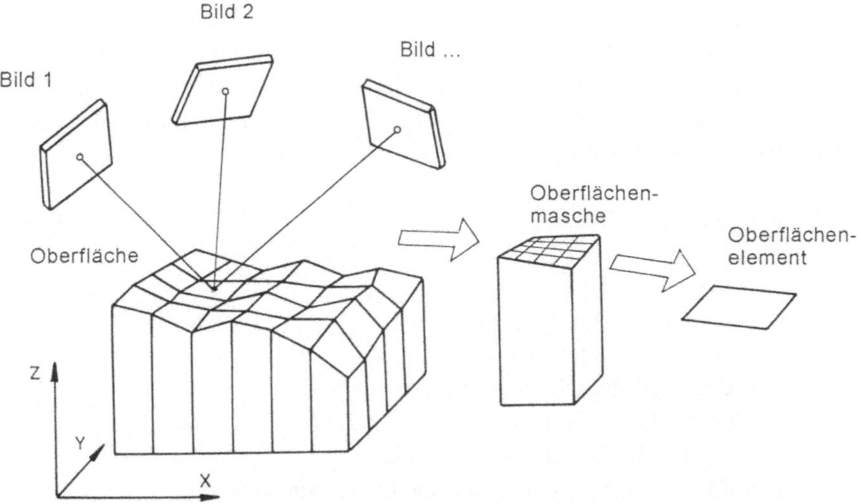

Abb. 4.47: Modellierung der Oberfläche durch Oberflächenmaschen und -elemente

Im einfachsten Fall läßt sich die Objektoberfläche durch punktweise definierte
Funktionen modellieren. Die Stützstellen der Funktionen werden in ein
Quadratraster in die X, Y-Ebene des Objektraumes gelegt, wodurch sich die
Funktionen $Z(X, Y)$ als geometrisches und $G(X, Y)$ als radiometrisches Modell
ergeben. Eine Rasterfläche des geometrischen Modells wird als Oberflächenmasche

bezeichnet. Die Oberflächenmasche setzt sich wiederum aus Oberflächenelementen zusammen. Jedem Oberflächenelement wird ein Grauwert zugeordnet (Abb. 4.47).

Bei bekannter Oberfläche und bekannten Orientierungsparametern lassen sich Bildkoordinaten für die Abbildung eines Oberflächenelements berechnen. Setzt man voraus, daß die Transformation vom Objektkoordinatensystem in das Koordinatensystem des digitalen Bildes bekannt ist, so läßt sich für jedes Oberflächenelement ein Grauwert berechnen. Bei Berücksichtigung des Reflexionsverhaltens der Oberfläche sind die in verschiedenen Bildern gefundenen Grauwerte, also die Abbildungen des Grauwertes eines Oberflächenelementes, dem Oberflächengrauwert selbst nahezu identisch und können als Beobachtung desselben betrachtet werden.

Die Voraussetzung, die Oberfläche sei bekannt, wird jetzt durch genähert bekannte Koordinaten der Oberflächenelemente ersetzt. Folgt man dem oben beschriebenen Ablauf und überträgt ein Oberflächenelement mittels der genäherten Koordinaten in sämtliche Bilder, erhält man andere Bildkoordinaten und somit andere Grauwerte. Eine Änderung der Objektkoordinaten verursacht also eine Änderung der Grauwerte in den Bildern. Die gefundenen Grauwerte und der korrespondierende Objektgrauwert sind nicht mehr identisch, sondern unterscheiden sich um einen bestimmten Betrag, der als Verbesserung betrachtet werden kann. Die Quadratsumme der Verbesserungen kann nun durch eine Ausgleichung nach der Methode der kleinsten Quadrate minimiert werden, mit den Bildgrauwerten als Beobachtungen und den Objektgrauwerten und -koordinaten als Unbekannte. Das funktionale Modell der Ausgleichung enthält für jeden Bildgrauwert eine Beobachtungsgleichung folgender Form:

$$v_{i,j} = G_i - g_{i,j}(\vec{Z}, \vec{O}) \quad , \tag{4.50}$$

mit v = Verbesserung,
$\quad\quad i$ = Anzahl der Oberflächenelemente,
$\quad\quad j$ = Anzahl der beteiligten Bilder,
$\quad\quad G$ = Grauwert des Oberflächenelementes,
$\quad\quad g$ = beobachteter Grauwert,
$\quad\quad \vec{O}$ = Vektor der Orientierungsparameter,
$\quad\quad \vec{Z}$ = Z1, ..., Z4, Koordinaten in den Rastereckpunkten.

Nach einer Taylor-Linearisierung in $\vec{O}$ und $\vec{Z}$ kann das Gleichungssystem mit bekannten Ausgleichungsalgorithmen aufgelöst werden. Die Bestimmung der Unbekannten erfolgt iterativ. Mit den jeweils verbesserten geometrischen und radiometrischen Unbekannten werden die Oberflächenelemente erneut in die Bilder projiziert. Die Distanzen zwischen den so abgebildeten Grauwerten und den Grauwerten im Bild gehen als Verbesserungen solange in die jeweils nächste Ausgleichung ein, bis die Unbekanntenzuschläge hinreichend klein geworden sind.

Zusätzlich zu den bisher eingeführten Unbekannten können sogenannte radiometrische Korrekturen simultan mitbestimmt werden. Sie beschreiben radiometrische Unterschiede zwischen den Bildern, die u.a. dadurch hervorgerufen werden, daß das Licht an der Objektoberfläche in unterschiedliche Richtungen unterschiedlich stark reflektiert wird. Das macht sich besonders im Nahbereich und bei konvergenten Aufnahmerichtungen bemerkbar. Die Korrektur der Grauwerte erfolgt nach (4.51), wobei ein Bild in seinem Grauwertspektrum konstant gehalten wird und alle anderen in ihren Grauwerten diesem angepaßt werden. Innerhalb einer Oberflächenmasche sind diese Korrekturen konstant.

$$g'_{i,j} = r_{1j} + r_{2j} \cdot g_{i,j} \quad ,$$

(4.51)

mit $g_{i,j}$ = beobachteter Grauwert
        $g'_{i,j}$ = korrigierter Grauwert
        r_{1j}, r_{2j} = radiometrische Korrektur

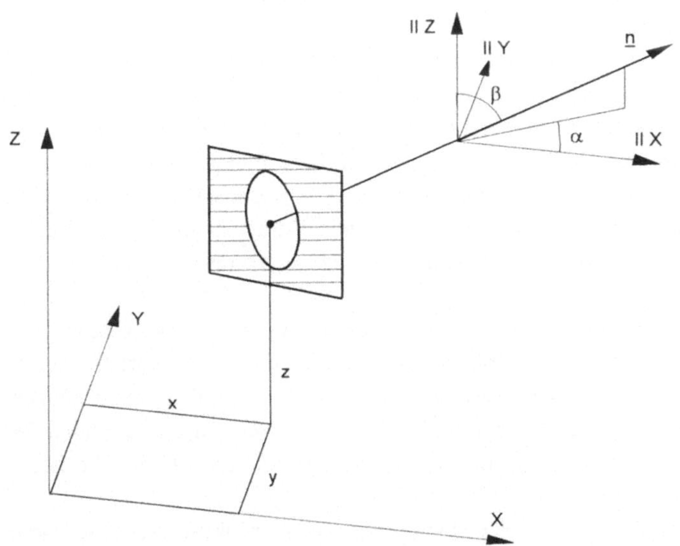

Abb. 4.48: Raumlage und Neigung der Meßmarkenebene

Vermessung von signalisierten Punkten

Setzt man die objektgestützte Mehrbildzuordnung zur Vermessung signalisierter Punkte ein, so ändert sich (4.50) nur in $\bar{Z}$, also im geometrischen Modell. Die Z-Koordinaten der Ecken einer Oberflächenmasche werden durch die X,Y,Z-Koordinaten des gesuchten Punktes ersetzt. Zusätzlich ist es notwendig, die Neigung der Meßmarkenebene zu berücksichtigen, die durch zwei Winkel beschrieben ist (s. Abb. 4.48). Diese fünf geometrischen Parameter werden als

Unbekannte in die Ausgleichung eingeführt. Die Grauwerte am Objekt, die bei einer vorgegebenen Meßmarke bekannt sind, werden dagegen nicht ausgeglichen sondern konstant gehalten.

Als Meßmarke wird eine rotationsinvariante Kreismarke mit bekanntem Radius eingesetzt. Die Kreismarke und ihre Umgebung wird hierzu in Oberflächenelemente aufgerastert, denen in Abhängigkeit vom Radius ein Grauwert zugeordnet wird. Anschließend wird die erhaltene Grauwertmatrix gefiltert, einerseits um die Kanten zu glätten, andererseits um der Filterung durch die fotografische Aufnahme zu entsprechen. Eine genaue Vorkenntnis der Grauwertverteilung der Meßmarke ist nicht notwendig, da durch die Einführung von radiometrischen Korrekturen die beobachteten Bildgrauwerte den vorgegebenen Objektgrauwerten angepaßt werden.

Vermessung von Oberflächen

Bei der Vermessung von Bauteiloberflächen ist es in der Regel nicht notwendig, die gesamte Oberfläche rasterförmig, ähnlich einem digitalen Geländemodell, zu bestimmen, sondern es genügen Profile in ausgewählten Abständen und Richtungen. Bei der Messung eines Punktes auf einem Profil sind bekanntermaßen zwei Koordinaten frei wählbar, während die dritte als eigentlich zu messende Größe verbleibt. Der Vorteil der objektgestützten Mehrbildzuordnung besteht darin, daß die Zuordnung der Bildausschnitte aus dem Objekt heraus gesteuert wird. Die Zuordnung der Bildausschnitte erfolgt demnach unter Berücksichtigung der beiden festgehaltenen und der Variation der dritten Koordinate, was genau dem Prinzip der Profilmessung entspricht.

Ein weiterer Vorteil der Profilmessung besteht in der Beschaffung von Näherungswerten. Entlang einer Profillinie läßt sich der Näherungswert für die zu bestimmende Koordinate aus den vorhergehenden Punkten prädizieren. Dabei ist die Wahl der Schrittweite, mit der die Punkte bestimmt werden, der Krümmung der Oberfläche anzupassen. Daher sind nur an wenigen Stützstellen auf der Oberfläche Näherungskoordinaten notwendig.

Für die Durchführung der Bildzuordnung wird eine strukturierte Oberfläche vorausgesetzt. Da die Objekte im Nahbereich jedoch meist homogene, wenig strukturierte Oberflächen besitzen, besteht die Notwendigkeit, eine Textur auf die Oberfläche aufzubringen. Sie kann entweder körperlich aufgebracht oder aufprojiziert werden, wobei das körperliche Aufbringen im allgemeinen zu aufwendig ist und dem Grundgedanken der berührungslosen Vermessung widerspricht. Bei der Texturprojektion ist zu berücksichtigen, daß sich die Textur gegenüber dem Objekt im Aufnahmezeitraum nicht verschieben darf, was nur durch simultane Aufnahme sämtlicher am Bildverband beteiligten Bilder gewährleistet werden kann.

Die Eigenschaften, die eine solche Textur besitzen muß, sind im folgenden angeführt:

- Der Grauwertgradient sollte an jeder Stelle möglichst hoch sein.
- Bereiche gleicher Grauwerte sollten erfahrungsgemäß nicht größer als drei Ober-
  flächenelemente sein.
- Helle und dunkle Bereiche sollten im Verhältnis 1:1 verteilt sein, damit die
  Textur sowohl in stärker als auch in schwächer beleuchteten Objektteilen weder
  durch Über- noch durch Unterstrahlung gestört wird.
- Innerhalb der Zuschläge der Unbekannten (Konvergenzradius) sollte ein Textur-
  ausschnitt eindeutig sein, um Fehlzuordnungen zu vermeiden.
- Die Textur soll keine Vorzugsrichtung haben; die Anzahl der bestimmbaren
  Grauwertgradienten im Bild soll in x- und y-Richtung gleich sein.

<u>Ausblick</u>

Diese moderne Entwicklung wird in Zukunft eine vollautomatische photogrammetrische Vermessung dreidimensionaler Objekte auf elegante Weise schnell
und sicher ermöglichen.

Literatur

Bücher

1   Bähr, H.: Digitale Bildverarbeitung, Karlsruhe: Wichmann Verlag 1985

2   Baltsavias, E.: Multiphoto Geometrically Constrained Matching, Dissertation ETH Zürich 1991

3   Bäßmann, F.: Ein Beitrag zur Verformungsmessung mit Hilfe der Speckle-Photographie, Fortschritt-Ber. VDI, Reihe 8, Nr. 215, Düsseldorf: VDI-Verlag 1990

4   Becker, E.: Gasdynamik, Stuttgart: Teubner Verlag 1966

5   Bergmann, L.: Lehrbuch der Experimentalphysik - Bergmann/Schäfer, Band 3 Optik, Berlin: de Gruyter Verlag 1993

6   Besl, P.J.: Active Optical Range Imaging Sensors, in Sanz. J.L.C. (Editor): Advances in Machine Vision, Berlin: Springer Verlag 1988

7   Bohl, W.: Technische Strömungslehre, Würzburg: Vogel Fachbuch Verlag 1982

8   Born, M.; Wolf, E.: Principles of Optics, Oxford: Pergamon 1980

9   Bronstein, Semendjajew: Taschenbuch der Mathematik, Frankfurt (Main): Verlag Harri Deutsch 1979

10 Brunner, W.; Junge, K.: Lasertechnik - Eine Einführung, Heidelberg: Hüthig Verlag 1989

11 Collier, R.J.; Burckhardt, C.B.; Lin, L.H.: Optical Holography, New York: Academic Press 1971

12 DIN-VDE-Taschenbuch 508: Laser - sicherheitstechnische Festlegungen für Lasergeräte und -anlagen, Berlin: Beuth Verlag 1990

13 Durst, F.; Melling, A.; Whitelaw, J.H.: Theorie und Praxis der Laser-Doppler-Anemometrie, Karlsruhe: Braun Verlag 1987

14 Eichler, J.; Eichler, H.-J.: Laser, Grundlagen, Systeme, Anwendungen, Berlin: Springer Verlag 1991

15 Engeln-Müllges, G., Reutter, F.: Formelsammlung zur Numerischen Mathematik, Mannheim, Wien, Zürich: BI Wissenschaftsverlag 1987

16 Erf, R.K.: Holografic Nondestructive Testing, New York: Academic Press 1974

17 Erf, R.K.: Speckle Metrology, New York: Academic Press 1978

18 Frankowski, G.; Abramson, N.; Füzessy, Z.: Application of Metrological Laser Methods in Machines and Systems, Berlin: Akademie-Verlag 1991

19 Gonzalez, R.; Wintz, P.: Digital Image Processing, Reading: Addison-Wesley 1987

20 Goodman, J.W.: Introduction to Fourier Optics, New York: McGraw-Hill 1968

21 Haberäcker, P.: Digitale Bildverarbeitung, München: Hanser Verlag 1985

22 Hariharan, P.: Optical Holography, Cambridge: University Press 1984

23 Hecht, E.; Zajac, A.: Optics, Reading: Addison-Wesley 1980

24 Jähne, B.: Digitale Bildverarbeitung, Berlin: Springer Verlag 1989

25 Jones, R.; Wykes, C.: Holografic and Speckle Interferometry, Cambridge: University Press 1989

26 Kienzle, H.; Röss, D.: Einführung in die Technik der Holografie, Frankfurt/Main: Akademische Verlagsgesellschaft 1969

27 Klein, M.V.; Furtak, T.E.: Optik, Berlin: Springer Verlag 1988

28 Koch, K.R.: Parameterschätzung und Hypothesentests in linearen Modellen Bonn: Dümmlers Verlag 1987

29 Koechner, W.: Solid-State Laser Engineering, Series in Optical Sciences Vol. 1, Berlin: Springer Verlag 1976

30 Kohler, H.: Laser-Technologie und Anwendungen, Essen: Vulkan-Verlag 1988

31 Konecny, G.; Lehmann, G.: Photogrammetrie, Berlin: Walter de Gruyter Verlag 1984

32 Korn, A.: Bildverarbeitung durch das visuelle System, Berlin: Springer Verlag 1982

33 Kraus, K.: Photogrammetrie Band 1, Bonn: Dümmlers Verlag 1986

34 Kraus, K.: Photogrammetrie Band 2, Bonn: Dümmlers Verlag 1987

35 Lorentz, E.G., Chui, C.K., Schumaker, L.L.: Approximation Theory II

36 Marwitz, H.; et al.: Praxis der Holografie, Ehningen: expert Verlag 1990

37 Menzel, E.; Mirandé, W.; Weingärtner, J.: Fourier-Optik und Holografie, Berlin: Springer Verlag 1973

38 Merzkirch, W.: Flow Visualization, London: Academic Press 1987

39 Merzkirch, W.: Flow Visualization, New York: Academic Press 1974

40 Naumann, H.; Schröder G.: Bauelemente der Optik, München: Hanser Verlag 1987

41 Niemann, H.: Klassifikation von Mustern, Berlin: Springer Verlag 1983

42 Nishino, K., Kasagi, N.: Turbulence Statistics Measurement In A Two-Dimensional Channel Flow Using A Three-Dimensional Particle-Tracking Velocimeter, Seventh Symposium on Turbulent Shear Flows, Stanford University 1989

43 Oertel, H. sen.; Oertel, H. jun.: Optische Strömungsmeßtechnik, Karlsruhe: Braun Verlag 1989

44 Pelzer, H. (Hrsg.): Geodätische Netze in der Landes- und Ingenieurvermessung II, Stuttgart: Konrad Wittwer Verlag 1985

45 Prat, W. K.: Digital Image Processing. New York: John Wiley & Sons 1978

46 Press, W.H., Flannery, B.P., Teukolsky, S.A., Vetterling, W.T.: Numerical Recipes in C, Cambridge: University Press 1990

47 Puffer, F.: Methoden der digitalen Bildverarbeitung zur Erkennung der Partikelbilder in Teilchenspur-Strömungsaufnahmen, Diplomarbeit, Frankfurt am Main: Institut für Angewandte Physik 1984

48 Rosenberger, D.: Technische Anwendungen des Lasers, Berlin: Springer Verlag 1975

49 Ruck, B.: Lasermethoden in der Strömungsmeßtechnik, Stuttgart: AT-Fachverlag 1990

50 Schröder, G.: Technische Optik, Grundlagen und Anwendungen, Würzburg: Vogel Fachbuch Verlag 1987

51 Spur, G.; Krause F.-L.: CAD-Technik, München-Wien: Hanser Verlag 1984

52 Sutter, E.; Schreiber, P.; Ott, G.: Handbuch Laser-Strahlenschutz, Berlin: Springer Verlag 1989

53 Veret, C.: Flow Visualization IV; Proc. of the Fourth Int. Symp. on Flow Visualization, Berlin: Springer Verlag 1987

54 Vest, C.M.: Holographic Interferometry, New York: Wiley & Sons 1976

55 Wahl, F.M.: Digitale Bildsignalverarbeitung, Berlin: Springer Verlag 1984

56 Weber, H.; Herziger, G.: Laser, Grundlagen und Anwendungen, Weinheim: Physik-Verlag 1972

57 Weinberg, F.J.: Optics of Flames, London: Butterworth 1963

58 Wernicke, G.; Osten, W.: Holografische Interferometrie, Weinheim: Physik Verlag 1982

59 Wolf, H.: Ausgleichsrechnung II, Bonn: Dümmlers Verlag 1979

60 Wolf, H.: Ausgleichungsrechnung nach der Methode der kleinsten Quadrate, Bonn: Dümmlers Verlag 1968

61 Yang, W.J.: Flow Visualization III. Proc. of the Third Int. Symp. on Flow Visualization, Berlin: Springer Verlag 1983

62 Young, M.: Optics and Lasers, Series in Optical Sciences Vol. 5, Berlin: Springer Verlag 1986

Normen

1 DIN 5033: Farbmessung, Grundbegriffe

2 DIN 52291: Sicherheitsscheiben, Begriffe

3 DIN 52305: Glasprüfung, Ablenkwinkel

4 DIN 52335: Sicherheitsscheiben, Optische Verzerrung

Veröffentlichungen

Zu Abschnitt 3

1   Abramson, N.: The Holo-Diagramm: A Practical Device for Making and Evaluating Holograms. Appl. Opt. 8 (1969), 1235-1240

2   Andresen, P.; Meijer, G.;Schlüter, H.; Voges, H.; Koch, A.; Hentschel, W.; Oppermann, W.; Rothe, E.: Fluorescence Imaging Inside an Internal Combustion Engine Using Tunable Excimer Lasers. Appl. Opt. 29 (1990) 2392-2404

3   Arnold, A.; Becker, H.; Hemberger, R.; Hentschel, W.; Ketterle, W.; Kollner, M.; Meienburg, W.; Monkhouse, P.; Neckel, H.; Schäfer, M.; Schindler, K.-P.; Sick, V.; Suntz, R.; Wolfrum, J.: Laser In Situ Monitoring of Combustion Processes. Appl. Opt. 29 (1990) 4860-4872

4   Beeck, M.-A.; Stoffregen, B.: Measurement of the Projected Frontal Area of Vehicles - A New Contour-Tracking Laser Device in Comparison to Other Methods. SAE Technical Paper 870 246 (1987)

5   Beeck, M.-A.; Fagan, W.F.: Study of the Dynamic Behaviour of Rotating Automobile Cooling Fans Using Image-Derotated Holographic Interferometry, in Topical Meeting on Hologram Interferometry and Speckle Metrology. Techn. Digest Opt. Soc. of Amer. (1980), WA2-1 - WA2-4

6   Beeck, M.-A.: Pulsed Holographic Vibration Analysis on High-Speed Rotating Objects: Fringe Formation, Recording Techniques, and Practical Applications. Opt. Engineering 31 (1992) 553-561

7   Breitmeier, U.: Lasermeßtechnik zur Oberflächen-Qualitätskontrolle. Laser und Optoelektonik 24 (2), 53-58

8   Breuckmann, B.; Thieme, W.: Computer Analysis of Holographic Interferograms Using Phase-Shift-Method. Appl. Opt. 24 (1985), 2145-2149

9   Brown, G.M.; Cummins, D.L.; Marchi, M.M.; Wales, R.R.: Holometric Testing Applications for Vehicle Component Structural Improvement, in Holographic Techniques and Applications. Proc. SPIE 1026, 152-164

10 Brüggemann, D.; Hassel, E.P.; Dittié, G.; Schmidt, T.; Daams, H.-J.: Temperatur- und Konzentrationsmessungen in einem Serien-Otto-Motor mittels der kohärenten Anti-Stokes-Raman-Spektroskopie (CARS). VDI-Berichte 617 (1986) 333-346

11 Buchheim, R.; Durst, F.; Beeck, M.-A.; Hentschel, W.; Piatek, R.; Schwabe, D.: Advanced Experimental Techniques and Their Application to Automotive Aerodynamics. SAE Technical Paper 870 244 (1987)

12 Dändliker, R.; Ineichen, B.; Mottier, F.M.: High Resolution Hologram Interferometry by Electronic Phase Measurement. Optics Communication 9 (1973) 412-416

13 Felske, A.; Happe, A.: Vibration Analysis by Double Pulsed Laser Holography. SAE Technical Paper 770 030 (1977)

14 Felske, A.; Hoppe, G.; Matthäi, H.: Oscillations in Squealing Disk Brakes - Analysis of Vibration Modes by Holography Interferometry. SAE Technical Paper 780 333 (1978)

15 Felske, A.; Hoppe, G.; Matthäi, H.: A Study on Dram Brake Noise by Holographic Vibration Analysis. SAE Technical Paper 800 221 (1980)

16 Hantke, D.: Optoelektronik in der Meßtechnik. Feingerätetechnik 30 (1982) 163-166

17 Heinze, T.; Daams, H.-J.; Hassel, E.P.; Krumeich, J.: Bestimmung der lokalen Stöchiometrie in einem Einspritzstrahl durch spontane Ramanspektroskopie. VDI-Berichte 617 (1986) 319-332

18 Hentschel, W.; Schäfer, H.J.: Visualization and Measurement of Charge Motion in Lean Burn Spark-Ignition Engines, 5th Int. Symp. on Flow Visualization. Prag (1989)

19 Hentschel, W.; Hesse, A.; Schindler, K.-P.: Experimental Investigation of Spray Formation and Combustion in a Real Diesel Engine. Auto-Tech Seminar C399/19 (IMechE), Birmingham (1989)

20 Hentschel, W.: Einsatz von Lasern in der Motormeßtechnik und zur Visualisierung von Strömungen. VDI-Berichte 617 (1986) 347-376

21 Knoche, K.-F.; Brüggemann, D.; Wies, B.; Zhang, X.; Dittié, G.; Hassel, E.P.: Einsatz der CARS-Spektroskopie in einem Ottomotor. Kolloquiums-Berichtsband zum SFB 224 "Motorische Verbrennung", RWTH Aachen, (1988) 58-71

22 Kreitlow, H.; Beeck, M.-A.: Untersuchungen zum Einsatz der holografischen Schwingungsanalyse für lärmtechnische Messungen an mechanischen Systemen. Holografie-Berichte der TU Hannover (1978)

23 Lorenz, M.; Müller, A.; Prescher, K.; Strehlow, K.: Ladungsbewegung und Verbrennungsablauf beim Ottomotor. MTZ 50 (1989) 492-496 und 586-592

24 Mallog, J.; Klüting, M.: Einsatz moderner Meßverfahren zur Analyse und Optimierung der ottomotorischen Verbrennung. MTZ 50 (1989) 275-279

25 Nishiwaki, M.; Harada, H.; Okamura, H.; Ikeuchi, T.: Study on Disc Brake Squeal. SAE Technical Paper 890 864 (1989)

26 Ring, M.; Weber, J.: Optoelektronische Lasermessung für Zylinderköpfe. Automobil-Industrie 5 (1989) 609-614

27 Schüßler, H.-H.: Laserinterferometrische Längenmeßtechnik. Technisches Messen 52 (1985) 225-232

28 Selbach, H.; Lewin, A.: Laser-Interferometrie zur Positions- und Schwingungsmessung. Feinwerktechnik & Meßtechnik 96 (1988) 33-36

29 Shepard: A Two-Dimensional Interpolation Function for Irregularly Spaced Data, Proc. ACM Nat. Conf. (1964) 517-524

30 Stetson, K.A.: A Rigorous Treatment of the Fringes of Hologram Interferometry. Optik 29 (1969) 386-400

228

31 Stetson, K.A.: Fringe Interpretation for Hologram Interferometry of Rigid Body Motions and Homogeneous Deformations. J. Opt. Soc. Am. 64 (1974) 1-10

32 Stoffregen, B.: Flächenabtastendes Laser-Doppler-Schwingungsanalysesystem. Technisches Messen 51 (1984) 394-397

33 Swift, D.W.: Image Rotation Devices - A Comparative Survey. Optics Laser Technology 4 (1972) 175-188

34 Tiziani, H.J.: Rechnerunterstützte Lasermeßtechnik. Technisches Messen 54 (1987) 221-230

35 Véret, M.: Applications of Flow Visualization Techniques in Aerodynamics. SPIE Vol. 348 (1982) 114-119

36 Wolfrum, J.: Einsatz von Excimer- und Farbstofflasern zur Analyse von Verbrennungsvorgängen. VDI-Berichte 617 (1986) 301-318

Zu Abschnitt 4

1 Ackermann, F.; Hahn, M.: Image Pyramids for Digital Photogrammetry. Digital Photogrammtric Systems. Wichmann Verlag (1991) 43-58

2 Ackermann, F.: High Precision Image Correlation. 39. Photogrammetrische Woche, Stuttgart (1983) 231-243

3 Andresen, K.; Helsch, R.: Calculation of analytical elements in space using a contour algorithm. ISPRS Commission V Symposium, Zürich, (1990) 863-869

4 Beaudet, P.R.: Rotationally Invariant Image Operators. IJCPR-78, (1978) 579-585

5 Beyer, H.: Untersuchungen zur geometrischen Qualität der Datenübertragung bei der Bildaufnahme mit CCD-Kameras. 13. DAGM Symposium Mustererkennung, München (1991) 328-336

6 Bösemann, W.; Godding, R.; Riechmann. W.: Photogrammetric Investigation of CCD Cameras. ISPRS Commission V Symposium, Zürich (1990) 119-126

7 Brown, D.C.: A strategy for multi-camera on-the-job self-calibration. Schriftenreihe des Institutes für Photogrammetrie der Universität Stuttgart, Heft 14, (1989) 9-21

8 Cogan, L.; Luhmann, T.; Walker, A.S.: Digital Photogrammetry at Leica, Aarau. Digital Photogrammetric Systems, Wichmann Verlag Karlsruhe (1991) 155-166

9 Curry, S; Baumrind, S.; Anderson, J.: Calibration of an Array Camera. Photogrammetric Engineering and Remote Sensing, Vol. 52, No.5, (1986) 627-636

10 Davis, L.S.: A Survey of Edge Detection Techniques. Computer Graphics & Image Processing. No.4 (1975)

11 de Graaf, A.J.; Korsten, M.J.; Houkes, Z.: Estimation of Position and Orientation of Objects from Stereo Images 12. DAGM Symposium Mustererkennung, Oberkochen (1990) 348-355

12 Dold, J.; Riechmann, W.: Industriephotogrammetrie höchster Genauigkeit, ein neues System und dessen Anwendung in der Luft- und Raumfahrtindustrie. Zeitschrift für Photogrammetrie und Fernerkundung, Heft 6 (1991) 221-228

13 Ebner, H.; Fritsch, D.; Gillessen, W.; Heipcke, C.: Integration von Bildzuordnung und Objektrekonstruktion. BuL 55 , (1987) 194-230

14 El Hakim, S.F.: A Real-Time System for Objekt Measurement with CCD Cameras. Symposium ISPRS Commission V, IAPRS, Ottawa, Vol. 26/5, (1986) 363-373

15 Faust, H.-W.: Digitization of Photogrammetric Images. 42. Photogrammetrische Woche. Stuttgart (1989) 69-78

16 Förstner, W.: A Feature based Correspondence Algorithm for Image Matching. IAPRS, Vol.26 - 3/3 (1986)

17 Förstner, W.: Prinzip und Leistungsfähigkeit der Korrelation und Zuordnung digitaler Bilder. 40. Photogrammetrische Woche, Stuttgart (1985) 69-90

18 Förstner, W.: Statistische Verfahren für die automatische Bildanalyse und ihre Bewertung bei der Objekterkennung und -vermessung. DGK Reihe C Band 370 München (1991)

19 Fraser, C. S.; Brown, D.C.: Industrial Photogrammetry: New Developments and Recent Applications. Photogrammetric Record, Vol. 12, No. 68, (1986) 197-217

20 Frischknecht, A.: Beleuchtungseinrichtungen für die industrielle Bildverarbeitung. Symposium für Bildverarbeitung an der Technischen Akademie Esslingen (1989) 10.1-10.18

21 Grimson, W.; Hildreth. E.: Comments on "Digital Step Edges from Zero Crossings of Second Directional Derivations". IEEE T-PAMI-7, No.1, (1985) 121-127

22 Grün, A.W.; Baltsavias, E.P.: Geometrically Constrained Multiphoto Matching. PE&RS, Vol.54 No.5, (1988) 633-641

23 Gülch, E.: Calibration of CCD Video Cameras. ISPRS Commission I Symposium, ESA-SP 252, Stuttgart (1986)

24 Gülch, E.: Geometric Calibration of two CCD-Cameras used for Digital Image Correlation on the Planicomp C100. IAPRS Vol. XXV, Part A3a, (1984) 159-168

25 Hannah, M.J.: Digital Stereo Image Matching Techniques. IAPRS. Vol. 27 / B3 (1988) 280-293

26 Haralick, R.M.: Digital Step Edges from Zero Crossing of Second Derivatives. IEEE T-PAMI-6, No.1, (1984) 58-68

27 Heipcke, C.: Integration von Bildzuordnung, Oberflächenrekonstruktion und Orthoprojektion innerhalb der digitalen Photogrammetrie. DGK Reihe C Band: 366, München (1990)

28 Heister, H.; Peipe; J.: Zur Interaktion geodätischer und photogrammetrischer Meßtechnik bei der Erfassung industrieller Objekte. AVN, 91(1990) 224-240

29 Helava, U.V.: Object Space Least Squares Correlation. IAPRS, Vol.27/B3, Kyoto (1988) 321-331

30 Hinsken, L.; Przybilla, H.-J.: Deformation analysis in the context of photogrammetric bundle adjustment by means of a steel construction. 41. Photogrammetrische Woche, Stuttgart (1987) 111-120

31 Koch, K.R.: Ausreißertests und Zuverläßigkeitsmaße. Vermessungstechnische Rundschau, 45 (1983) 8, 400-411

32 Kölbl, O.; Boutaleb, A.K.; Penis, C.: A Concept for Automatic Derivation of a Digital Terrain Model with the Kern DSR11. ISPRS Intercomission Conference. Interlaken (1987) 306-317

33 Korten, Th.; Wrobel, W.; Franek, M.; Weisensee, M.: Experiments with Facets Stereo Vision (FAST - Vision) for Object Surface Computation. IAPRS Comission III Bd. 3, Kyoto (1988) 396-404

34 Kotowski, R.: Zur Berücksichtigung lichtbrechender Flächen im Strahlenbündel. DGK Reihe C, Nr. 330, München (1987)

35 Langer, W.: 3D Szenenanalyse zur Werkstückerkennung auf der Basis von geometrischen Oberflächenbeschreibungen aus räumlichen Abstandsbildern. 12. DAGM Symposium Mustererkennung, Oberkochen (1990) 556-563

36 Lenz, R.; Lenz, U.: Messung der Übertragungseigenschaften einer hochauflösenden Farbkamera mit CCD- Flächensensor. 12. DAGM Symposium, Aalen (1990) 29-35

37 Lenz, R.: Image Data Acquisition with CCD Cameras. Conference on Optical 3D-Measurement Techniques, Wien (1989) 22-34

38 Luhmann, T.; Wester-Ebbinghaus, W.: Photogrammetric data acquisition using the digital Réseau-Scanning system Rolleimetric RS1. ISPRS, Commission I Symposium, ESA-SP 252, Stuttgart (1986)

39 Luhmann, Th.: An Integrated System for Real-time and On-line Applications in Industrial Photogrammetry. ISPRS Commission V Symposium, Zürich (1990) 488-495

40 Marr, D.; Hildreth. E.: Theory of Edge Detection. Proc. R. Soc. Lond. B. 207, (1980) 187-217

41 Meid, A.: Wissensgestützte digitale Bildkoordinatenmessung in aberrationsbehafteten Meßbildern. DGK Reihe C, Nr. 386, München (1991)

42 Mikhail, E.M.: Detection and Subpixel Location of Photogrammetric Targets in Digital Images. Photogrammetria 39, (1984) 63-83.

43 Otto, G.P.; Chau, T.K.W.: "Region Growing" algorithm for matching of terrain images. Computer Vision (1989)

44 Riechmann, W.: Photogrammetrie in der Automobilindustrie. Zeitschrift für Photogrammetrie und Fernerkundung, Heft 2 (1993) 90-97

45 Riechmann, W.: The Réseau-Scanning Camera System, Conception and First Measurement Results. ISPRS Commission V Symposium, Zürich (1990) 1117-1125

46 Schenk, T.; Jin-Cheng, L.; Toth, C.: Towards an Autonomous System for Orienting Digital Stereopairs. PE&RS (1991) 8, 1057-1064

47 Schewe, H.: Automatische photogrammetrische Karosserie-Vermessung. 41. Photogrammetrische Woche. Stuttgart (1987) 47-55

48 Schneider, C.T.: Objektgestützte Mehrbildzuordnung. DGK Reihe C Band 375, München (1990)

49 Seitz, P.: Präzise messen mit CCDs. Design & Elektronik, Sonderheft Sensortechnik (1991) 4, 48-58

50 Sievers, J.: Zusammenhänge zwischen Objektreflexion und Bildschwärzung in Luftbildern. DGK Reihe C Band 221. München (1976)

51 Stahs, T.; Wahl, F.: Oberflächenvermessung mit einem 3D-Robotersensor. Zeitschrift für Photogrammetrie und Fernerkundung, Heft 6 (1990) 190-202

52 Strutz, T.; Riechmann, W.; Stahs, T.: Tiefendatengewinnung mit dem codierten Lichtansatz - Einsatzmöglichkeiten in der Automobilindustrie. Deutsche Gesellschaft für Zerstörungsfreie Prüfung, Berichtsband 36 (1992) 44-53

53 Tabatabai, A; Mitchell, O.: Edge Location to subpixel Values in Digital Imagery. PAMI-6, No.2 (1984) 188-201

54 Tiziani, H.J.: Optische Methoden der 3-D Meßtechnik und Bildverarbeitung. Symposium fiir Bildverarbeitung an der Technischen Akademie Esslingen (1989) 7.1-7.26

55 Trinder, J.C.: Precision of Digital Target Location. PE&RS Vol.55, No. 6, (1989) 883-886.

56 Weisensee, M.; Wrobel B.: State-of-the-Art of Digital Image Matching for Object Reconstruction. Digital Photogrammetric Systems, Wichmann Verlag (1991) 135-151

57 Wester-Ebbinghaus, W.; Zamzow, H.: Real-Time- Photogrammetry by means of High-Speed-Video. IAPRS Commission V Bd. 10, Kyoto (1988) V-212-V-218

58 Wester-Ebbinghaus, W.: Analytics in Non-Topographic Photogrammetry. IAPRS Commission V Bd. 11, Kyoto (1988) 380-392

59 Wester-Ebbinghaus, W.: Anordnung von opto-elektrischen Festkörper-Flächensensoren im photogrammetrischen Abbildungssystem. Patentschrift DE 3428325 C2, Deutsches Patentamt (1985)

60 Wester-Ebbinghaus, W.: Bündeltriangulation mit gemeinsamer Ausgleichung photogrammetrischer und geodätischer Beobachtungen. ZfV, Heft 3 (1985) 101-111

61 Wester-Ebbinghaus, W.: Ingenieur-Photogrammetrie - Neue Möglichkeiten - BDVI-Forum. Heft 4 (1987) 193-213

62 Wester-Ebbinghaus, W.: Mehrbild-Photogrammetrie - Räumliche Triangulation mit Richtungsbündeln. Symposium fiir Bildverarbeitung an der Technischen Akademie Esslingen (1989) 25.1-25.14

63 Wester-Ebbinghaus, W.: Verfahren zur Feldkalibrierung von photogrammetrischen Aufnahmekammern im Nahbereich. In: Kammerkalibrierung in der photogrammetrischen Praxis, DGK Reihe B, Heft 275 (1985)

64 Wrobel, B.; Müller, J.: Zur Wahl der Facettierungsparameter für die Oberflächenrekonstruktion mit FAST Vision. ISPRS Commission V Symposium, Zürich (1990) 471-478

65 Wrobel, B.: Digitale Bildzuordnung durch Facetten mit Hilfe von Objektraummodellen. BuL 55 (1987) 93-101

66 Zhou, G.: Accurate Determination of Ellipse Centres in Digital Imagery. ASPRS-ACSM Annual Convention, Volume 3, (1986) 278-286.

Sachwortverzeichnis

Druck: COLOR-DRUCK DORFI GmbH, Berlin
Verarbeitung: Buchbinderei Lüderitz & Bauer, Berlin

Springer-Verlag und Umwelt

Als internationaler wissenschaftlicher Verlag sind wir uns unserer besonderen Verpflichtung der Umwelt gegenüber bewußt und beziehen umweltorientierte Grundsätze in Unternehmensentscheidungen mit ein.

Von unseren Geschäftspartnern (Druckereien, Papierfabriken, Verpackungsherstellern usw.) verlangen wir, daß sie sowohl beim Herstellungsprozeß selbst als auch beim Einsatz der zur Verwendung kommenden Materialien ökologische Gesichtspunkte berücksichtigen.

Das für dieses Buch verwendete Papier ist aus chlorfrei bzw. chlorarm hergestelltem Zellstoff gefertigt und im pH-Wert neutral.